普通高等教育一流本科专业建设成果教材

首批江西省“十四五”普通高等教育本科省级规划立项教材

普通化学实验

PUTONG HUAXUE SHIYAN 

曹小华　江小舵　刘金杭　主编

化学工业出版社

·北京·

内容简介

本教材以习近平新时代中国特色社会主义思想和党的二十大精神为指导，遵循“立德树人、夯实基础、注重综合、产教融合、科教融汇、绿色发展”的编写原则，力求在内容选择上体现先进性、系统性、应用性、趣味性及绿色化学的理念，在内容编排上体现科学性、启发性、探究性，注重课程思政元素挖掘，“知识、能力、情感、价值”目标协同。

本教材涵盖了无机化学实验、定性分析和定量分析实验的内容，按基础训练、综合设计性实验、创新拓展类实验等层次编写，既包含基本操作、基本技术的单元训练，又设置有解决实验课题的综合训练，以及从查阅文献、设计方案、独立完成实验到书写小论文的全面训练。

本教材系统性及教学适应性强，适合应用型高等院校化学、化工、材料、医药、生物、食品、环境、农林类相关专业使用，也可作为研究生或相关技术人员参考用书。

图书在版编目（CIP）数据

普通化学实验 / 曹小华，江小舵，刘金杭主编.

北京 : 化学工业出版社, 2024. 9（2025. 1 重印）. -- ISBN 978-7-122-46419-4

Ⅰ. O6-3

中国国家版本馆 CIP 数据核字第 2024GX0553 号

责任编辑：刘心怡　蔡洪伟　　文字编辑：张　琳　杨振美

责任校对：宋　玮　　装帧设计：王晓宇

出版发行：化学工业出版社

(北京市东城区青年湖南街 13 号　邮政编码 100011)

印　　装：河北延风印务有限公司

787mm×1092mm　1/16　印张 13　字数 317 千字

2025 年 1 月北京第 1 版第 2 次印刷

购书咨询：010-64518888　　售后服务：010-64518899

网　　址：http://www.cip.com.cn

凡购买本书，如有缺损质量问题，本社销售中心负责调换。

定　　价：39.80 元

前言

“普通化学实验”是高等学校化学、化工、生物、医学、食品、环境、材料、农林类应用型本科专业开设的一门专业基础必修课，已出版的《普通化学实验》教材往往在一定程度上存在“产、学、研、用”脱节，内容更新不及时，重知识轻育人、重验证轻创新等问题，难以满足高等院校相关专业应用型人才培养实际需求。

本教材以习近平新时代中国特色社会主义思想和党的二十大精神为引领，依据我校及兄弟高校教学实际要求，结合产业行业对应用型人才素质能力的实际需求，集合编者多年来教育教学教研及科研成果编写。

和同类教材比较，本教材具有以下特点：

(1) 坚持立德树人、弘扬科学家精神，将专业发展前沿、化学家励志故事、与专业相关的社会热点事件、中国传统文化元素、绿色化学理念等内容融入教材编写中，实现思政教育与专业知识教育“同频共振、同向同行”。

(2) 体现了遵循“加强基础，趋向前沿，反映现代，注意交叉”的现代课程建设理念，采用“宽基础，活模块”的教材结构体系，贯彻创新、协调、绿色、开放、共享的新发展理念。

(3) 深入贯彻以人民为中心的发展思想，坚持以学生为中心“三个层次、五个阶段”层次分明，符合大学生心智认知特点。

(4) 体现产教融合、科教融汇、绿色发展、创新发展，增加创新拓展类实验、绿色化学实验、综合性和设计性实验、趣味性实验，体现前沿、立足应用、注重启发。

本教材第一章由江小舵编写，第二章由雷艳虹、吕良艳编写，第三章由曹小华编写，第四章由江小舵、占昌朝编写，第五章由刘金杭编写，第六章由杨平华、尹健美编写，第七章由陈浩编写，第八章由吴传保、焦艳晓、廖洪流编写，第九章由汪亚威、刘东升、吴秀荣编写。全书由曹小华、江小舵、刘金杭统稿。

本教材获得了首批江西省“十四五”普通高等教育本科省级规划教材重点立项资助、江西省一流线下本科课程“普通化学实验”立项资助和九江学院2022年度校级高质量教材立项资助，同时获得江西省高水平本科教学团队“基础化学课程教学团队”、“有机硅新材料课程教学团队”、江西省第二批重点现代产业学院“有机硅新材料产业学院”、江西省一流专业“应用化学”、九江化工市域产教联合体及江西省教改课题（JXJG-23-17-5、JXJG-23-17-9、JXJG-23-17-14）经费资助。教材编写过程中得到了广大师生、同仁的热情帮助，参考了有关教材、著作和论文内容，谨此一并表示衷心感谢！

本教材编写虽力求完善，体现特色、创新和应用，但限于编者水平，不当或不足之处在所难免，敬请广大读者批评指正，以期不断改进和完善，编者不胜感谢。

编者

2024年6月

目录

第一章 绪论

第二章 化学实验基本知识

第四章 常数测定实验

第五章 物质制备、分离和提纯实验

第六章 定量分析基础实验

第七章　元素性质实验

第八章　综合性、设计性实验及趣味实验

第九章　创新拓展类实验

附录

参考文献

第一章
绪论

第一节 大学普通化学实验的学习目标

普通化学实验主要包含无机化学、分析化学等相关实验内容，有以下学习目标。

（1）知识目标 掌握化学实验的基本技能；掌握化学实验基础知识；包括实验安全、仪器选用、物质制备及分离、分析鉴定等；熟悉绿色化学实验设计、探究性和综合性实验设计等高阶知识。

（2）能力目标 具备熟练的实验操作能力，如溶解、过滤、蒸发浓缩、滴定及常见分析仪器使用能力等；具有较强的综合实验能力，如独立设计实验的能力、运用实验手段解决实际问题的能力等，并具有能对实验数据进行分析处理、综合运用所学知识的能力。

（3）素质目标 具有较强的敬业精神、职业道德和社会责任感，培养创新思维、创新意识、绿色化学意识、科学精神和科学道德；培养从事科学研究的能力，以及严谨的科学工作态度和实事求是的工作作风。

第二节 化学实验室安全守则

① 实验前应做好预习和实验准备工作，检查试剂、仪器是否齐全。

② 进入实验室应穿实验服，禁止将食物带进实验室，实验室内严禁饮食。

③ 小心使用实验室设备和仪器，节约水电。每组应使用自己的仪器，不得使用他人的仪器，公用仪器与试剂只能在原处使用，不得随意移动，如有损坏，必须及时登记补领。

④ 应保持实验室清洁，待用仪器试剂的摆放应井然有序。废纸、火柴梗和碎玻璃等应倒入废物箱内，废液应倒入废液缸内，严禁倒入水槽，以防堵塞或腐蚀管道。

⑤ 节约试剂，按规定的量取用试剂。称取固体试剂后，及时盖好原瓶盖，放在指定地方的药品不得擅自拿走。绝对不允许随意混合化学药品。

⑥ 使用精密仪器时，必须严格按照操作规程进行。如发现仪器有故障，应立即停止使用，报告教师，及时排除故障。

⑦ 使用有毒和恶臭的物质时，应在抽气装置下或在通风良好的条件下进行实验。

⑧ 加热操作时，绝不可俯视正在加热的液体。以免溅出液体将人烫伤。

⑨ 闻气体气味时，用手将少量气体朝自己的方向扇一扇即可。

⑩ 稀释浓硫酸时应将浓硫酸慢慢倒入水中。切不可将水倒入浓硫酸中，以免浓硫酸溅出灼伤。尤其要注意保护眼睛。

⑪ 实验后，洗涤干净所用仪器，并整齐地将其放回原位，整理好实验仪器。实验完毕

后，应把手洗干净方可离开实验室。

⑫ 若发生意外事故，应保持镇静，遇有烧伤、烫伤、割伤时立即向教师报告，进行及时的处理和治疗。

第三节 实验室意外事故处理

在化学实验过程中常会接触到玻璃仪器、化学试剂和电，若引发意外事故，可采取如下办法进行及时的处理。

(1) 玻璃割伤　先取出伤口内的异物，用药棉擦净伤口，然后在伤口处抹上红药水，必要时撒上消炎粉或敷些消炎膏，再用纱布包扎。

(2) 烫伤　用水冲洗干净后，从急救箱内取出烫伤膏或红花油进行涂抹。

(3) 强酸灼伤　先用5% $NaHCO_3$ 溶液冲洗，再用清水冲洗。

(4) 强碱灼伤　先用2%醋酸溶液冲洗，最后用水冲洗。如果溅入眼内，则先用2%硼酸溶液冲洗，再用清水冲洗。

(5) 吸入刺激性或有毒气体　可吸入少量乙醇和乙醚的混合蒸气以解毒。吸入少量氯气时，可用 $NaHCO_3$ 溶液漱口。溅入口中尚未咽下的毒物应立即吐出来，并用水冲洗口腔。

(6) 触电　立即切断电源，必要时进行人工呼吸并立即送医院抢救。

(7) 起火　实验室失火后，要立即组织灭火，尽快移开可燃物，切断电源，以防火势扩大。灭火方法根据情况而定，一般由乙醇或乙醚等引起的小火用湿布或沙覆盖燃烧物即可，火势大时可用泡沫或干粉灭火器灭火。但要注意电气设备引起火灾时，必须切断电源，再用二氧化碳或四氯化碳灭火器灭火。

第四节 误差与数据处理

一、有效数字

1. 有效数字的确定

测量手段的不确定程度决定了测量数据的有效数字的准确性。记录的数据不仅表示数量的大小，而且还反映了测量的不确定程度。所得数据的最后一位数字可能有上下一个单位的误差，被称为不确定数字。一个数据的有效数字包括数据中所有确定的数字和一位不确定的数字。在测量中所记录的数据最多只能保留一位不确定的数字。

数字“0”在数据中具有双重意义，它可能是有效数字，也可能不是。若“0”作为普通数字使用，就是有效数字；如果“0”只是起到定位作用，就不是有效数字。举例言之，滴定管读数可读准至±0.01mL，在读数10.05mL和10.00mL中，所有的“0”都是有效数字，这两个数据都具有四位有效数字，最后一位可能有±1的允许误差。在记录实验数据时，应该注意不要将数据末尾属于有效数字的“0”漏记。因为按照惯例，会将最后一位数字看成是不确定的数字，从而使数据不确定程度扩大，造成计算混乱。

2. 有效数字的运算规则

(1) 有效数字的修约　修约数字时，只允许修约一次原数字到所需要的位数，不能分次修约。通常采用“四舍六入五留双”的规则。若有效数字后面的数字大于5，就进位；小于5，就舍去；等于5，则看保留下来的数字的末位数是奇数还是偶数，是奇数就入，是偶数则舍。

（2）加法和减法　在计算数字相加或相减时，所得和或差的有效数字位数应该要以小数点后位数最少的数字为准，即以其绝对误差最大者为准。

（3）乘法和除法　在乘除运算中，通常以有效数字位数最少的那个数为准。

二、实验数据的处理

实验过程中，记录和整理数据是很重要的，数据要记在专用的记录本上，整理实验数据时，常用以下两种方法。

1. 列表法

在记录数据时，将数据列成表格，可简明地表示有关物理量间的关系，以便得出结论或经验公式。应做到：

① 写清表名，简明扼要，便于表示出有关物理量之间的关系；

② 明晰表格中各符号所代表的物理量，并写明其单位；

③ 表格中的数据要正确反映被测物理量的有效数字；

④ 必要时可以加注说明表格中数据的其他情况。

2. 作图法

用图线来表示实验中得出的数据，可直观地表达所测物理量间的关系。使用纸质作图法时应做到以下几个方面。

① 最常用的图纸是直角坐标纸。以不损失实验数据的有效数字和能包括所有的实验点为原则，选择适当大小的直角坐标纸。

② 一般以自变量为横轴、因变量为纵轴，并且顺轴的方向注明该轴所代表的物理量和单位。

③ 正确标出实验数据的坐标点。测量数据点常用“＋”符号标出，并使交叉处正好落在数据点上。

④ 连接实验图线。连接图线有以下两种方法。

一种是直接将各点用直线连接起来，成一折线。一般在数据点过少，并且自变量和因变量的关系难以确定时采用。

另一种方法则是根据图上各数据点的分布和趋势，作出一条连续且光滑的曲线或直线。该法中的图线不一定要通过每一个数据点，但要求各数据点离图线很近且匀称、合理地分布在图线两侧。

⑤ 图注和说明。作完图后，在图纸上明显的位置标明图名、作者和作图日期。有时还可附上简要的说明，如实验条件、数据来源等。

三、 Excel在化学实验数据处理中的应用

Excel是目前最常用的数据表软件之一，具有强大的数据处理、统计和分析的功能。在化学实验数据处理中，利用Excel的数据计算和拟合功能可以处理很多化学化工的实验问题，可以称其为电脑上的作图法。

可以使用 Excel 软件简单快速地对一些实验数据进行拟合，下面以某管路特性曲线的实验数据为例说明其运用过程。

将表 1-1 的数据进行拟合，步骤如下。

表 1-1　某管路特性曲线的实验数据表

流量/(m^3/h)	2.39	3.11	3.59	4.01	4.37	4.94	5.51	5.62
扬程/m	4.77	5.22	7.78	9.19	10.21	12.78	14.53	22.59

① 将实验数据输入 Excel 表中的任意两列，如图 1-1 所示。

② 鼠标选中需要拟合的两列数据，点击 Excel 功能区的“插入”选项卡，如图 1-2 所示。在图表区，如图 1-3 所示，选择“散点图”中第一个选项“散点图”，会直接弹出初步绘制的图形，如图 1-4 所示。

	A	B
1	2.39	4.77
2	3.11	5.22
3	3.59	7.78
4	4.01	9.19
5	4.37	10.21
6	4.94	12.78
7	5.51	14.53
8	5.62	22.59

图 1-1　数据的输入

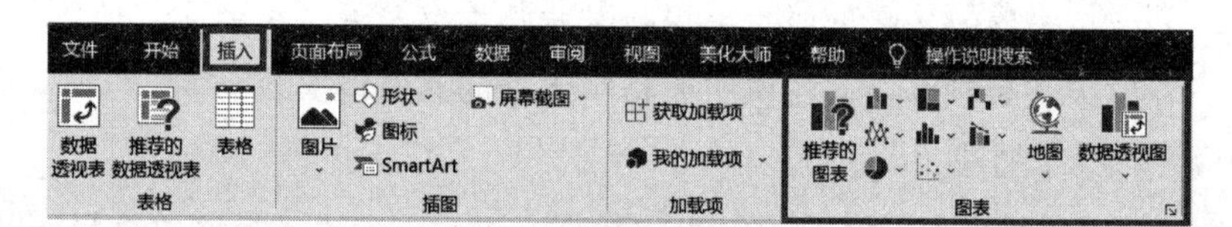

图 1-2　图表的功能区

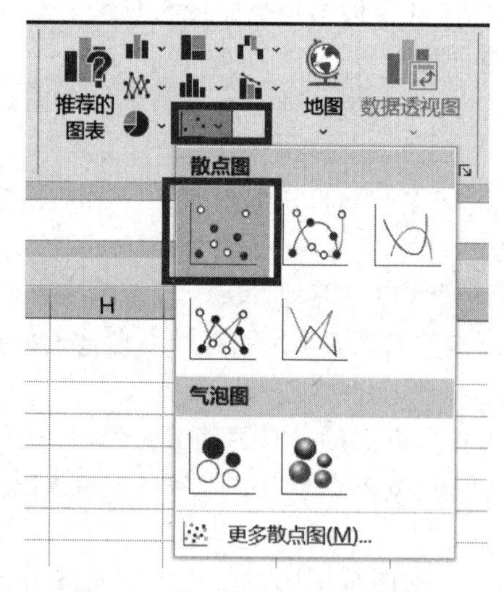

图 1-3　散点图的图表类型选择

③ 在图形中选中数据点，点击鼠标右键后点击“添加趋势线”选项，会弹出“设置趋势线格式”侧边栏。本例中根据数据趋势选择“指数”，下拉侧边栏在“显示公式”和“显示 R 平方值”前勾选，如图 1-5 所示，会自动地在图形中添加对应的趋势线和相关公式以及 R 平方值，最终得到的拟合公式和趋势线如图 1-6 所示。

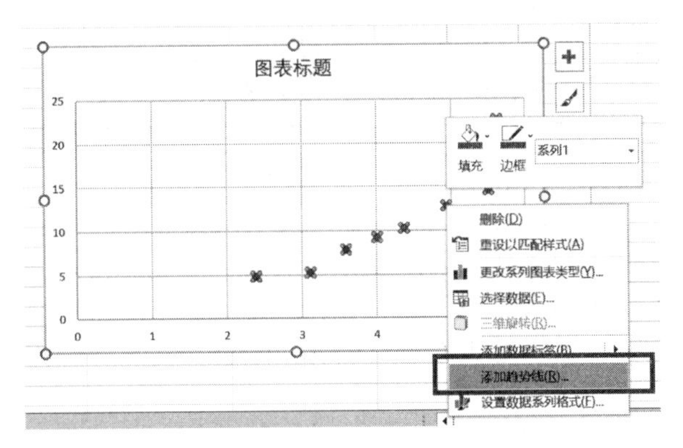

图 1-4 图形的初步绘制

当 R 平方值越接近 1 时，表示相关的拟合公式的参考价值越高；相反，当 R 平方值越接近 0 时，表示拟合公式的参考价值越低。

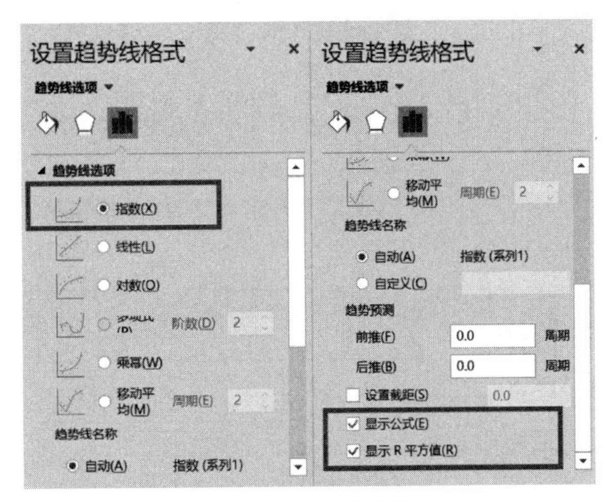

图 1-5 设置趋势线格式

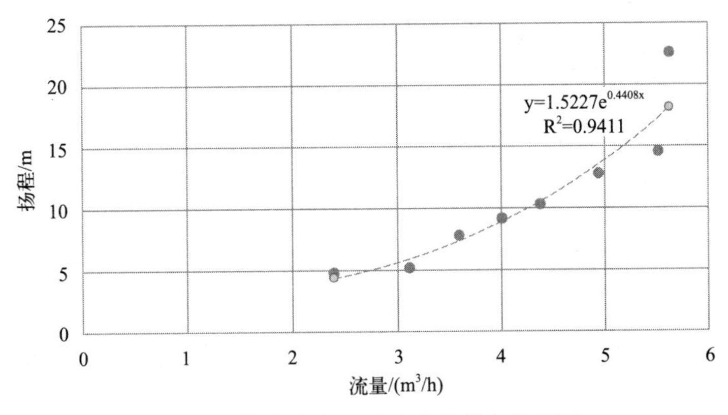

图 1-6 带公式和 R 平方值的拟合结果图

第五节　实验报告格式及评分标准

一、实验报告格式

××大学××××××学院

实验报告

课程名称：______________________

班级专业：______________________

学生姓名：______________________

学　　号：______________________

指导教师：______________________

开课时间：______________________

实 验 室：______________________

实验组别：______________________

实验时间：______________________

实验序号（Experiment Serial No.）______

<table>
<tr><td>实验名称</td><td colspan="3"></td><td>实验类型</td><td></td></tr>
<tr><td>小组成员</td><td></td><td>实验室温度</td><td>℃</td><td>实验日期</td><td></td></tr>
<tr><td colspan="6">实验目的</td></tr>
<tr><td colspan="6">实验原理</td></tr>
<tr><td colspan="6">主要试剂、仪器和物理常数</td></tr>
</table>

续表

实验过程（主要实验步骤、操作等）

续表

实验现象记录（或数据处理）
实验结论
思考与分析（思考题解答、实验反思与分析）
教师评语 成绩： 教师签名：

二、实验报告评分标准

实验报告评分标准见表1-2。

表1-2 实验报告评分标准表

指标	序号	内容	要求	计分
实验态度	1	考勤与纪律	不迟到、不早退、听从指导、规范操作	3
	2	预习	是否明确实验目的、原理、主要仪器及试剂、实验步骤	7
	3	“C3H3”素养	试剂节约、仪器规整有序、绿色清洁	5
	4	实验报告书写	书写规范、图表清晰、内容翔实	3
实验基础	5	实验名称	正确无误	1
	6	实验目的	明确、清晰	3
	7	实验仪器及试剂	记录完整	2
	8	实验原理	叙述简洁完整，重点突出，依据正确	8
实验过程	9	实验内容与步骤	内容清楚，步骤简洁明确，顺序正确，操作规范	20
	10	实验结果记录	真实、清楚、完整、无涂改	8
实验结果与分析	11	分析与讨论	① 有明确的结果或结论报告。(5分) ② 结果形式正确无误（注意有效数字)。(5分) ③ 能利用理论知识对结果进行正确分析。(5分) ④ 分析简洁、明确、合理，语言组织恰当。(5分) ⑤ 思考题回答准确完整。(10分) ⑥ 能对本次实验进行总结，是否达到本次实验的目的，有哪些收获。(10分)	40
附加	12	实验创新	鼓励存疑创新，如在实验过程中提出有益建议并被采纳，或对实验进行一定创新、提出不同见解，能积极参加自主创新实验活动并提交论文，等等	20

注：1.对严重违反实验纪律的同学，教师可酌情减扣实验成绩。

2.因教学评估、专业认证等需要，实验报告和预习报告在课程结束时需统一上交存档。

3.实验报告成绩是总评成绩的主要依据，请认真撰写。

4.杜绝抄袭、伪造数据等不诚信行为。

第六节 绿色化学

一、绿色化学主要研究内容

绿色化学，又称清洁化学、环境友好化学、环境无害化学，是一门从源头上做起，采用无毒无害的原料，进行无害排放条件下的高选择性的原子经济性的反应，获得对环境友好的价廉易得的产物的一门学科。绿色化学利用化学的技术与方法来降低或消除化学产品设计、制造与应用中有害物质的使用与产生，使所设计的化学产品或过程更加清洁，对环境更加友好。绿色化学的主要研究内容如图1-7所示。

二、绿色化学实验的内涵及特点

绿色化学实验的核心内涵是研究新反应体系，在实验过程中，尽量减少或完全不使用和产生有害物质，它具有以下特点：

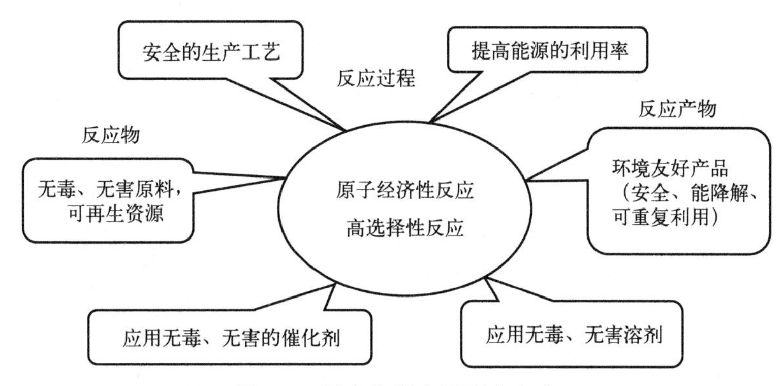

图 1-7 绿色化学主要研究内容

（1）化学反应原料的绿色化 绿色化学实验致力于采用可再生、无毒、无害的原料。

（2）化学反应的绿色化 绿色化学注重最大限度地利用原料，最大限度地减少副产物，减少废物的排放，或使反应的副产物成为另一反应的原料，尽可能达到原子经济性。

（3）催化剂绿色化 使用对环境无害的绿色催化剂，不使用对环境有害的催化剂。

（4）溶剂的绿色化 尽量避免使用溶剂，即使要使用，也要求使用对环境友好的绿色化溶剂，如 H_2O。在无毒、无害溶剂的研究中，最活跃的研究项目是开发超临界流体（SCF）（如超临界液态 CO_2 等），特别是超临界固相反应。

（5）产品的绿色化 生产的产品是绿色的，不应该对环境造成损害。

三、绿色化学的核心内容——“原子经济性”和“5R”原则

1.“原子经济性”

“原子经济性”是指充分利用反应物中的各个原子，既能充分利用资源，又能防止污染。原子利用率越高，反应产生的废弃物越少，对环境造成的污染也越少。

$$原子利用率=\frac{目标产物的摩尔质量}{化学方程式中按计量所得物质的摩尔质量}\times 100\%$$

2.“5R”原则

无论目标产物还是合成目标产物的原料、试剂、溶剂、催化剂、能源等所涉及的化学品都应遵循：

① 拒用（reject）危害品，拒绝使用是杜绝污染的最根本方法，对一些无法回收、再生和重复使用的药品、原料，应拒绝其在化学实验过程中使用；

② 减少（reduce）用量，是从节省资源、减少污染的角度提出的；

③ 循环利用（reuse），不仅是降低成本的需要，也是减废的需要；

④ 回收再利用（recycle），可有效实现“省资源、少污染、减成本”的要求；

⑤ 再生利用（regenerate），是变废为宝，节省资源、能源，减少污染的有效途径。

第七节 化学实验网络资源及期刊简介

下面就日常教学和科研中一些常用的网上化学资源进行归纳整理，也为网络化学化工资

源的整合和建设提供参考。

一、国内外化学化工文献数据库

1. Web of Science

含有 SCI、SSCI、A&HCI 等电子资源，包括来自全世界 9000 多种最负盛名的高影响力研究期刊及 12000 多种学术会议的多学科内容。除了普通的检索功能外，还提供引文检索以及强大的分析功能，可查询期刊历年 JCR 影响因子及分区数据。

2. SciFinder

由美国化学会（American Chemical Society，ACS）旗下的美国化学文摘社（Chemical Abstracts Service，CAS）出品，是一个研发应用平台，提供全球的化学及相关学科文献、物质和反应信息。SciFinder 收录的文献类型包括期刊、专利、会议论文、学位论文、图书、技术报告、评论和网络资源等。

3. ScienceDirect

可提供电子期刊全文以及化学、化工、能源、工程和材料学五个学科的电子图书。

4. 中国知网

中国知网有专题全文数据库、期刊题录数据库、中国优秀博硕学位论文库、中国专利题录数据库等数据库。

5. 万方数据知识服务平台

万方数据知识服务平台包括商务信息子系统、科技信息子系统、数字化期刊三个大系统，中国科技信息所为主要承办者。

6. 维普网

收录 1989 年至今 12000 余种中文期刊的全文，包括经济管理、教育科学、自然科学、农业科学、医药卫生和工程技术等类。

7. 美国化学文摘（CA）

美国化学文摘收录了自 1907 年以来的世界范围内的化学、化学工程、生物化学及所有相关领域的文献，约 1600 万条摘要及 2600 万条物质信息，收录内容与印刷版 CA 基本一致，共分 5 个部分 80 个类目。

8. NIST Chemistry WebBook

它提供的主要参考数据有：5000 多个有机和无机化合物的热化学数据；8000 多个反应的热化学数据；7500 多个化合物的 IR 光谱数据；10000 多个化合物的质谱数据；400 多个化合物的紫外/可见光谱（UV/Vis）数据；3000 多个化合物的电子和振动光谱数据。

9. 美国化学会

希望查询与化学相关科学和 ACS 有关信息的学者及其他个体，在该网站能查到化学在工业、学术界和世界范围的政府方面的站点，可以通过进入这些站点来查询大量的化学专刊及数据库，从而可以查询到可靠而准确的信息。

10. 剑桥结构数据库

该库是剑桥晶体结构数据中心建立的有机物和金属有机物结构数据库，拥有通过 X 射线和中子衍射技术分析得到的晶体结构数据23万条。

二、协会与学会

与化学化工有关的主要国内外协会如下。

1. 国外部分

美国化学会(ACS)、美国化学工程师学会(AIChE)、德国化学协会、英国皇家化学学会、日本化学会等。

2. 国内部分

中国化工学会、中国化学会、中国科学技术协会、中国科学院化学研究所等。

三、国内实验相关期刊

1.《实验技术与管理》

面向全国各级各类高等学校实验室的学术技术性期刊，1963年创刊，由教育部主管，清华大学主办，每月20日出刊。是高校实验室工作研究会会刊。

2.《实验室研究与探索》

由教育部主管、上海交通大学主办的国内外公开发行的综合性技术刊物，全国高校实验室工作研究会会刊之一。

3.《大学化学》

中国化学会、高等学校化学教育研究中心、北京大学主办，该刊研究高校化学教育改革中的重大问题，交流化学教学改革经验，报道化学及其相关学科的发展动向；介绍化学前沿领域的研究状况及今后展望。

4.《化学教育》

中国化学会、北京师范大学主办的化学教育类学术月刊，主要围绕化学基础学科，交流教育教学经验和研究成果，开展课程、教材教法、实验技术的讨论，介绍化学和化学教学理论的新成就，报道国内外化学教育改革的进展和动态。

5.《化工高等教育》

《化工高等教育》是全国化工高教学会、华东理工大学主办的反映化工高等教育发展和改革新思想、新模式、新机制、新经验的综合性刊物。

熟悉以上资源信息，掌握并灵活地运用网络上的信息搜索方法，对广大化学化工工作者及时发现网上有价值的信息资源，获得最新化学化工情报和信息文献具有重要意义。

第八节 实验设计方法

一、单因素实验法

最常用的过程优化方法是单因素实验法。

单因素实验是在假设各因素间不存在交互作用的前提下，每次只改变一个因素，其他因素需要保持在恒定水平，再去研究不同实验水平对响应值的影响。

而在实际情况中过程影响因素十分复杂，并且因素与因素之间通常都会存在一定的交互作用，当实验因素很多的时候，需要进行数次的单因素分析以及较长的实验周期才能逐个优化各因素，这样效率未免太低。

二、正交实验简介

在日常实验中，对于只考查一个或两个因素的实验来说，由于控制的因素较少，实验设计和实施都比较简单。但当一个实验出现超过三个因素时，实验就变得非常烦琐，全部实施起来也非常困难。

比单因素实验法效率更高的过程优化方法是正交实验。正交实验可以同时考虑多因素，在合理减少单因素分析的实验次数的情况下，寻找最佳的因素水平组合，通过方差分析得到影响结果的主次因素。

正交实验的一般流程包括：①确定研究因素；②选择指标水平；③制作正交实验表格；④进行实验；⑤实验结果分析。下面结合案例说明。

案例背景：在一项研究中，研究人员想分析温度、保温时间和反应物用量这三种因素对产物质量的影响。

分析步骤如下。

① 确定研究因素。根据上面的研究背景可以确定，本次的研究因素共有三个，分别是：温度、保温时间和反应物用量。

② 选择指标水平。确定因素后，要对每个因素的水平进行设定，通常是依据专业知识或参考过往的文献经验来设定，见表 1-3。

表 1-3　三种因素和水平数据

水平	因素 A：温度/℃	因素 B：保温时间/min	因素 C：反应物用量/kg
1	460	3	6
2	480	4	8
3	500	5	10

③ 制作正交实验表格。确定好因素与水平，准备工作就基本完成，接下来制作正交实验表格，再将数据对应填入表格。案例中共涉及三个因子（因素），每个因素均有三个水平，表格设置见表 1-4。

表 1-4　正交设计表

编号	因子 1	因子 2	因子 3
1	1	1	1
2	2	2	1
3	3	3	1
4	3	2	2
5	2	1	2
6	1	3	2

续表

编号	因子 1	因子 2	因子 3
7	1	2	3
8	2	3	3
9	3	1	3

④ 进行实验。记录实验结果，整理数据。

⑤ 实验结果分析。得到实验结果后，将实验数据与结果整理到表 1-5 中。

表 1-5 实验数据表

编号	温度/℃	保温时间/min	反应物用量/kg	产物质量/g
1	460	3	6	377
2	480	4	6	391
3	500	5	6	362
4	500	4	8	350
5	480	3	8	330
6	460	5	8	320
7	460	4	10	326
8	480	5	10	302
9	500	3	10	318

通常用方差分析对结果进行分析。一般情况下，实验的因素为两个或者三个。如果超过三个，则需要使用多因素方差分析。不考虑交互作用，分析各因素对反应物质量的影响。

由表 1-6 可看到，保温时间、反应物用量会对产物质量产生显著性影响，而温度并不会产生影响。

表 1-6 多因素方差分析结果

项目	平方和	df	均方	F
截距	181554.349	1	181554.349	13504.043
温度	10.889	2	5.444	0.405
保温时间	1148.222	2	574.111	42.702
反应物用量	5963.556	2	2981.778	221.785
残差	26.889	2	13.444	—
$R^2=0.996$				

三、均匀设计实验简介

均匀设计实验法又称为空间填充设计，作为一种实验设计方法，它只考虑实验点在实验范围内的均匀散布。该法由方开泰教授和数学家王元在 1978 年共同提出，是数论方法中的“伪蒙特卡罗方法”的应用之一。

所有的实验设计方法本质上都是在实验的范围内给出挑选代表性实验点的方法，均匀设计也是如此。它能从全面实验点中挑选出部分具有代表性的实验点，这些实验点在实验范围内充分均匀散布，但仍能反映体系的主要特征。

在条件范围变化大而需要进行多水平实验的情况下，均匀设计可极大地降低实验的次数。均匀设计只考虑实验点在实验范围内充分“均匀散布”而不考虑“整齐可比”，其实验结果的处理多采用回归分析方法。

方开泰、王元完成的“均匀实验设计的理论、方法及其应用”，首次创立了均匀设计理论与方法，揭示了均匀设计与古典因子设计、近代最优设计、超饱和设计、组合设计深刻的内在联系，证明了均匀设计比上述传统实验设计具有更好的稳健性。它开创了一个新的研究方向，形成了中国人创立的学派，并获得国际认可，已在国内外诸如航天、化工、制药、材料、汽车等领域得到广泛应用。

四、响应面法简介

正交实验在处理因素间交互作用时需要设计交互作用表，当因素间的交互更为复杂时，正交实验的工作量也会随之上升。实验设计与优化方法，都未能给出直观的图形，因而也不能凭直觉观察其最优化点，虽然能找出最优值，但难以直观地判别优化区域。

为此响应面分析法（也称响应曲面法）应运而生。响应面分析法，即响应曲面设计方法（response surface methodology，RSM），是一种最优化方法，是利用合理的实验设计方法并通过实验得到一定数据，采用多元二次回归方程来拟合因素与响应值之间的函数关系，通过对回归方程的分析来寻求最优工艺参数，解决多变量问题的一种统计方法。

它将体系的响应（如萃取化学中的萃取率）作为一个或多个因素（如萃取剂浓度、酸度等）的函数，运用图形技术将这种函数关系显示出来，目标是寻找实验指标与各因子间的定量规律，找出各因子水平的最佳组合。在多元线性回归的基础上主动收集数据，以获得具有较好性质的回归方程。

响应面是指响应变量 η 与一组输入变量（$\zeta1$，$\zeta2$，$\zeta3$，…，ζk）之间的函数关系式：$\eta=f(\zeta1，\zeta2，\zeta3，\cdots，\zeta k)$。依据响应面法建立的双螺杆挤压机的统计模型可用于挤压过程的控制和挤压结果的预测。

响应面法常用的方法有两种：中心复合实验设计（CCD）和 Box-Behnken 实验设计（BBD）。

设有 m 个因素影响指标取值，通过 n 次量测实验，得到 n 组实验数据。假设指标与因素之间的关系可用线性模型表示，则将数据写成矩阵式，应用最小二乘法即可求出模型参数矩阵回归方程，就可得到响应关于各因素水平的数学模型，进而可以用图形方式绘出响应与因素的关系图。

常用的响应面设计和分析软件有 Matlab、SAS 和 Design-Expert。在已经发表的有关响应面优化实验的论文中，Design-Expert 和 SPSS 是使用最广泛的软件。

第二章
化学实验基本知识

第一节　化学实验室常用玻璃与瓷质仪器介绍

化学实验仪器是进行化学实验的必要工具，基础化学实验中常用仪器见表 2-1。玻璃仪器较为常用，软质玻璃透明度好，但耐热性差，不能承受过大的温差，含有可溶性硅酸盐，耐腐蚀性差，一般用来制造量筒、吸量管、滴定管等不直接受热的仪器。硬质玻璃耐高温、耐温差变化、耐腐蚀、导热性好，多用于制造烧瓶、烧杯及成套实验装置，但操作时勿使变温过于剧烈。

表 2-1　基础化学实验中常用仪器

仪器	规格	用途	注意事项
普通试管	玻璃制品，按材质不同分为硬质和软质，还可分为有刻度和无刻度。有刻度的试管按容量（mL）分，常用的有 5mL、10mL、15mL、20mL、25mL、50mL 等	盛取液体或固体试剂；可用于收集少量气体；可作少量试剂的反应容器	① 装样不超过试管容量的 1/2，加热时不超过试管容量的 1/3。 ② 用滴管往试管内滴加液体时应悬空滴加，不得伸入试管口。 ③ 加热使用试管夹，试管口不能对着人；加热盛有固体的试管时，管口稍向下，加热液体时向上倾斜约 45°。 ④ 加热时要预热，防止试管骤热而爆裂
离心试管	塑料离心试管是透明或者是半透明的，硬度小。玻璃离心试管分有刻度和无刻度，有刻度的以容量（mL）表示，如 5mL、10mL 等	用于少量试剂的反应容器，还可用于分离沉淀	① 使用玻璃离心试管时离心力不能太大，需要垫橡胶垫。 ② 超速离心时，需要抽高真空，液体应加满离心管
烧杯	玻璃制品，分硬质和软质，有刻度和无刻度。以容积（mL）表示不同的规格，如 25mL、100mL、500mL 等	常用来配制溶液、溶解样品和作为较大量的试剂的反应容器	① 一般置于陶土网上加热，受热均匀，外壁应擦干。 ② 溶解时，用玻璃棒不断轻轻搅拌，加入液体的量一般不超过烧杯容积的 1/3。 ③ 加热时，一般不要超过烧杯容积的 2/3

续表

仪器	规格	用途	注意事项
量筒	是一种量器，主要用玻璃，少数（特别是大型的）用透明塑料制造。以所能量取的最大容量（mL）表示	按体积定量量取液体	① 量筒一般用软质玻璃，耐热性差，不能加热，不能量取热溶液，不能作为反应容器。 ② 不能进行浓酸、浓碱的稀释。 ③ 清洁时应注意不能用去污粉清洗，以免造成材料损坏
锥形瓶	又名三角烧瓶，由硬质玻璃制成，纵剖面呈三角形状，口小、底大。容量有50mL、250mL等	反应容器，可用于定量分析实验中的滴定操作	① 注入的液体不超其容积的1/2，过多易造成喷溅。 ② 加热时使用陶土网。 ③ 锥形瓶外部要擦干后再加热。 ④ 振荡时同向旋转
容量瓶	按制色分棕色和无色两种。以容量（mL）表示（10mL、50mL、100mL等）并注明温度	配制准确浓度的溶液或用来定量稀释溶液	① 不能加热。 ② 磨口瓶塞是配套的，不能互换。 ③ 不能代替试剂瓶存放液体
水浴锅	铜或铝制品	用于间接加热或控温实验	① 根据反应容器的大小，选择合适圈环。 ② 需经常加水，防止锅内水烧干。 ③ 用毕应将锅内剩水倒出并擦干
蒸发皿	以口径大小（mm）表示，如60mm、80mm、95mm，有瓷质、石英质、铂质	用于溶液蒸发、浓缩和结晶	能耐高温，但不能骤冷

续表

仪器	规格	用途	注意事项
铁架台	铁制品	固定或放置反应容器。铁圈可以代替漏斗架使用	加热后的铁圈应避免撞击或摔落在地
三脚架	铁制品，有大小、高低之分	放置较大或较重的反应容器	三脚架的高度是固定的，用酒精灯加热时一般是通过调整酒精灯的位置，使灯焰的位置合适
滴瓶	以容积大小（mL）表示，如 60mL、100mL 等。分棕色和无色两种	盛放少量溶液，便于取用	滴管应专用，不能吸得太满，不能倒置，不能弄脏
称量瓶	以外径（cm）表示。分扁形和高形两种	准确称取定量固体	瓶和塞子是配套的，不能互换
泥三角	由铁丝弯成，套有瓷管，有大小之分	架放坩埚	灼烧后小心取下，不要摔落
研钵	以直径大小（mm）表示，如 60mm、75mm、90mm 等。有瓷质、玻璃质、玛瑙质等	用于研磨药品，可将两种或两种以上固态物质通过研磨混匀	① 不能作反应容器。 ② 放入量不超过容积的 1/3。 ③ 易爆物质不能在研钵中研磨

续表

仪器	规格	用途	注意事项
燃烧匙	铜或铁制品	检验物质可燃性	防止锈蚀
坩埚	以容积（mL）表示，有瓷质、石英质、镍质或铂质	灼烧固体	灼烧的坩埚不要直接放在桌子上
坩埚钳	铁或铜合金制品，表面常镀镍或铬	用于夹持热的坩埚	① 不要和化学药品接触，以免腐蚀。 ② 放置时应将钳子尖端向上，以免沾污
细口瓶 广口瓶	以容积大小（mL）表示。有无色、棕色、磨口、不磨口之分	细口瓶盛放液体药品，广口瓶盛放固体药品	不能加热，瓶塞不能互换，盛放碱液要用橡胶塞
移液管	以刻度最大标度表示，只有一个刻度	精确移取一定体积的液体	① 先用少量所移取液润洗三次。 ② 一般移液管残留最后一滴，不要吹出，但刻有“吹”或“快”字的完全流出式移液管例外

续表

仪器	规格	用途	注意事项
吸量管	吸量管有分刻度，按刻度的最大标度表示，如 1mL、2mL、10mL 等	精确移取一定体积的液体	① 先用少量所移取液润洗三次。 ② 一般吸量管残留最后一滴，不要吹出
滴定管	按刻度最大标度表示。分酸式、碱式、两用滴定管	滴定时用以量取较准确体积的液体	① 酸管、碱管不能对调使用。 ② 装液前用预装液润洗三次
漏斗	以直径大小（mm）表示，如 40mm、60mm。按材质不同可分为玻璃质、瓷质，按形状不同有长颈、短颈漏斗之分，锥形底角为 60°	用于过滤操作或往口径小的容器里注入液体	不能用火直接加热
分液漏斗	根据形状可分为球型、梨型和筒型等	用于将两种不相溶的液体分离。制气装置中滴加液体，可控制化学反应的速率	① 不能用火直接加热。 ② 磨口的漏斗塞子不能互换，活栓处不能漏液
吸滤瓶、布氏漏斗	布氏漏斗为瓷质，以口径（mm）表示，如 40mm、60mm 等。吸滤瓶为玻璃制品，以容积（mL）表示，如 250mL、500mL 等	两者配套使用，用于晶体或沉淀的减压过滤	① 不能直接加热。 ② 滤纸要略小于漏斗的内径，但要把底部小孔全部盖住，以免漏滤。 ③ 先抽气，后过滤，停止过滤时要先放气，后关泵

续表

仪器	规格	用途	注意事项
表面皿	以直径大小（mm）表示，如45mm、65mm、75mm、90mm等	盖在烧杯上防止液体溅出；用于晾干晶体等	不能用火直接加热
试管架	材质有木质和铝质，规格有不同的形状和大小	用于放置试管	① 加热的试管应稍冷后再放入架中。 ② 铝质试管架要注意防止酸、碱腐蚀
试管夹	材质有木质、金属、塑料等	夹持试管、离心管等容器	① 确保夹的位置合适，应夹在试管上端（离管口约2cm处）。 ② 要从试管底部套或取试管夹，不得横着套进套出。 ③ 加热时手握试管夹的长柄，不要同时握住长柄和短柄
毛刷	按成分可分为天然毛和合成毛；按用途可分为烧杯刷、试管刷、滴定管刷等	用于洗刷玻璃仪器	① 使用时注意不能用力太大，以免导致刷毛断裂。 ② 避免刷子顶端的铁丝撞破玻璃仪器底部
药匙	由牛角、合金或塑料制成	取用固体药品，药匙两端各有一个勺，根据用药量分别选用	① 大小选择应以盛取试剂后能放进容器口为准。 ② 取用完一种药品后，进行清洗干燥后才能再进行药品的取用。 ③ 避免药品长时间接触药匙

第二节　化学实验室常用玻璃仪器的洗涤和干燥

一、常用玻璃仪器的洗涤

在实验过程中，经常需要使用干燥洁净的玻璃仪器。洗涤仪器是一项既简单又很重要的操作。仪器洗涤是否符合要求，常常会影响到实验结果的准确性。洗净的玻璃仪器，水可以沿玻璃仪器的器壁均匀流下，器壁上只有一层薄薄的水膜，无水珠附着在上面。清洗干净后的仪器，进行自然晾干或加热烘干，不能用布或纸擦拭，以免弄脏仪器。

通常附着在玻璃仪器表面的污染物有：可溶性物质、灰尘、不溶性物质、油污等。仪器的洗涤有多种方式，应根据实验操作的具体要求、附着污染物的性质以及污染的程度来选择相对应的方式。针对这些情况，可采用的方法如下。

1. 水洗

水洗包括冲洗和刷洗。仪器上的尘土、可溶性物质、对器壁附着力不强的不溶性物质可用水冲洗，主要是利用水把污物溶解而除去。先用自来水冲洗仪器的外部，然后在玻璃仪器内倒入少量的水（约总容量的1/3），稍用力振荡片刻把水倒出，如此反复冲洗数次。对于仪器内部附有不易冲掉的污物，可选用大小合适、完好的毛刷刷洗，利用毛刷对器壁的摩擦去掉污物。来回柔力刷洗，如此反复几次，将水倒掉，最后用少量蒸馏水冲洗2～3次，要遵循“少量多次”的原则节约蒸馏水。注意毛刷顶部的毛应慢慢伸入仪器，避免刷洗时用力过猛戳破容器。

2. 用肥皂液或合成洗涤剂洗

对于不溶性及用水冲洗和刷洗不掉的污物，特别是仪器被油脂等有机物污染或实验准确度要求较高时，可选用肥皂液、洗洁精、去污粉等把油污、有机物等污染物洗去。首先将待洗容器用少量水润湿，选择合适规格的毛刷蘸取肥皂液或合成洗涤剂擦洗，轻轻刷洗。然后用自来水冲洗，最后用去离子水或蒸馏水冲洗2～3次。如果用去离子水或蒸馏水冲洗完，仪器内壁能均匀被水润湿，倒放仪器留下薄而均匀的水膜，没有附着水珠，表明已经洗涤干净；若有水珠附着器壁，说明器壁内仍有污染物，需重新洗涤。

仪器洗涤的流程为“一擦二冲三润四均匀”：自来水润洗冲洗→洗涤剂刷洗（肥皂液或合成洗涤剂）→自来水反复冲洗（直至洗涤剂彻底洗净）→去离子水或蒸馏水润洗2～3次（少量多次原则，仅针对定量实验和物质的检验实验）→ 检验是否洗净（器壁上附着水均匀，仅有薄薄的水膜）。

3. 用铬酸洗液洗

铬酸洗液由浓 H_2SO_4 和 $K_2Cr_2O_7$ 配制而成，称量20g $K_2Cr_2O_7$ 倒入烧杯中，加入60mL水，加热溶解，冷却后缓慢加入340mL浓硫酸，冷却至室温，转入试剂瓶中，密闭备用。铬酸洗液呈深褐色，具有很强的氧化性、对有机物和油污的去污能力特别强。洗液腐蚀性强，注意不要溅到皮肤上，避免造成化学腐蚀和烧伤。它用于清洗肥皂液或合成洗涤剂刷洗不掉的污物，因口小管细而难以用洗涤剂洗涤的仪器，或对仪器清洁程度要求较高以及定量实验中用到的具有精密刻度的仪器，如容量瓶、移液管、滴定管等。洗涤时先用自来水冲洗，并将仪器内的水倒掉，再向仪器中倒入少量洗液，将仪器倾斜，两手握住两端缓慢转动几圈，使洗液在内壁流动，直至仪器内壁布满洗液，等待片刻，把洗液倒回原储存瓶中，再用自来水冲洗仪器中残留的洗液，最后用蒸馏水少量多次冲洗。若污染严重，直接倒入洗液浸泡一段时间。

使用洗液的注意事项如下。

① 不要一开始直接用洗液，最好先用肥皂液或合成洗涤剂将仪器洗一下，并将仪器内的水尽量倒净，以免将洗液稀释，注意不能用毛刷刷洗。

② 倒回原储存瓶中的洗液可长期循环使用。洗液应密闭存放，以防浓硫酸吸水。

③ 还原性的污染物会将洗液中的 $K_2Cr_2O_7$ 还原为 $Cr_2(SO_4)_3$，颜色由深褐色变为绿色，表明洗液已经失效，不能继续使用。

④ $K_2Cr_2O_7$ 在酸性环境中具有很强的氧化性，在操作过程中时要小心谨慎，不要溅到衣服或皮肤上，以防衣服损坏和化学试剂腐蚀皮肤。如不小心将洗液洒在皮肤或衣物上，应立即擦拭并用大量水冲洗。

⑤ 洗液中的 Cr(Ⅵ) 有毒，废液和残留仪器内的洗液第一、二遍洗涤水都不能直接倒入下水道，否则会腐蚀水池和下水管道并且污染水环境，应倒在废液缸中。简便的处理方法是在回收的废洗液中加入硫酸亚铁，使 Cr(Ⅵ) 还原成无毒的 Cr(Ⅲ) 后再排放。

⑥ 能用别的洗涤方法洗净仪器，就不要用铬酸洗液洗，因为洗液成本较高，而且有毒性和强腐蚀性，对环境造成的污染大。

4. 超声波清洗

现代化学实验中也常用超声波清洗器来洗涤玻璃仪器，省时方便。把待洗的仪器放入超声波清洗器中，利用高频振动的机械波传给液体产生的加速度和局部空化作用等，对污染物造成强大的破坏作用，达到清洗效果。清洗过的仪器，再用去离子水或蒸馏水冲洗干净即可。

5. 仪器内沉淀垢迹的洗涤

实验过程中，有些不溶于水的沉淀垢迹附着在仪器内壁上。根据仪器内壁上附着物化学性质的不同“对症下药”，根据其相应的物理化学性质选择合适的试剂，通过化学反应使其溶解并除去。几种常见垢迹的处理方法见表 2-2。

表 2-2　常见垢迹的化学处理方法

垢迹	处理方法
附着在仪器壁上的 MnO_2、$Fe(OH)_3$ 以及碱土金属的碳酸盐等	草酸溶液洗涤，MnO_2 垢迹需用 6mol/L HCl 溶液处理
单质银或铜	采用 HNO_3 处理
难溶性银盐	一般用硫代硫酸盐形成配位化合物溶解。Ag_2S 应用热浓 HNO_3 处理
残留在容器内的 Na_2SO_4 或 $NaHSO_4$ 固体	通过加水加热溶解，并趁热倒出
不溶于水及酸碱的有机物和胶质	相应的有机溶剂，相似相溶。通常使用的有：四氯化碳、丙酮、酒精、苯等
瓷研钵内的污垢	取一定量食盐放入研钵进行研洗，把食盐倒去，再用水清洗
蒸发皿和坩埚内的污迹	一般可用浓盐酸或王水洗涤
装过碘溶液或装过纳氏试剂的瓶子常有碘附在瓶壁上	用 KI 溶液或 $Na_2S_2O_3$ 溶液清洗

二、玻璃仪器的干燥

常规使用的玻璃仪器应在每次实验结束后清洗干净并干燥备用。可依据实验的不同要求进行干燥。采用的干燥方法如下。

1. 晾干

不急于使用的仪器，可在蒸馏水或去离子水冲洗后倒出积水，倒置于干净的实验柜内或仪器架上（试管倒置在试管架上）控去水分，然后自然晾干。

2. 烘干

需要干燥较多仪器时，可使用烘箱进行烘干。洗净的仪器合理地摆放在电热烘干箱（设定温度为105℃左右）内烘干1h，仪器放进烘箱前需倒去积存的水，在烘箱的最下层放一瓷盘，接收滴下的水珠，避免滴在电炉上造成炉丝损坏。此法适用于一般仪器。带有刻度的量器，如滴定管、容量瓶、移液管等不可放于烘箱中干燥，因烘烤后会影响仪器的精密度。

3. 热（冷）风吹干

对于不能放入烘箱的较大仪器或者急需使用的仪器可采用吹干方式。通常将易挥发的水溶性有机溶剂（如酒精、丙酮、乙醚等）倒入仪器后均匀转动仪器，然后倒出，用电吹风机吹干。

第三节 化学试剂的规格和取用

一、化学试剂的规格

化学试剂是具有一定纯度的标准的单质和化合物。一般可分为无机化学试剂和有机化学试剂。通常按所含杂质含量的多少分为五个不同等级（见表2-3），即优级纯、分析纯、化学纯、实验试剂和生物试剂。随着科学技术的发展，对化学试剂的纯度要求也愈加严格，出现了具有特殊用途的专门试剂，如光谱纯试剂、色谱纯试剂、放射化学纯试剂、MOS（金属-氧化物-半导体）试剂等。在化学实验过程中，应根据具体要求合理选择不同纯度的试剂，级别不同的化学试剂在价格上相差极大，在要求不高的实验中使用纯度较高的试剂会造成很大的浪费。因此，使用时应根据实验要求，选用合适的试剂。

表2-3 化学试剂的分级

等级	一级试剂（优级纯试剂）	二级试剂（分析纯试剂）	三级试剂（化学纯试剂）	四级试剂（实验试剂）	生物试剂
符号	G. R.	A. R.	C. P.	L. R.	B. R.
标签颜色	绿色	红色	蓝色	棕色或其他色	黄色或其他色
应用范围	精密分析及科学研究	一般化学分析	一般定性分析	一般化学制备	生物实验用

二、试剂的取用方法

固体化学试剂一般装在广口玻璃瓶、塑料瓶或塑料袋内；液体试剂一般装在细口玻璃瓶或细口塑料瓶中；需要避光保存的试剂（如硝酸银、碘、高锰酸钾、碘化钾等）应装在深棕色瓶内或者带黑纸包装；容易潮解、容易被氧化或还原的化学试剂（如 Na_2S、硫代硫酸钠）应隔绝空气，放在密封瓶中并且蜡封；强碱性试剂（如 KOH、NaOH）使用塑料瓶盛装。在实验室中分装化学试剂时，一般将固体试剂装在易取用的广口瓶内，液体试剂装在细口瓶或滴瓶（也可以用带有滴管和橡胶塞的试剂瓶）中，盛碱液的瓶子不能用玻璃塞，而应使用轻木塞或橡胶塞。试剂瓶上须贴有标签，标签书写内容包括化学试剂或溶液名称、规格或浓度值（溶液）以及配制日期、瓶号、配制人等，并在标签外面涂上一薄层蜡或用透明胶带保护。

1. 固体试剂的取用

要用干燥且干净的药匙取试剂，应专匙专用。药匙两端为大小两个匙，分别用于取大量和少量固体。取试剂前，应查看与标签是否一致。取用时，先把瓶塞打开并倒放在实验台上。若瓶塞顶不是平的，可用食指与中指夹住瓶塞或放在清洁干燥的表面皿上，不能将它横置于桌面上，避免被玷污。手不能接触化学试剂。取用试剂时，用多少取多少，取好后立即把瓶盖盖紧，不要盖错盖子，用完后将试剂瓶放回原处，并使瓶上的标签朝外。实验台保持整齐干净。需要蜡封的，必须立即重新蜡封。

称量固体试剂质量时，可把试剂放在称量纸上（勿用滤纸）、干燥洁净的玻璃容器中（如烧杯、表面皿、锥形瓶）、称量瓶中称量。有腐蚀性、氧化性或易潮解的固体试剂，应放在表面皿上、玻璃容器（如烧杯或锥形瓶）中称量。注意遵循“只出不进，量用为出”的原则，多取的试剂不能放回原试剂瓶，以免污染试剂，可放在指定的容器中备用。

向试管中加入固体试剂时，可用药匙把固体直接加入容器中（如果试管的口径足够大）。向湿的或口径小的试管中加入固体试剂时，可将试管倾斜至近水平，为了避免试剂沾在试管上，可将固体试剂放在宽度合适、长度比试管稍长且比较硬的对折的纸片上，伸进试管约2/3处，然后将其送入试管底部，用手轻轻抽出纸条使纸上试剂全部落入管底。向试管中加入块状固体试剂时，倾斜试管，使固体试剂沿试管壁缓慢滑入，若垂直悬空加样，会击穿管底。若固体颗粒较大，应先放在清洁而干燥的研钵中研碎再取用。研钵中所盛固体的量不超过研钵容量的1/3。

2. 液体试剂的取用

（1）从细口瓶中取用液体试剂　使用倾注法（见图2-1）：先取下瓶塞，倒放在实验台面上，不要弄脏，以免瓶盖沾污导致试剂级别下降。左手持量筒（或试管），并用大拇指指示所需体积刻度处。右手持试剂瓶，贴有标签的一面朝向手心方向，逐渐倾斜瓶子，切勿竖得太快，否则易造成液体试剂不是沿着瓶口流下而是冲到容器外，造成浪费，有时还有危险。以瓶口靠住容器壁，让试剂沿着洁净的试管、量筒等容器壁缓缓流入；或用一根洁净的玻璃棒靠着烧杯内壁，沿着玻璃棒缓缓注入烧杯中，以免洒在外面。加入所需量后，把试剂瓶口在容器上靠一下，把瓶口剩余的一滴试剂“碰”到容器口内或用玻璃棒引入烧杯中，再慢慢把试剂瓶竖起，避免残留在瓶口的试剂沿着瓶子外壁流下。读取刻度时，视线应与液体凹面的最低处保持水平。用完后盖好瓶盖，把试剂瓶放回原处，并使试剂标签朝外。取多的试剂不能再倒回原试剂瓶，可倒入指定容器内供他人使用。易挥发的液体试剂（如浓 HCl），应在通风橱内取用。易燃烧、易挥发的物质（如乙醚等）应在周围无火种的地方移取。反应容器的液体试剂加入量不得超过容器容积的2/3。在试管中进行实验时，试剂量最好不要超过容积的1/2。

（2）少量试剂的取用　首先用倾注法将试剂转入滴瓶中，然后用滴管滴加，一般滴管每滴约 0.05mL。若需精确测量，可先将滴管每滴体积加以校正。方法是用滴管滴 20 滴于 5mL 干燥量筒中，读出体积，算出每滴体积数。

先提起滴管，使管口离开液面，捏瘪滴管的乳胶头，赶出空气，再把滴管插入试剂瓶中吸取试液。用滴管加入液体试剂时（见图 2-2），滴管可垂直或倾斜滴加，不得横置或将滴管口向上斜放，以免试剂流入滴管的乳胶头中，腐蚀橡胶头，污染试剂。滴管决不能触及所用的容器器壁，禁止将滴管伸入所用的容器中，应距接受容器口 5mm 左右，避免碰壁而沾附。滴瓶上的滴管只能专用，用完后应立即插回原滴瓶中，不要插错滴瓶，不能和其他滴瓶上的滴管混用。在试管里进行某些实验时，若试剂无需准确量取，则不必用量筒，但要学会估计取用液体的量。

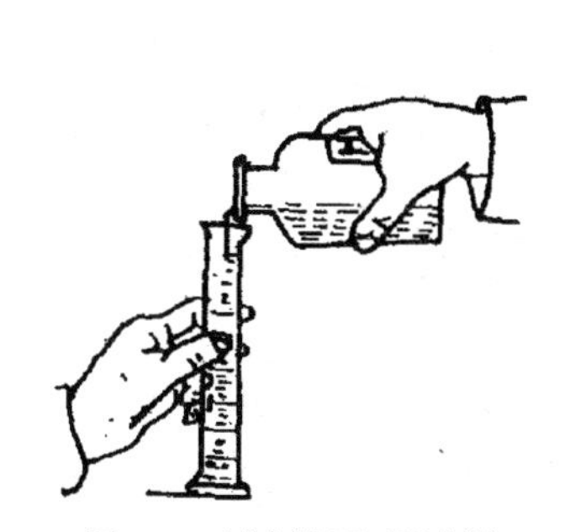

图 2-1　试剂瓶取用试剂

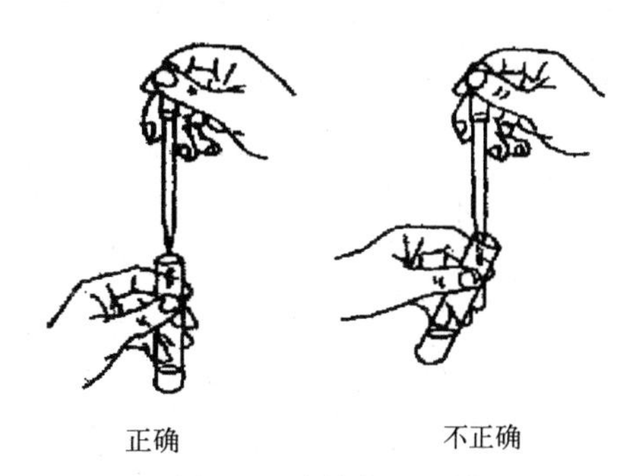

图 2-2　滴管加入试剂

三、试剂的毒性和保存

化学试剂品种多、化学性质复杂，实验过程中还会涉及剧毒、易燃易爆等化学品，在使用和保存过程中，稍有不慎就会酿成着火、灼伤、爆炸、中毒等各类事故。危险化学品种类比较多，可把常用的化学试剂大致分为易燃、易爆和有毒三大类。

1. 易燃化学药品

易燃药品包括可燃气体、易燃液体、易燃固体、自燃物质、遇水燃烧的物质等。

（1）可燃气体　NH_3、H_2、H_2S、CH_4、CH_3Cl、CH_3CH_2Cl、C_2H_2、低分子量燃气等。

（2）易燃液体　甲醇、乙醇、乙醚、丙酮、甲苯、二甲苯、煤油、汽油、松节油、其他有机溶剂等。储存和使用应远离火源和电源。

（3）易燃固体　红磷、硫黄、钠、锌粉、镁粉、硝化纤维素、樟脑等。其着火点较低，在受热、撞击时会引起强烈燃烧。

（4）自燃物质　白磷、黄磷等。具有氧化自燃性，如白磷在湿空气中约 40℃ 自燃，故需保存在盛水玻璃瓶中。随取随用，在空气中不得暴露过久，使用后须采取适当方法把取出的剩余部分销毁，实验过程中，应注意避免遗落在实验台上。

（5）遇水燃烧的物质　碱金属和碱土金属及其氢化物、硫化物等。这些物质与水反应，生成易燃气体，并放出热量。钠、钾等在煤油或液体石蜡中保存，锂的密度比煤油轻，需在液体石蜡中保存。如遇着火可用棉布灭火，不能用 CO_2 灭火器（会助长钾、钠火势），也不能用 CCl_4 灭火器（会与钾、钠反应导致爆炸）。

2. 易爆化学药品

① H_2、C_2H_2、CS_2、乙醚及汽油的蒸气与空气或 O_2 混合，皆可因火花引起爆炸。

② 单独可爆炸（受到震动、摩擦或在高温情况下）的有：硝酸铵、三硝基甲苯（TNT）、硝化甘油、三硝基苯酚（俗称苦味酸，含水苦味酸比无水苦味酸稳定得多，可加水保存，降低爆炸敏感度）。

③ 混合发生爆炸的有：C_2H_5OH 加浓 HNO_3、$KMnO_4$ 加甘油、HNO_3 加 Mg 和 HI、NH_4NO_3 加锌粉和水滴、硝酸盐加 $SnCl_2$、S 加 HgO、Na 或 K 加 H_2O 等。这些物质发生的反应可在极短时间内完成，并放出大量热量，爆炸时可能会产生有毒或窒息性气体。

④ 氧化剂与有机物接触，极易引起爆炸，故在使用 HNO_3、$HClO_4$、H_2O_2 等时必须注意。此外，在受热、撞击、受强光照射时也可能发生反应。

3. 有毒化学药品

① Cl_2、F_2、HBr、HCl、HF、SO_2、H_2S、$COCl_2$、NH_3、NO_2、HCN、CO、和 BF_3 等均为有毒气体，具有刺激性，可能使人窒息。

② 强酸和强碱，如硝酸、浓硫酸、氢氧化钠等均有腐蚀性，会刺激皮肤，造成化学烧伤。强酸、强碱可烧伤眼角膜，其中强碱烧伤后 5min，即可使眼角膜完全毁坏。

③ 高毒性固体有：无机氰化物、As_2O_3 等砷化物、$HgCl_2$ 等可溶性汞化合物、可溶性钡盐、铊盐、Se 及其化合物、磷及铍的化合物、V_2O_5 等。可通过接触、吸入或摄入引起中毒，影响消化、呼吸系统。

④ 有毒有机物有：苯、甲醇、CS_2 等有机溶剂；丙烯腈、芳香硝基化合物、苯酚、硫酸二甲酯、苯胺及其衍生物等。

⑤ 具有长期积累效应的毒物有：苯；铅化合物，特别是有机铅化合物；汞、二价汞盐和液态的有机汞化合物等。

四、易燃易爆等危险化学品的存放与领用注意事项

① 易燃、易爆、剧毒、麻醉、放射性等危险化学品必须分类、分项在条件符合要求的专用仓库或专用储存室（柜）内（见图 2-3）存放，专用存储地须符合国家相关的安全、防火规定，存放柜接地良好或有相应除静电措施。根据物品的种类和性质设置相应的通风、防爆、泄压、防火、灭火、防护围堤等安全设施，并安排专人管理。

图 2-3　储存柜

② 易燃、易爆、剧毒、麻醉、放射性等危险化学品不得超量储存，须经常进行药品库存清查，合理使用，避免药品超过有效期。存放堆垛之间的主要通道须达到规定的安全距离。

③ 化学品如果具有在明火或在潮湿的环境中容易燃烧、爆炸或产生有毒气体的特性，则不能在露天、潮湿、漏雨和低洼易积水地点存放。

④ 受阳光照射可能发生一定的化学反应（如产生有毒气体、燃烧、爆炸）的化学品及桶装、罐装等易燃液体、气体应在阴凉通风处保存。

⑤ 化学性质不稳定或防火、灭火方法相互抵触的化学品，不允许存放在同一仓库或同

一储存室。如需使用，需轻拿轻放，避免摩擦撞击。

⑥ 爆炸物品、剧毒药品储存，应设专柜。必须建立双人收发、双人运输、双人使用、双人双锁的“五双制度”，定期进行检查，账物做到清楚相符。

⑦ 剧毒化学试剂（如氰化钾、三氧化二砷等），根据具体实验需求，计算一日用量，按照规定流程申请领取，严禁存放在实验室。领用流程为：a. 填写“剧毒品申请单”（品名、规格、数量和用途说明）；b. 单位负责人审核签字盖章；c. 双人领用。剧毒物品销毁处理必须经实验室与设备管理处、保卫处批准，采取严密措施，送交当地指定单位处理销毁。

⑧ 压缩气体（剧毒、易燃、易爆）钢瓶需安全存放（使用加锁铁柜或专门钢瓶间），钢瓶直立，并用铁链或架子固定，钢瓶室保持通风、干燥，避免阳光直射，安装排风和泄漏报警装置，不可靠近热源。剧毒气体及易燃易爆气体应张贴安全警示标识，并在附近放置防毒用具或灭火器材，惰性气体及 CO_2 存放区加装氧气含量报警器。可燃、助燃气瓶使用时与明火的距离不得小于 10m。气体接触后可能引起燃烧、爆炸的气瓶要分开存放。钢瓶放置一段时间，须定期进行安全测试如气密性实验等。依据气瓶使用安全管理规范进行气体钢瓶的定期安全检测（按 GB/T 8334 的规定执行）。盛装惰性气体的气瓶，每五年检验一次；盛装一般气体的气瓶或低温绝热气瓶，每三年检验一次；盛装腐蚀性气体的气瓶或在腐蚀性介质环境中使用的气瓶，每两年检验一次；气瓶在使用过程中，如果有严重腐蚀或损伤时，或对其安全可靠性有怀疑时，应提前进行检验。瓶内气体不能用尽，必须留有剩余压力。永久气体气瓶（临界温度低于－10℃的气体称为永久气体）的剩余压力应不小于 0.05MPa；液化气体气瓶（临界温度大于或等于－10℃的各种气体称为液化气体）应留有不少于 0.5%～1.0%规定充装量的剩余气体。气瓶的瓶帽是为了防止瓶阀被破坏的一种保护装置，充气时要戴好，并避免在运输装卸过程中撞坏阀门，造成事故。

⑨ 易燃、易爆、剧毒、麻醉、放射性等危险品入库前，必须进行检查登记，入库后应当定期检查。仓库内严禁吸烟和使用明火，进入仓库内的机动车辆采取相应的防火措施，并根据消防条例配备消防力量、消防设施以及通信、报警装置。

第四节　容量分析常用仪器操作方法

容量分析又叫滴定分析，是将已知准确浓度的标准溶液滴加到被测定物质的溶液中，直到被测定物质与所加标准溶液按化学计量关系恰好反应完全。液体体积的精密测量，是获得良好分析结果的重要因素，为此，必须了解如何正确使用容量分析仪器。

一、滴定管

滴定管是容量分析中最基本的测量仪器，可用于小体积溶液的准确测量，是可以准确测量滴定剂消耗体积的玻璃仪器。主要由具有准确刻度的细长且内径均匀的玻璃管及开关组成，在滴定时用来测定自管内流出溶液的体积，并可准确读出液体体积。滴定管容量一般为 50mL、25mL，滴定管的管壁上的最小刻度为 0.1mL，读数可达小数点后第二位。

滴定管分为碱式滴定管和酸式滴定管。酸式滴定管下端装有玻璃活塞，主要用来量取或滴定酸性溶液和氧化性溶液。碱式滴定管下端连一乳胶管，管内有一个玻璃珠，用来控制溶液的流速，用于滴定碱性溶液与无氧化性溶液，不能用于滴定酸性溶液和强氧化性溶液，如 $KMnO_4$、$K_2Cr_2O_7$ 等。聚四氟乙烯（PTFE）材料具有耐碱性、表面不黏性和良好的润滑性，可作为酸式滴定管活塞的材料，克服了普通酸式滴定管不耐碱的缺点，做到酸碱通用，所以碱式滴定管的使用大为减少。

1. 滴定管使用前的准备

（1）检验是否破损　首先需要检查滴定管是否有损坏或磨损现象，确保其能够正常工作。

（2）滴定管的洗涤　滴定管使用前必须先洗涤。

① 无明显油污的滴定管，直接用自来水冲洗或用肥皂水或洗衣粉水泡洗，但不能用去污粉洗，以免划伤内壁，影响体积的准确测量。

② 有油污不易洗净时，用铬酸洗液洗涤。清洗时应将管内的水尽量除去，关闭活塞，倒入 10～15mL 洗液于滴定管中，两手平端滴定管，慢慢转动，向管口倾斜，直至洗液布满全部管壁为止。立起管子，打开活塞，把洗液倒回原瓶中。然后用自来水冲洗，再用蒸馏水淋洗 3～4 次，洗净的滴定管其内壁应完全被水均匀润湿而不挂水珠。

（3）检查试漏　滴定管洗净后，应检查滴定管是否漏水。把活塞关闭，装入蒸馏水至一定刻线，直立滴定管 2min。仔细观察刻线上的液面是否下降，用滤纸在滴定管尖和活塞周围检查有无水渗出。然后将活塞旋转 180°后等待 2min 再观察，如有漏水现象应重新擦干涂油。

涂油的方法如下。把滴定管平放在桌面上，将固定旋塞的橡胶圈取下，取出活塞，用干净的纸或布将活塞和塞套内壁擦干（如果活塞孔内有旧油垢堵塞，可用金属丝轻轻剔去；如果管尖被油脂堵塞可先用水充满全管，然后将管尖置于热水中，使油脂溶化，然后突然打开活塞，利用水流将其冲走）。在活塞孔的两头用手指蘸少量凡士林（或真空脂）沿圆周涂上薄薄一层，在紧靠活塞孔两旁不涂凡士林，以免堵住活塞孔。涂完把活塞放回塞套内，沿同一方向旋转活塞数次，直到活塞部位呈现透明为止。若有条纹样出现，则说明涂油不均匀，应重新处理。然后用橡胶圈套住，将活塞固定在塞套内，防止滑出。涂好油的酸式滴定管活塞与塞套应密合不漏水，并且转动灵活。

2. 装液、排气泡

确保标准溶液浓度不变。装液时要直接从试剂瓶注入滴定管，并且检查出口端是否有气泡，如有气泡应当及时排除。当标准溶液装入滴定管时，出口管还没有充满溶液，将酸式滴定管倾斜约 30°，迅速打开活塞，让溶液冲出即可排出气泡。气泡排出后，调节液面在零刻度线处，即可进行滴定。

3. 读数（见图 2-4）

让滴定管保持垂直的状态，放出溶液以后（装满或滴定完后）静置一会儿，等到内壁上的液体流下去以后再读数。读数时，将滴定管从滴定管架上取下，左手捏住上部无液处，保持滴定管自然垂直状态，要保证视线与管内液面的最凹处在同一水平线上，不能歪斜。

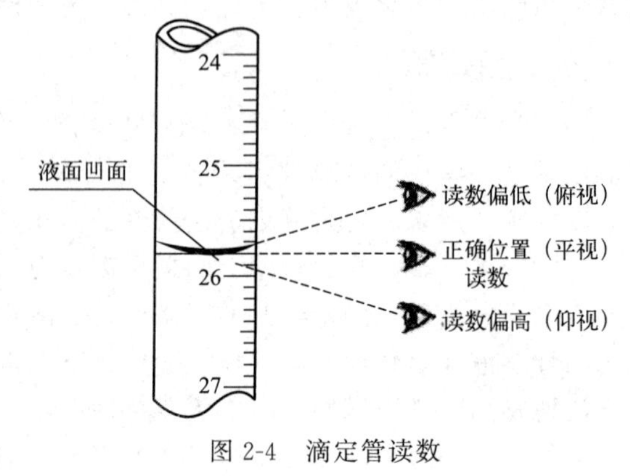

图 2-4　滴定管读数

二、量筒

量筒用于量取在实验中对精密度要求不

高的液体。规格有10mL、25mL、50mL、100mL等。根据实验需要选取合适容积的量筒，尽量选用能一次量取的最小规格的量筒，不允许用大量筒量取少量的液体。向量筒里注入液体时，将试剂瓶紧挨着量筒口，试剂沿量筒内壁缓缓流入。静置1～2min，使附着在内壁上的液体流下来。刻度面对着人，拿着量筒使其自然垂直，视线与量筒内液面（半月形弯曲面）的最低处保持水平，再读出所取液体的体积数。否则，读数会偏高或偏低。量筒不能加热，不能盛装过热溶液，也不能在量筒中配制溶液。

三、移液管、吸量管和移液枪

移液管是用于准确移取一定体积溶液的量出式仪器。它是中间膨大、两端细长的玻璃管，管颈上部刻有一环形标线，是所取的准确体积的标志。吸量管的全称是“分度吸量管”，又称为刻度移液管。它是直形的带有刻度线的量出式玻璃量器，用于移取非固定量的溶液。移液枪是移液器的一种，在量取少量或微量液体时使用，由可调的机械装置和可替换的吸头组成。实验室常用的规格有2μL、5μL、20μL、200μL等，移液枪属精密仪器，使用及存放时均要小心谨慎，防止损坏，避免影响其量程。

1. 移液管、吸量管的吸液步骤（见图2-5）

洗净的移液管或吸量管需用待吸的溶液润洗三次。摇匀待吸溶液，可倒少许待吸溶液于洗净并干燥的小烧杯中，用滤纸将清洗过的移液管或吸量管尖端内外的水分吸干，用移液管或吸量管吸取少量溶液，用右手食指按住管口取出，放平转动，使溶液流遍管内标线下所有内壁，将溶液从下端尖口处排入废液杯内。

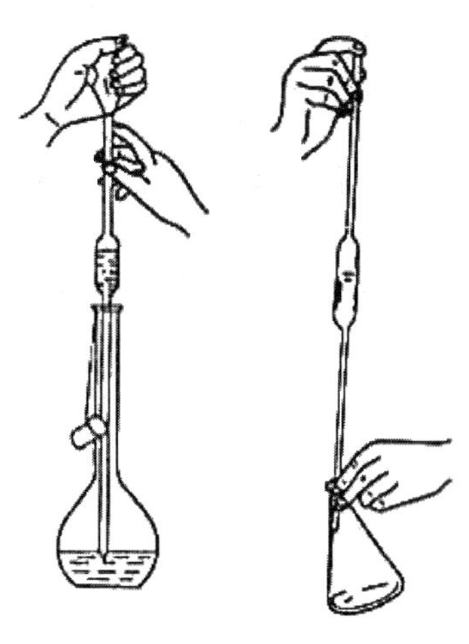

图2-5 移液管的使用

吸取溶液时，一般左手拿洗耳球，右手扶移液管或吸量管，将用待吸液润洗过的移液管或吸量管插入待吸液，排除球内空气，球的尖端对准移液管或吸量管口，松开左手指，将溶液吸入，当管内液面上升至标线以上时，马上用右手食指按住管口，取出，用拇指和中指微微转动移液管或吸量管，使管内溶液慢慢从下尖嘴滴出，至溶液的凹液面底线放至与标线上缘相切为止。用滤纸擦干移液管或吸量管下端沾附的少量溶液。

2. 移液管、吸量管的放液步骤

将移液管或吸量管垂直放入接受器内壁，放开食指，让溶液沿接受器内壁流下，流完后再停留15s左右，将移液管或吸量管尖靠接受器内壁旋转一周，移走移液管。管尖的液体不必吹出，因校准移液管或吸量管时，未把尖端内壁处保留溶液的体积计算在内。

3. 移液枪的使用（见图2-6）

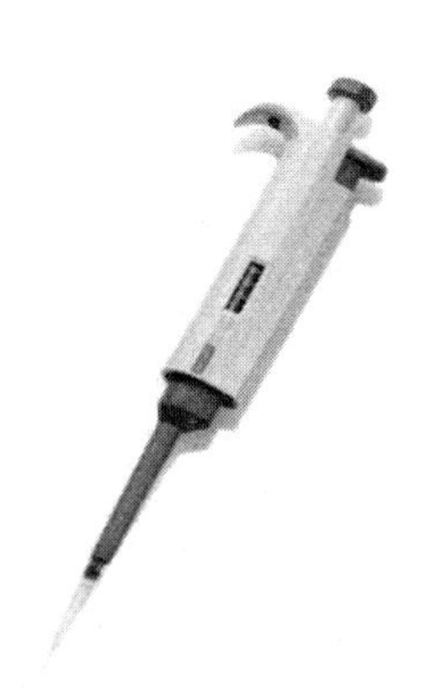

图2-6 移液枪

吸取液体时，移液枪保持竖直状态，将枪头插入液面下2～3mm或轻轻接触液面即可。在吸液之前，可以先吸放几次液体以润湿吸液嘴（尤其是要吸取黏稠或密度与水不同的液体时），用吸水纸擦去吸头表面可能附着的液体。可采用前进移液法：四指并拢握住移液枪上部，用大拇指将按钮按下至第一停点，然后慢慢松开按钮回原点（吸取固定体积的液体）；释放所吸取液体时，将吸头垂直接触在承接容器壁上，将按钮慢慢按至第一停点排出液体，停留 1～2s 继续按按钮至第二停点吹出残余的液体，最后松开按钮。

四、容量瓶

1. 使用前的检查

在使用容量瓶之前，要先进行以下两项检查。

① 检查容量瓶容积标度刻线是否距离瓶口太近。

② 检查容量瓶是否漏水。向容量瓶内加水至标线附近，盖好瓶塞，将瓶外水珠拭净，用食指顶住磨口瓶塞，用另一只手托住瓶底，将瓶倒置停留 2min 左右。如果不漏，将瓶正立，再把塞子旋转 180°，塞紧，再倒置 2min，若不漏水即可使用。磨口瓶塞与容量瓶是配套的，应妥善保护，可用橡胶筋将塞子系在瓶颈上。

2. 使用容量瓶配制溶液的方法（见图 2-7）

① 如果用固体物质配制标准溶液，先把准确称量好的固体物质放在烧杯中用蒸馏水溶解。一手拿玻璃棒，将玻璃棒一端靠在容量瓶颈内壁上；一手拿烧杯，使烧杯嘴贴紧玻璃棒，溶液沿玻璃棒引流，把溶液转移到容量瓶里。倒完后，烧杯沿玻璃棒往上提升，使附在玻璃棒和烧杯嘴之间的液体流回到烧杯中。为保证溶质能全部转移到容量瓶中，用少量蒸馏水冲洗玻璃棒、烧杯 3～4 次，并把洗涤溶液全部转移到容量瓶里（称为溶液定量转移），当溶液体积至容量的 2/3 时，水平方向旋摇容量瓶（勿倒转），使溶液初步混匀。

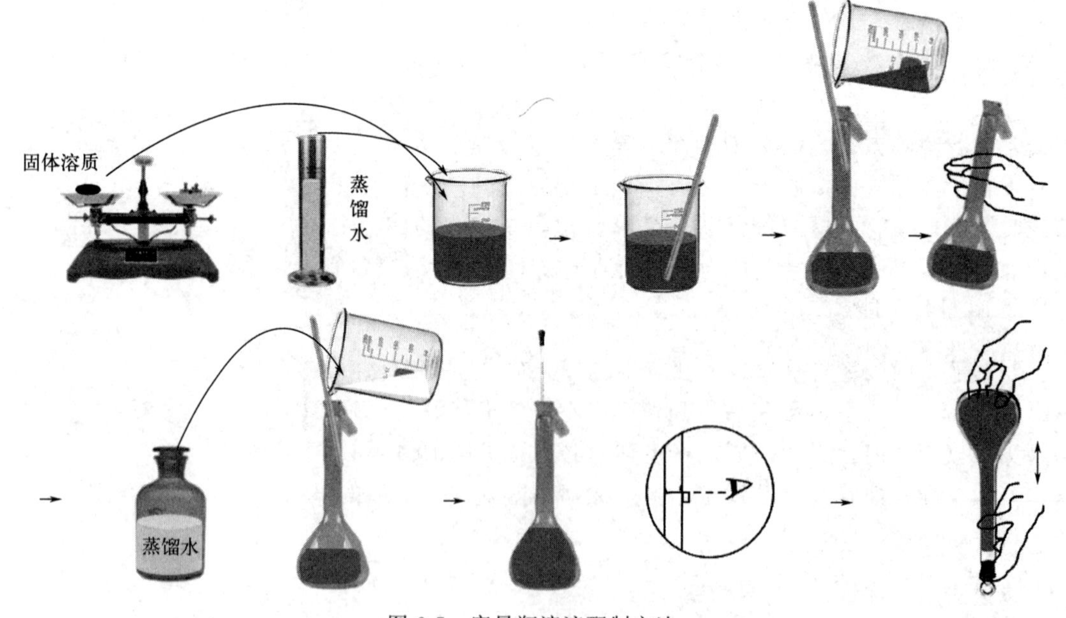

图 2-7 容量瓶溶液配制方法

② 向容量瓶内继续加蒸馏水到距标线 2cm 左右，改用胶头滴管滴加，直至液体的凹液面与标线相切。若加水超过刻度线，则需重新配制。

③ 盖紧瓶塞，用左手顶住瓶塞，右手托住瓶底。反复倒转和摇动十余次使溶液混匀。静置后若液面低于刻度线，是因为溶液在瓶颈处润湿所损耗，不影响溶液的浓度。

3. 使用容量瓶时的注意事项

① 容量瓶不能用任何方法进行加热（如热水温热）和烘烤。

② 容量瓶是量器不是容器，不宜长期储存溶液，特别是强碱性溶液。

③ 容量瓶用完应及时冲洗干净，如果长期不用，可在瓶口处垫上纸片，防止粘连。

第五节 电子天平的使用和称量方法

电子天平（见图 2-8）是根据电磁力平衡原理称量的，有自动校正、累计称量、超载指示、故障报警、自动去皮重等功能。可直接称量，全量程不需砝码。放上称量物后，在短时间内达到平衡，显示读数，称量速度快、精度高。最大载荷分别为 100g、200g 等，最小读数分别为 0.01mg、0.1mg 等。

图 2-8 电子天平

一、电子天平的使用

（1）调水平 操作前，观察天平是否水平，水准器内的水泡是否处于中央，否则需调节天平支架的螺栓。

（2）预热 接通电源预热，至少需要预热 30min。

（3）称量 按下显示器“ON/OFF”键，全屏自检，待显示稳定零点，表示天平已稳定，天平可进行称量。

（4）关机 称量完毕，记下数据后将称量物取出，关闭电源。在天平使用登记本上记录使用情况。

二、注意事项

① 将天平置于牢固可靠、台面水平度好的工作台上，远离热源和高强电磁场，避免振动、气流及阳光照射。

② 天平在安装时已经过严格校准，故不可轻易移动天平，否则校准工作需重新进行。

③ 称量物不能超过天平负载；在放取称量物时，不可用力过猛，要小心轻放；不能称量过热或过冷的物体，与天平温度一致时方可称量。

④ 需经常对电子天平进行校准，一般应三个月校准一次，保证天平灵敏度。

⑤ 天平内应放置变色硅胶作干燥剂，若变色硅胶失效应及时更换。

三、称量方法

1. 减量法

减量法用于称量一定范围内的样品和试剂，主要针对易挥发、易吸水、易氧化和易与二氧化碳反应的物质（见图 2-9）。

称量步骤如下。从干燥器中用纸带夹住称量瓶后取出，用纸片夹住称量瓶盖柄，打开瓶盖，用牛角匙加入适量试样，盖上瓶盖，放入天平中。称出称量瓶加试样后的准确质量。取出称量瓶，打开瓶盖，把瓶倾斜，用称量瓶盖轻轻敲击瓶口上部，使试样慢慢落入容器中，瓶盖始终在接受器上方。当倾出的试样接近所需量时，逐渐将瓶身竖直同时继续轻敲瓶口，使瓶口部分试样落回瓶内，盖好瓶盖，称重。两次质量之差，即为倒出试样的质量。重复上述步骤，可称第二份、第三份试样。

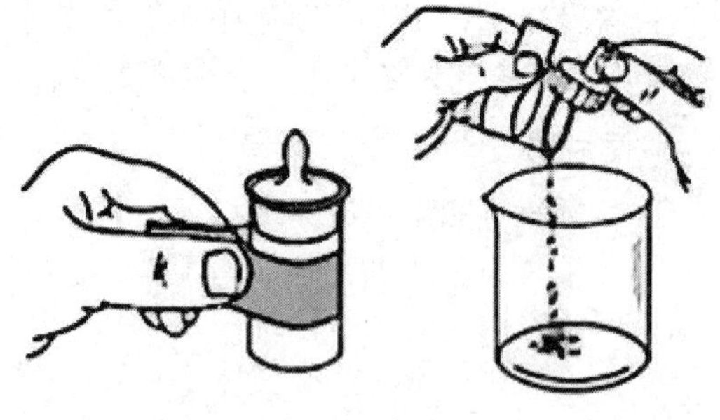

图 2-9　减量法

2. 直接称量法

没有吸湿性并在空气中是稳定的，不易潮解或升华的固体试样，可用直接称量法。将称量物直接放在天平上称取物体的质量。例如，称量小烧杯、坩埚等质量。

3. 固定质量称量法（增量法）

称量准确质量的试剂（如基准物质），适用于称量在空气中能稳定存在且不易吸潮的粉末状、丝状、片状或小颗粒（最小颗粒需<0.1mg，以便调节其质量）样品。固定质量称量法要求称量精度在 0.1mg 以内。如称取 0.5000g 石英砂，则允许的质量范围是 0.4990～0.5010g。超出这个范围的样品均不合格。该操作可以在天平中进行，食指轻敲牛角匙柄上部，试样慢慢洒落容器内，直到天平读数达到要求值。操作过程中试剂不能散落于容器以外的地方。

第六节　常用加热方法

一、酒精灯

1. 酒精灯构造

酒精灯的构造见图 2-10，一般是玻璃材质。酒精灯的加热温度为 400～500℃，用于温度不需太高的实验。酒精灯的外焰温度最高，加热时，一般用外焰；内焰温度次之，焰心温度最低。

图 2-10　酒精灯

2. 酒精灯使用方法

酒精易燃，使用时应注意安全。使用前，先检查灯芯（灯芯是用棉纤维制作的，纤维中浸满了酒精，灯芯顶部的酒精燃烧后，毛细作用会促使酒精从灯芯下部持续上升，使得酒精源源不断地补充到灯芯头上），如发现灯芯不齐或烧焦要进行修整，以确保酒精灯的火焰稳定。点燃时，用火柴或打火机点燃，禁止用一盏酒精灯引燃另外一盏酒精灯，否则会导致酒精溢出，引起火灾。加热时，若要使灯焰平稳，适当提高火焰温度，可加装金属网罩。向酒精灯内添加酒精时，须先把火焰熄灭，然后借助于漏斗把酒精加入灯内，但应注意加入的量为 1/3～2/3 壶。酒精灯不用时，必须将灯罩罩上，不可用嘴吹灭。盖子要盖严，以免酒精挥发。

二、酒精喷灯

与酒精灯相比，酒精喷灯能达到的温度更高，火焰温度可达 1000℃左右，可以满足“高温”这一条件，常用于玻璃仪器的加工。常用的酒精喷灯有酒精贮存在灯座内的座式喷灯和酒精贮罐挂于高处的挂式喷灯。座式酒精喷灯的详细介绍见第三章实验 1。

酒精喷灯的使用方法如下。

（1）准备　旋开壶体上加注酒精的旋塞，通过漏斗把酒精倒入壶体至灯壶总容量的 2/5～2/3，不得注满，也不能过少。过满易发生危险，过少则灯芯线会被烧焦，影响燃烧效果。拧紧旋塞，避免漏气。需注意的是，由于灯管内的酒精蒸气喷口较细（常见型号直径为 0.55mm），易被灰粒等堵塞，从而难以引燃，因此每次使用前要检查喷口，如发现堵塞，须用通针或细钢针将喷口刺通。新灯或长时间未使用的喷灯，点燃前需将灯体倒转 2～3 次，使灯芯浸透酒精。

（2）预热和点火　将喷灯放在大的陶土网上（防止预热时喷出的酒精着火），转动空气调节器把入气孔调到最小。预热盘中加少量酒精点燃，充分灼热铜制灯管，直至预热到管内酒精受热汽化并从喷管逸出，才能将灯点燃。若没有蒸气，用探针疏通酒精蒸气出口，再预热，点燃。

（3）调节　当喷口火焰点燃后，旋转调节器阀门即可调节进气量，使火焰达到所需的温度。在一般情况下，进入的空气越多，火焰温度越高。

（4）熄灭　停止使用时，可用陶土网平压覆盖喷管口盖灭，也可旋转调节器熄灭。喷灯连续使用时间以 30～40min 为宜。使用时间过长，灯壶的温度逐渐升高，导致灯壶内部压强过大，喷灯会有崩裂的危险，可用冷湿布包住喷灯下端以降低温度，冷却后添加酒精，再继续使用。

三、水浴

若被加热的物质要求受热均匀，而温度又不能超过 100℃时，采用水浴加热，即通过加热大容器里的水再通过水把热量传递（热传递）到需要加热的容器里，达到加热的目的。目前实验室常用的电热恒温水浴锅见图 2-11，内外双层箱式，有 2 孔、4 孔、6 孔、8 孔等不同规格。

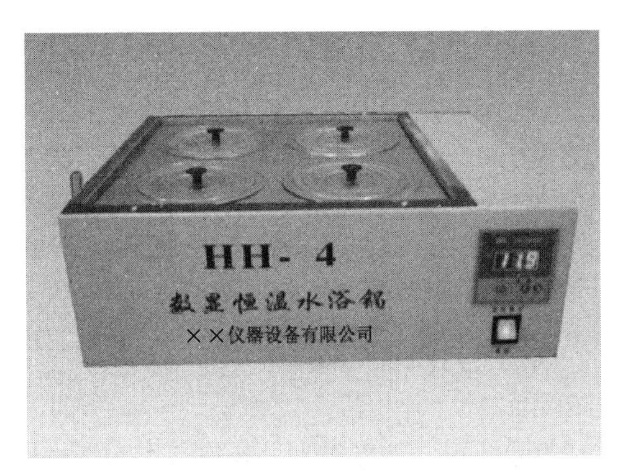

图 2-11　电热恒温水浴锅

使用恒温水浴锅时应注意以下三点：

① 水浴锅中加入的水量一般不超过其容量的 2/3；

② 应尽量保持水浴锅的严密；

③ 切记水位一定不得低于电热管，否则将立即烧坏电热管。

四、油浴和沙浴

当要求被加热的物质受热均匀，而温度需高于100℃时，可使用油浴或沙浴。用油代替水浴中的水，即是油浴，如液体石蜡可加热达200℃。沙浴（温度在400℃以下）是将细沙均匀地铺在铁盘内，然后把器皿受热部位埋入沙中，通过加热铁盘来达到加热的目的。沙浴升温较慢，停止加热后，散热也较慢。

五、电加热

在实验室中常用的加热装置有电炉（见图2-12）、电加热套（见图2-13）、管式炉和马弗炉等。加热温度的高低可通过调节电阻来控制。电炉的优点是加热面积大（电炉盘有圆形和方形），受热均匀，并且可调节和控制需要的温度。使用过程中应防止电路短路，不要把加热的试剂溅在电炉丝上，以免电炉丝损坏。容器和电炉之间要隔陶土网，以使受热均匀。管式炉和马弗炉都可加热到1000℃左右。

图2-12　电炉

图2-13　电加热套

第七节　固体物质的溶解、蒸发及结晶

一、溶解

将称量过的固体倒入烧杯中，如固体颗粒太大，常用研钵将固体粉碎（加入不超过研钵总体积1/3的固体，沿一个方向进行研磨，可将已经研细的部分取出，过筛，较大的颗粒继续研磨），加入适量的溶剂，溶解时常用搅拌、加热等方法促进溶解。搅拌时手持玻璃棒并转动手腕，使玻璃棒在液体中轻轻搅拌均匀转圈，注意转速不要太快，不要使玻璃棒碰到杯壁和杯底，以免发出响声。物质的溶解度受温度的影响，加热的目的主要在于加速溶解。

二、蒸发

蒸发是利用加热使液体发生汽化，溶剂挥发、溶液浓缩而析出溶质的过程。蒸发在蒸发皿中进行，蒸发的面积较大，有利于快速浓缩。蒸发皿中所盛液体的量不应该超过容积的2/3，避免加热过程中液体溅出。注意瓷蒸发皿不能骤冷，以免炸裂。蒸发时玻璃棒应不断搅拌，避免局部过热而溅出试样。随着蒸发过程的进行，溶液浓度增加，蒸发到一定程度后冷却，就可析出晶体。当溶质的溶解度较大时，应蒸发到液体表面出现晶膜；若物质溶解度随温度变化不大时，为了获得较多的晶体，需要在结晶膜出现后继续蒸发。注意不能把热的蒸发皿直接放在实验台上，应垫上陶土网。

三、结晶

结晶是热的饱和溶液冷却后，固体溶质以晶体的形式析出，并与可溶性杂质进行分离的过程。一般认为结晶过程可分为晶核形成和晶体生长两个阶段。溶液过饱和后，先形成特别细的晶核，然后溶质在晶核上析出。析出晶体颗粒的大小与结晶条件有关，一般来讲，在较稀的溶液中加入一小颗晶种，慢慢冷却或静置，有利于生成大晶体，晶形较好；而溶液浓度大，或溶剂的蒸发速度快，或冷却速度快并加以搅拌，或溶质溶解度小，则析出的晶体颗粒就较小，晶形不易完整。

第八节 沉淀（晶体）的分离与洗涤

沉淀（晶体）的分离方法一般有以下三种：倾析法、过滤法、离心分离法。

一、倾析法

当沉淀的密度较大或晶体颗粒较大，静置后能沉降到容器底部，可用倾析法进行分离或洗涤，即把上部的溶液缓慢倾入另一容器，将沉淀留在底部。将待滤溶液静置一段时间，让沉淀尽量沉降，然后将上层清液先行过滤，待清液滤完再倒入沉淀过滤（见图 2-14）。

图 2-14 倾析法

二、过滤法

最常用的分离沉淀的方法是过滤法。当沉淀和溶液倒入过滤器时，溶液通过过滤器进入容器中，而沉淀留在过滤器上。溶液的黏度越大，过滤越慢；热的溶液比冷的溶液容易过滤。要根据过滤的要求选择合适的过滤方法和过滤器种类。常用的过滤方法有以下三种。

1. 普通过滤（常压过滤）（见图 2-15）

操作时应根据沉淀性质选择滤纸，一般粗大晶形沉淀用中速滤纸，细晶或无定性沉淀选用慢速滤纸，沉淀为胶体状时应用快速滤纸。所谓快慢之分是由滤纸孔隙大小而定，快则孔隙大。首先选择合适的滤纸，将滤纸沿圆心对折两次，但先不要折死。一面是三层，一面是一层，将其撑开呈圆锥状放入漏斗中，如果上沿不十分密合，可放大或缩小滤纸的折叠角度，且要求滤纸边缘应低于漏斗沿 0.5～1.0cm，直到完全紧贴漏斗内壁（见图 2-16）。这时可将滤纸的折边折死，撕去滤纸三层外面两层的一角，要横撕不要竖撕，撕角的目的是使滤纸能紧贴漏斗，加少量蒸馏水润湿滤纸，轻压滤纸赶走气泡。加水至滤纸边缘，使漏斗颈中充满水，形成水柱。过滤操作要求“一贴二低三靠”。一般滤纸边应低于漏斗边，将贴有滤纸的漏斗放在漏斗架上，漏斗下方放洁净干燥的烧杯，使漏斗颈长端贴靠烧杯内壁，过滤时玻璃棒下端对着三层滤纸，将上层清液沿玻璃棒慢慢倾入，注意液面应低于滤纸边缘 1cm 左右，溶液倾倒完毕后，从洗瓶中吹出少量水冲烧杯内壁及玻璃棒，冲洗液均过滤至烧杯中。

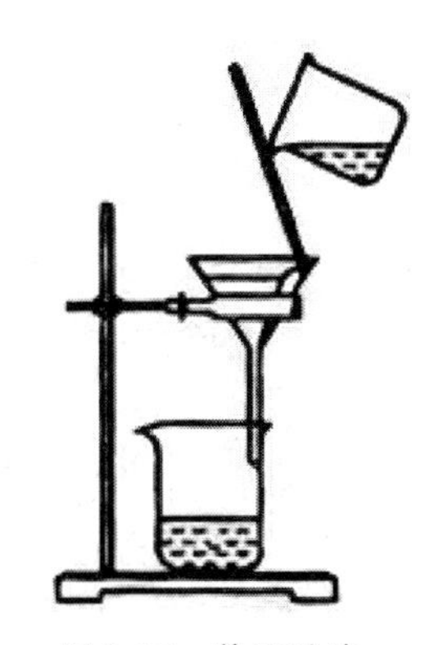

图 2-15 普通过滤

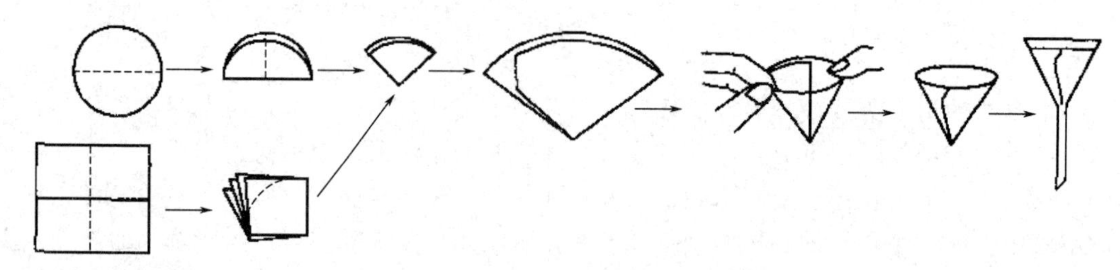

图 2-16　滤纸叠法

若需要洗涤沉淀，等溶液过滤完后，向留有沉淀的烧杯中加入少量溶剂，充分搅拌，等待沉淀沉下后，再将上层溶液转入漏斗，如此重复 2～3 次，最后把沉淀转移到滤纸上。沉淀的洗涤要遵循少量多次的原则。检查滤液中的杂质，判断沉淀是否洗净。

2. 减压过滤

减压过滤是一种通过吸滤瓶内减压进行过滤的方法。此法可加快过滤速度，并把沉淀抽得较干燥，但胶状沉淀和颗粒很细小的沉淀不宜用此法过滤。因为胶状沉淀过滤速度过快，易穿透滤纸；而颗粒太小的沉淀，在减压抽吸过程中易在滤纸上形成一层密实的沉淀，从而使溶液不易透过。减压过滤的装置（图 2-17）由吸滤瓶、布氏漏斗、安全瓶和真空泵（见图 2-18）组成。布氏漏斗上面有很多小孔。布氏漏斗装在单口橡胶塞上，与吸滤瓶相连接。注意：吸滤瓶的口径与橡胶塞的大小应配套，塞子插入吸滤瓶内一般不超过塞子高度的 2/3。

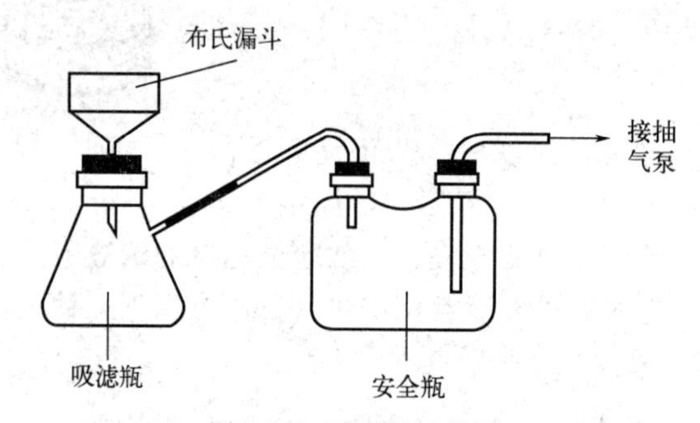

图 2-17　减压过滤装置

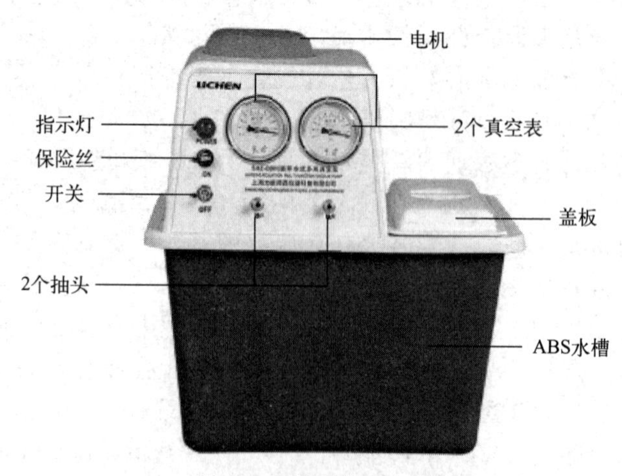

图 2-18　循环水真空泵

吸滤瓶用来承接滤液，并有支管与抽气系统相连。循环水泵起到带走吸滤瓶中空气，使吸滤瓶中减压的作用。安全瓶可防止因水泵水压变动导致吸滤瓶内的压力低于外界大气压，从而防止水泵中的水倒灌入吸滤瓶中。安全瓶起缓冲作用，即使发生倒吸也不会污染滤液。在发生倒吸时，可将吸滤瓶和安全瓶拆开，将安全瓶中的水倒出，再重新把它们连接起来。如不要滤液，也可不用安全瓶。

吸滤操作步骤如下。

1）做好吸滤前准备工作，检查装置：①吸滤瓶的支管口和安全瓶用橡胶管相连接，安全瓶出口和真空泵抽气管相连；②布氏漏斗的颈部斜口与吸滤瓶的支管相对；③裁剪符合规格的滤纸（略小于布氏漏斗内径，能覆盖瓷板上所有小孔），用少量溶剂润湿滤纸，开启真空泵，使滤纸紧贴在漏斗的瓷板上。

2）过滤时，吸滤瓶内的滤液不超过容积的 2/3。

3）在吸滤过程中，不得突然关闭真空泵，否则循环水将会倒灌，进入安全瓶。

4）过滤完后，拔去连接吸滤瓶支管上的橡胶管，然后关闭电源开关，取下漏斗，倒扣在表面皿上，轻轻敲打漏斗，使沉淀脱离漏斗。

3. 热过滤

有些物质在溶液温度下降时，易成结晶析出，如果不希望这些溶质留在滤纸上，通常使用热滤漏斗进行过滤，可有效防止溶质结晶析出。热滤漏斗的颈部尽可能短而粗，以免过滤时溶液在漏斗颈内停留过久使晶体析出而堵塞漏斗。

三、离心分离法

1. 离心机的使用

离心机（见图 2-19）是利用高速运转产生的离心作用使沉淀和溶液快速分离的一种装置。

把离心机放在水平稳定的实验台面上。离心时，将装有待分离试样的离心试管放入离心机试管套筒中，为使离心机旋转时保持平衡，离心管要放在对称位置上。如果只有一个试样，则在对称位置上放一只装有等量水的离心管。为避免混淆，应在试管上（或在离心机套管旁编号）。放好离心管后合上离心机盖，打开离心机开关旋钮，使转速由小到大逐渐增速。视沉淀物的性质选用适宜的转速和时间。结晶形和致密沉淀，约 1000r/min，经 1～2min 即可；无定形和疏松沉淀，约 2000r/min，经 3～4min 即可，若仍不能分离，可加热或加入适当的电解质使其加速凝结集聚，然后再离心分离。离心完毕后，应逐渐减速，让其自然停转，切不可用外力强制离心机停止旋转。电动离心机转速较快，应特别注意安全。

图 2-19　离心机

2. 沉淀与溶液的分离

离心沉降后，沉淀微粒因受离心力的作用而紧密地集中于离心试管的底端，上方为澄清液。可用毛细滴管将离心液吸出，方法如下：左手斜持离心管，右手拿毛细管（或者胶头滴管），先用手指捏毛细管（或者胶头滴管）上端的橡胶头，排除空气，将毛细管尖端伸到离心液液面下，但不要触及沉淀，然后慢慢松开橡胶头，使清液进毛细吸管。随着清液量的减少，毛细吸管应逐渐下移，当毛细管的末端接近沉淀时，操作要特别小心，毛细管尖端与沉淀表面的距离不应小于1mm，以防吸入沉淀。直到全部清液吸入毛细管为止，轻轻取出吸管，将溶液转入另一支洁净的离心管中备用，如有必要重复上述操作。如要洗净沉淀，可加入蒸馏水，用玻璃棒充分搅拌，离心分离，重复洗涤沉淀2～3次即可。

第九节 基本度量仪器的使用

一、酸度计

酸度计（又称pH计），主要用来精密测量液体介质的酸碱度值，还可以测量氧化还原电对的电极电势值（mV）及配合电磁搅拌进行电位滴定等。广泛应用在农业、环保和工业等领域。酸度计的主体是精密的电位计，测量基本原理是原电池原理，两电极与溶液组成化学电池，两个电极间的电动势依据能斯特定律。测定时把复合电极插在被测溶液中，溶液的氢离子浓度不同会产生不同的电动势，输入到一台用参量振荡深度负反馈的直流放大器放大，最后由数据显示屏显示被测溶液的pH。酸度计能在pH为0～14范围内使用。

pHS-2C酸度计示意图如图2-20所示。

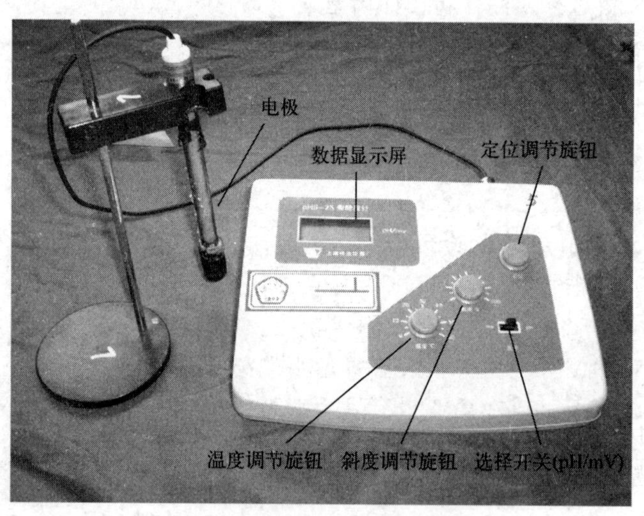

图2-20 pHS-2C酸度计示意图

1. pHS-2C酸度计的使用

（1）开机前的准备

① 安装电极。将多功能电极架安装在插口处，电极夹子夹在电极架上；把复合电极插进电极夹上的电极插口内；使用时，拉下电极下端的电极保护套，使其露出上端小孔。

② 用蒸馏水清洗电极，清洗后用滤纸轻轻吸去附在电极上的水分。

（2）开机 将电源线插入电源插座，按下电源键，电源接通后，再按pH键，预热30min。

（3）标定 标定步骤如下：①把复合电极插入电极插口中；②把mV-pH旋钮调到pH挡；③调节温度补偿旋钮，使与测定液温度值相同；④把斜率调节旋钮顺时针旋到底（即调到100%位置)；⑤把电极完全浸入pH＝6.86的缓冲液中，轻轻摇晃烧杯，摇匀溶液；⑥调节定位调节旋钮，使仪器显示读数6.86；⑦用去离子水冲洗电极，再浸入pH＝4.00(或pH＝9.18)的标准缓冲溶液中，调节定位调节旋钮到与该缓冲溶液pH相一致；⑧重复⑤～⑦的步骤，直至数据不变为止，仪器完成标定。

(4) pH的测量 测量步骤如下：①定位调节旋钮不变；②用蒸馏水清洗电极头部，用滤纸吸干；③将电极插入待测液大约4cm的位置，摇动烧杯，缩短电极响应时间，在数据显示屏上读出溶液pH；④测量结束后，将电极泡在3mol/L KCl溶液中，以保护电极球泡的湿润，及时套上保护套，切忌浸泡在蒸馏水中。

2. 酸度计的维护

正确维护仪器，能够确保仪器的安全使用，特别是酸度计这一类仪器，由于其具有很高的输入阻抗，而且使用时接触化学药品，所以合理维护尤为重要。

① 仪器的输入端(测量电极插座)必须保持干燥清洁，不能受阳光直射，仪器不用时将短路插头插入插座，防止灰尘及水汽浸入。

② 测量时，电极的引入导线和插头应保持静止，否则会引起测量状态不稳定。

③ 仪器采用了MOS集成电路，要有良好的接地线。

3. 电极使用、维护的注意事项

① 在每次标定、测量后进行下一次操作前，应该用蒸馏水冲洗电极，再用被测液冲洗电极，并且用滤纸轻轻吸去附在电极上的水分，同时注意小心吸干球泡。

② 取下电极保护套时，应避免电极的敏感玻璃泡与硬物接触和碰撞，因为玻璃泡是一层较薄的玻璃，极易破损，任何破损都将使电极失效。

③ 新的复合电极必须在pH＝4或7的缓冲溶液中调节，并浸泡24h。

④ 使用复合电极时，电极不能用于搅拌溶液。

⑤ 电极不用时，要用蒸馏水冲洗干净，然后套上带有保护液(3mol/L KCl溶液)的保护套防止干涸。

二、紫外-可见分光光度计

分光光度计的基本工作原理是基于物质在光的照射激发下，对光的吸收具有选择性，当光照的能量与分子中的价电子跃迁能级差相等时，该波长的光被吸收。各种物质都有各自的吸收光谱，所以，当某单色光通过溶液时，光能量就会被溶液吸收减弱。在一定的波长下，溶液中物质的浓度与光能量减弱的程度有一定的比例关系，即符合朗伯-比耳定律：

$$T=I/I_0$$

$$A=\lg(I_0/I)=\varepsilon bc$$

式中 T——透光率；

I_0——入射光强度；

I——透射光强度；

A——吸光度；

ε——摩尔吸光系数；

b——溶液的吸收层厚度；

c——溶液的浓度。

从以上公式可以看出，当入射光强度、摩尔吸光系数和溶液厚度一定时，透光率是随溶液的浓度而变化的。

1. 721 型分光光度计的构造

721 型分光光度计（见图 2-21）允许的测定波长范围在 360～800nm，其构造比较简单，测定的灵敏度和精密度较高，应用较广泛。分光光度计的仪器构造见图 2-22。

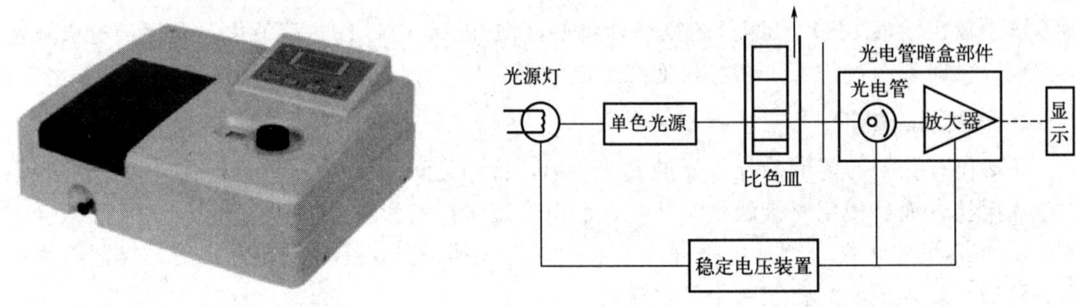

图 2-21 721 型分光光度计

图 2-22 分光光度计仪器构造

从光源灯（12V，25W）发出的连续辐射光线，经聚光透镜会聚，再经过平面镜转角 90°，反射至入射狭缝，进入单色器内，入射狭缝正好位于球面准直镜的焦平面上，当入射光线经过准直镜反射后，就以一束平行光射向棱镜。光线进入棱镜并在其中进行色散。从棱镜色散后回来的光线，再经过准直镜反射，会聚在出射狭缝上，再通过聚光镜进入比色皿（按材料可分石英比色皿和玻璃比色皿），光线一部分被吸收，透过的光进入检测器（真空光电管或者光电倍增管），根据光电效应原理产生电信号，经微电流放大器放大后在微安表上读出。通常以钨灯作为可见光区光源，波长范围为 360～800nm，紫外光区以氢灯作为光源。

2. 721 型分光光度计的使用方法

① 检查分光光度计的旋钮和开关，使其回到零点，接通电源，仪器预热约 20min。为了防止光电管疲劳，不要连续光照。预热仪器时和在不测定时应打开样品室盖，使光路切断。

② 选定波长：转动波长调节器，观察波长显示窗，使指针指示需用的单色光波长。

③ 盖上样品室盖，轻轻拉动试样架拉杆，使参比溶液池（溶液装入 4/5 高度，置第一格）置于光路上，调节 100%透射比调节器，使电表指针指到 $T=100\%$。

④ 盖上样品室盖，推动试样架拉杆，使样品溶液池置于光路上，读出吸光度值。读数后应立即打开样品室盖。

⑤ 实验结束后，切断电源，选择开关应拨在“关”的位置，将比色皿取出、洗净，并将比色皿座架及暗盒用软纸擦净。

3. 721 型分光光度计使用和维护注意事项

① 仪器使用时间最好不要超过 2h，如需使用，关机约 30min 后，再开机使用。如果在实验过程中大幅度调整波长，在调节 0%和 100%时，会出现指针不稳的情况，需要等几分钟才能正常工作（因波长的大幅度变换，光能量变化急剧，光电管存在一定的响应时间）。

② 仪器不能受潮。定期检查单色器上的防潮变色硅胶，如硅胶的颜色已变红，应及时更换。

③ 仪器应放在不易震动、无强光照射的实验台面上，实验室应干燥洁净，搬动仪器应小心轻放。

三、比色皿

1. 比色皿的正确选择

比色皿透光面是由能够透过所使用的波长范围的光的材料制成。当显色液的吸收波长在370nm以下时，必须使用石英比色皿。在360～900nm的可见区时，可用石英比色皿或普通硅酸盐玻璃材质的比色皿。

2. 比色皿使用注意事项

① 在使用比色皿时，两个透光面要完全平行，并垂直置于比色皿架中，以保证在测量时，入射光垂直于透光面，避免光的反射损失，保证光程固定。

② 拿比色皿时，用手捏住比色皿的毛玻璃面，切勿触碰比色皿的透光面，以免沾污或磨损。注意轻拿轻放，防止外力对比色皿的影响。

③ 盛装溶液时，高度在比色皿的2/3处即可，比色皿外壁有残液可用擦镜纸轻轻吸干，以保护透光面。

④ 清洗比色皿时，一般先用自来水冲洗，再用蒸馏水冲洗三次。如比色皿被有机物沾污，可用盐酸-乙醇（体积比为1∶2）混合液泡洗，一般不超过10min，再用水冲洗。强碱会侵蚀抛光比色皿，不能用强碱溶液洗涤。比色皿清洗的最佳时间是使用后立即洗净。

⑤ 溶液测量的吸光度值在0.1～0.7是比较可靠的，应选用光程长度合适的比色皿。

第十节　气体的发生、净化、干燥与收集

一、气体的发生

实验中需用少量气体时，可在实验室中制备，根据反应物、反应条件，选择相应的反应装置。这里仅介绍利用启普发生器（见图2-23）制备气体。适用于制备NO_2、NO、H_2、CO_2、H_2S等气体。

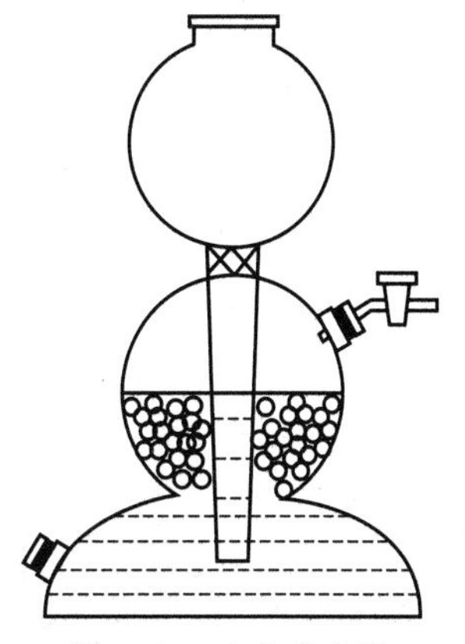

图2-23　启普发生器

启普发生器主要由球形漏斗、葫芦状的玻璃容器和旋塞导管、塞子组成。葫芦状的容器由球体、半球体、下口塞构成。打开导管旋塞，液体即进入中间球内，与固体接触而产生气体，气体由导管导出。当导管旋塞关闭时，由于装置是密闭的，中间球体内产生的气体使压力增大，就会将溶液压回到球形漏斗，使固体和溶液不再接触而停止反应。因此，启普发生器不能受热，适用于不溶于水的块状固体（或粒状较大固体）与溶液在常温下的反应，特别是制取较大量的气体更为适宜。

1. 使用方法

（1）装配　将球形漏斗颈、半球部分的玻璃磨口塞及导管旋塞处涂一薄层凡士林，把球形漏斗和玻璃旋塞插好，然后转动几次，使之装配严密。

（2）检查气密性　把旋塞打开，向球形漏斗口内加水至充满半球体，关闭旋塞继续加水，使水上升到球形漏斗长颈中。静置片刻，若水面不下降，则说明装置气密性良好，反之

则说明装置漏气。需塞紧橡胶塞或在磨口处涂上一薄层凡士林。

（3）加料　在葫芦状容器的圆球底部与球形漏斗的间隙处，先放些玻璃棉（或玻璃布）以避免固体试剂落入下半球溶液中。固体药品放在中间圆球内。加入固体的量不宜过多，以不超过中间球体容积的 1/3 为宜（否则固液反应激烈，液体很容易被气体从导管中冲出）。将液体试剂从球形漏斗口加入，当加入的液体与固体相接触，关闭导气管旋塞，接着再加液体至漏斗上部球体的 1/4～1/3 处，当反应时液体可浸没固体，液面不高过导气管的橡胶塞为宜。加入的液体也不宜过多，否则会因反应激烈，使液体从导管口冲出。

（4）气体的发生　使用时，打开导气管活塞（使容器内气压与外界大气压相等），此时中间球体内压力降低，液体即从半球体进入中间球体与固体接触而发生反应，生成的气体由导气管导出。停止使用时，关闭旋塞，由于中间球体内产生的气体使压力增大（因为容器中的反应仍在进行，仍有气体生成），将液体压到半球体和球形漏斗中，使容器中液体液面降低，固体与液体脱离接触，反应自动停止。再用时，只要打开旋塞即可产生气体，气体的流速可用旋塞调节。为保证安全，可在球形漏斗口加安全漏斗，防止气体压力过大时炸裂容器。

（5）酸液和固体的更换　启普发生器中的酸液长久使用后会变稀，反应变得缓慢，可把下球侧口的塞子拔下，倒掉废酸，塞好塞子，再向球形漏斗中加入新酸。需要更换或添加固体时，可先将导气管活塞关闭，让液体压入半球，使固液脱离接触，把侧口的塞子取下，由中间圆球的侧口加入固体，使固体分布均匀。

2. 使用启普发生器时的注意事项

① 启普发生器不能加热，装在发生器内的固体必须是颗粒较大或块状的。

② 移动启普发生器时，应用手握住葫芦状容器半球体上部凹进部位（即所谓“蜂腰”部位），绝不能只用一只手握球形漏斗，以免葫芦状容器脱落打碎，造成伤害事故。

二、气体的净化与干燥

实验室制备的气体往往带有酸雾和水汽，使用时需要经过净化与干燥。酸雾可用水或玻璃棉除去；水汽可通入浓硫酸进行吸收。一般情况下使用洗气瓶（内装液体洗涤液）（见图 2-24）、干燥塔（内装固体干燥剂）（见图 2-25）或干燥管等设备进行净化与干燥。具有还原性或碱性的气体如 H_2S 和 NH_3 等，不能用浓硫酸来干燥，可分别用无水氯化钙和氢氧化钠来干燥。

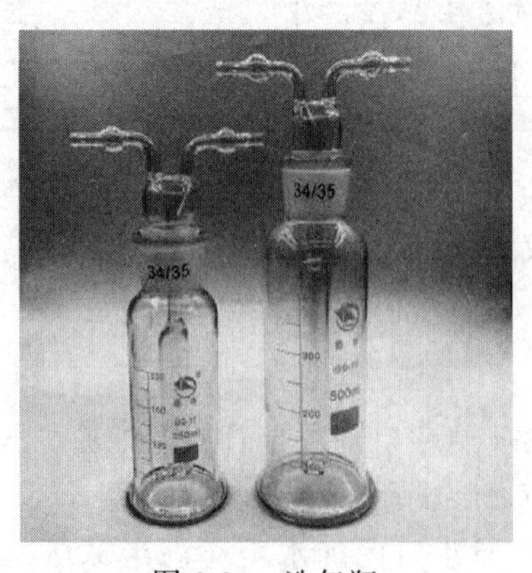

图 2-24　洗气瓶

图 2-25　干燥塔

三、气体的收集

1. 排水集气法

适用于难溶于水且不与水发生化学反应的气体，如 H_2、O_2、N_2、NO、CO、CH_4、C_2H_4 等。

一般实验中使用集气瓶。先将集气瓶装满水，用毛玻璃片沿集气瓶的磨口平推以将瓶口盖严，不得留有气泡。手握集气瓶并以食指按住玻璃片把瓶子翻转倒立于盛水的水槽中。将收集气体的导管伸向集气瓶口下，气泡进入集气瓶的同时，水被排出，待瓶口有气泡排出时，说明集气瓶已装满气体。在水下用毛玻璃片盖好瓶口，将瓶从水中取出。根据气体对空气的相对密度决定将集气瓶正立或倒立在实验台上。

2. 排气集气法

适用于不与空气发生反应的气体。比空气密度小的气体，如 H_2、NH_3、CH_4 等，可用向下排空气法。比空气密度大的气体，如 CO_2、SO_2 等，可用向上排空气法。

第十一节 试纸的种类与使用

试纸是浸过指示剂或试剂溶液的小纸片，在无机化学实验中常用试纸来定性检验一些溶液的酸碱性或某些原子、离子、化合物是否存在，如石蕊试纸、广泛 pH 试纸等，其操作简单快速并具有一定的精确度。

一、试纸的种类

实验室所用的试纸种类很多，常用的有 pH 试纸、醋酸铅试纸、淀粉-碘化钾试纸、血糖试纸、温度试纸等。

1. pH 试纸

pH 试纸可通过颜色的变化，测定待测液或气体的 pH，包括广泛 pH 试纸和精密 pH 试纸两种类型。广泛 pH 试纸的 pH 范围为 1～14，灵敏度 0.5，用于粗略估计溶液的 pH。精密 pH 试纸在溶液 pH 变化较小时就有颜色变化，可用来较精确地测定溶液的 pH。根据其变色范围可以分为多种，如变色范围在 pH 为 3.8～5.4、5.4～7.0、8.2～10.0 等，测试时先用广泛 pH 试纸预测，根据预测结果，选用某一变色范围的精密 pH 试纸测量。

2. 醋酸铅试纸

醋酸铅试纸用来定性检验反应中是否有 H_2S 气体产生和溶液中是否含 S^{2-}。将待测液酸化，如含有 S^{2-}，会生成 H_2S 气体逸出，遇润湿醋酸铅试纸（先用蒸馏水润湿），与醋酸铅试纸上的醋酸铅［$Pb(Ac)_2$］反应，生成黑色（或灰色）的 PbS 沉淀，从而使试纸呈黑褐色并具有金属光泽。其反应方程式如下：

$$Pb(Ac)_2 + H_2S \longrightarrow PbS(s)(\text{黑色}) + 2HAc$$

若溶液中 S^{2-} 的浓度较小时则此试纸不易检验出。

3. 淀粉-碘化钾试纸

淀粉-碘化钾试纸用以定性检验氧化性气体（如 Cl_2、Br_2、I_2 等）。使用时要用蒸馏水润湿，当氧化性气体遇到已润湿的淀粉-碘化钾试纸时，将试纸上的 I^- 氧化成 I_2，遇到淀粉生成一种蓝色的复合物，使试纸由白色变为蓝色，即可判断有氧化性气体存在。反应方程式如下：

$$2I^- + Cl_2 \longrightarrow I_2 + 2Cl^-$$

如气体氧化性很强，且浓度较大，还可将 I_2 进一步氧化而使蓝色褪去，反应方程式如下：

$$I_2 + 5Cl_2 + 6H_2O \longrightarrow 2HIO_3 + 10HCl$$

使用时必须仔细观察试纸颜色的变化，以免得出错误的结论。

二、试纸的使用方法

不同试纸的使用方法和要求可能有所差别，但也有一些共性的地方：①用试纸测定气体时，都需要先将试纸用蒸馏水润湿，并且不要将试纸接触相应的液体或反应容器，以免造成误差；②没用完的试纸应保存在密闭的容器中，以免被实验室内的一些气体污染；③不要将待测溶液滴在试纸上，更不要将试纸浸在溶液中，以免造成溶液的污染，影响判断；④用后的试纸要放在废液缸（桶）内，不要丢在水槽内，以免堵塞下水道。

三、两种常见试纸的使用方法

1. pH 试纸

使用时要注意节约，应先将 pH 试纸剪成大小合适的小纸条。将小纸条放在干燥洁净的点滴板或表面皿上，用蘸有待测液的玻璃棒点在试纸小纸条的中部，观察颜色的变化，与标准色卡比较，确定相应的 pH。如需测定气体的酸碱性时，先用蒸馏水将试纸润湿，将其沾附在洁净玻璃棒尖端，移至产生待测气体的试管口上方（不能与试管接触），观察试纸的颜色变化来判断其酸碱性。

2. 淀粉-碘化钾试纸或醋酸铅试纸

先用蒸馏水将试纸润湿，将其沾附在洁净玻璃棒尖端，移至产生气体的试管口上方，注意不要使试纸触碰到溶液，观察试纸的颜色变化。

第十二节　试管反应

试管反应具有取样少、操作简单以及观察方便等优点。

1. 试剂的加入

在试管中进行的许多实验的试剂用量少，不需准确用量，在实验中加入试管中试剂的量不能超过试管总容量的 1/2。

2. 试管的振荡

用拇指、食指和中指握住试管的中上部，试管略向外倾斜，手腕用力左右振荡试管，这样既不会将试管中的液体振荡出来，也有利于观察试管的现象。

3. 试管的加热

装有液体的试管可在火焰上直接加热，但必须用试管夹夹住试管（夹在距试管口 3～4cm 处），且溶液量不得超过 1/3 试管。加热时应斜持试管，管口不得对着别人或自己，以免溶液溅出时把人烫伤。加热时应该使试管内液体各部分均匀受热，还要不时地移动加热部位，不要集中加热试管某一部分，以防液体冲出。加热固体时，为防止试管破裂，试管口应稍微向下倾斜。试管可固定在铁架上，加热时，应先均匀加热试管，然后从试管底逐渐向上加热，冷却时也应逐渐降温，不可骤冷。离心试管不能直接在火焰上加热，可采用水浴法加热。

第三章 基本操作实验

实验 1　酒精喷灯的使用、简单玻璃加工操作及塞子钻孔

一、实验目的

① 了解酒精喷灯的构造、火焰分区及性质；掌握酒精喷灯的使用方法。

② 练习玻璃管的切割、圆口、弯曲和拉伸，练习玻璃棒、滴管和弯管的制作。

③ 熟悉打孔器的使用方法，练习塞子钻孔的基本操作。

二、实验用品

酒精喷灯，坩埚钳，锉刀（或陶瓷片），陶土网，打孔器，小块纸板，铜片，玻璃管若干，玻璃棒若干，工业酒精。

三、实验原理

1. 酒精灯、本生灯和酒精喷灯比较

实验室常见明火加热的器具见表 3-1，将酒精喷灯与其他两类比较，可明显看出其优点和缺点所在。

酒精喷灯利用灯管将蒸气及燃烧产生的热量富集，并可通过空燃比的调整获得最大的燃烧和加热效率。而酒精灯燃烧产生的热量大多随火焰周围气流的对流耗散了。因此，酒精灯的温度虽然也有达到 800℃的情况，但一般其加热要温和得多。对一些对温度要求较高的操作，如玻璃毛细管的拉制，酒精喷灯即可发挥较好的作用。

表 3-1　酒精灯、本生灯和酒精喷灯比较

热源	火焰温度	燃料	一般用途	优缺点
普通酒精灯	400～600℃，亦可达 800℃	乙醇，对浓度要求不高	加热一般的液体；促进一般的化学反应	操作简单；很难熔化玻璃，且火焰会受气流干扰而飘忽不定。现在的实验室多以电加热器配磁力搅拌器代替之
本生灯	800～900℃	煤气	灼烧固体；高温熔化晶体；玻璃加工；其他要求强加热的过程	操作较繁杂，对于不熟练的实验者，这样的高温易引起危险；火焰较稳定并可灵活调节火力
酒精喷灯	约 1000℃	95%乙醇		

2. 酒精喷灯的结构

座式酒精喷灯的结构如图 3-1 所示，它主要由酒精入口（壶嘴）、预热盘、预热管、喷管、空气调节杆等组成。通过调整调节杆，控制火焰的大小。

工作原理是由于预热使酒精在灯管内受热汽化，与来自气孔的空气混合，通过用火点燃管口的气体，产生高温火焰。可以通过调节酒精的进量和空气的进量来调节火焰的大小。

图 3-1 座式酒精喷灯的结构

四、实验步骤

1. 酒精喷灯的使用

（1）酒精喷灯的使用步骤

① 添加酒精。旋开壶体上加注酒精的旋塞，通过漏斗加入适量酒精（占灯壶总容量的 1/4～2/3）。过满酒精易溢出，发生危险；过少则灯芯线易烧焦，影响燃烧效果。拧紧旋塞，确保不漏气。

② 预热和点火。转动空气调节杆把入气孔调到最小，向预热盘中注入适量酒精（2/5～2/3 容量），并点燃使灯管受热，灯管喷出的酒精蒸气会被引燃。如不能点燃，也可用火柴来点燃。

若一次预热后不能点燃喷灯，可重复上述操作点燃。如连续失败超过两次，则需先用通针疏通喷口，再预热。

③ 调节温度。当喷口火焰点燃后，旋动空气调节杆调节进气量，至灯焰呈浅蓝色，并发出“哧哧”的响声时，拧紧空气调节杆，即可进行玻璃管加工。避免出现临空焰或侵入焰（图 3-2）。

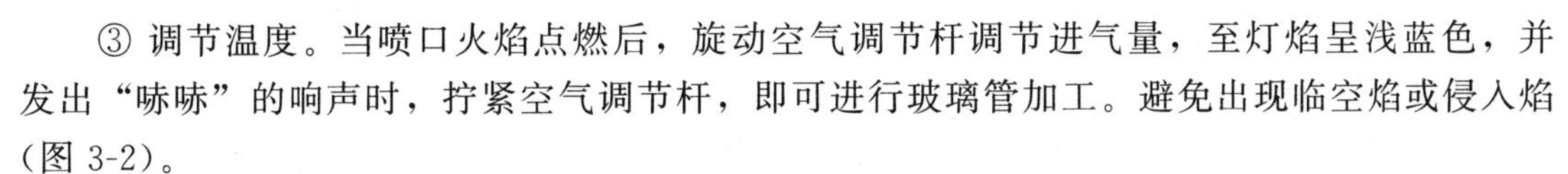

正常的火焰分为三层：a. 氧化焰（温度为 800～900℃）；b. 还原焰；c. 焰心。

④ 熄火。停止使用时，可用陶土网或废木板平压覆盖喷管口，灯焰一般即可熄灭。覆盖管口的同时也可用湿布冷却灯座并调大进气量以熄火。稍后，垫一块布（防烫伤）拧松壶体上的旋塞（铜帽），使灯壶内的酒精蒸气放出。

⑤ 维护。座式喷灯连续使用时间不应超过 30min。如需长时间继续使用，则应先暂时熄灭喷灯、冷却、添加酒精后继续使用。使用过程中，手尽量避免碰到酒精喷灯金属部位。喷灯使用完毕，需充分冷却后再将灯壶内剩余酒精倒出。

注意，灯管需充分预热后再微空气调节杆开关，点燃，再调整空气进入量以控制火焰。否则灯管内的酒精汽化不充分，将有液态酒精由管口喷出，形成“火雨”，极易引起火灾。

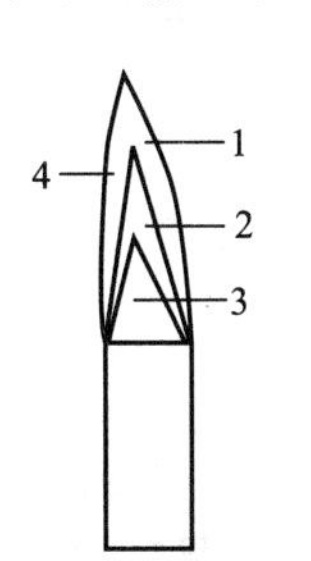

(a)正常火焰

(b)临空焰（酒精、空气的量都过大）

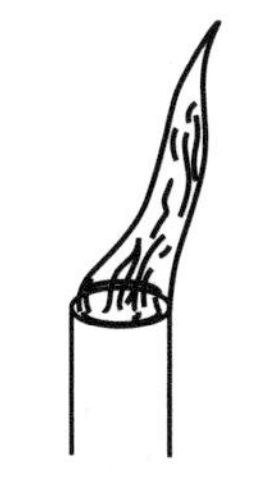

(c)侵入焰（酒精量过小，空气量大）

图 3-2 火焰结构

1—氧化焰；2—还原焰；3—焰心；4—温度最高处

（2）火焰的温度 酒精喷灯的火焰温度通常可达 700～1000℃。

① 将铁丝网平插入无色火焰中，并缓慢地从火焰上部向下移动，观察和比较铁丝网红热部分的面积和光亮程度变化。

② 将用水浸湿后的厚卡纸垂直穿过火焰，把火焰平均分成两部分。当纸片有焦灼的倾向时，取出纸片，观察纸片焦灼的情况。

根据实验①、②的结果，作出火焰各层温度高低的结论。

(3) 火焰的性质　通过坩埚钳夹持，将一块铜片竖直穿过火焰。观察铜片在各层火焰中表面的颜色，哪部分变黑（生成黑色 CuO，对应部分火焰有氧化作用）？哪部分恢复成光亮的金属铜（对应火焰有还原作用）？据此，判断各层火焰性质。

注意事项

1. 酒精喷灯使用步骤：捅、装、点、调、定、用、灭。

2. 喷灯使用时间不宜过长，否则灯壶内酒精压强过大，喷灯会有崩裂的危险。如发现罐底凸起，要立即停止使用。

3. 不能向尚未充分冷却的预热盘内或灯壶内添加酒精。

4. 酒精喷灯使用时，周围不能有易燃物。洒在台面的少量酒精着火，可立即用湿抹布盖灭。

5. 每次使用酒精喷灯前要检查喷口，如发现堵塞，立即用通针疏通。

2. 简单玻璃加工操作

(1) 玻璃管（棒）的截断　玻璃截断操作主要包括两个步骤，一是锉痕，二是折断，分别如图 3-3(a) 和图 3-3(c) 所示。

① 锉痕的操作：将玻璃管（棒）平放在桌面上，左手按紧，右手持锉刀（或用锋利的碎陶片），用力向前方锉（不可往复锉），锉划痕应与玻璃管（棒）垂直、深度适中、范围适中（玻璃管长度的 1/6～1/3 之间）。

② 折断的操作：两手拇指齐放在锉划痕的背后向前挤压，同时食指向后拉，玻璃管（棒）即可折成两段。

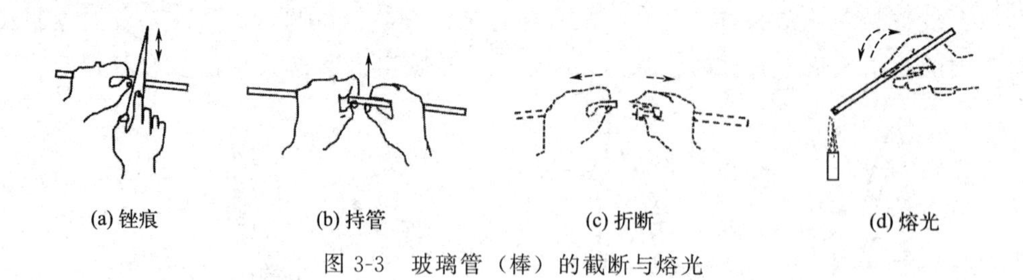

图 3-3　玻璃管（棒）的截断与熔光

(2) 管口的制作（熔光）　如图 3-3(d) 所示，将玻璃管（棒）断面斜插入氧化焰上，前后移动并不停转动，使之受热均匀，待玻璃管（棒）加热端刚刚微红即可取出，可得到熔光截面。若截断面不够平整，此时可将加热端在陶土网上轻轻按一下。

(3) 玻璃管的弯曲　双手持玻璃管，放入火焰中（受热长度约 1cm），使玻璃管始终在同一轴线缓慢、均匀而不停地向同一个方向转动，加热至玻璃管软化（变黄）即可从火焰中取出，稍冷（等 1～2s）后，两手向上向里轻托呈“V”字形，顺势弯出所需要的角度。用手堵住管口的一端，从另一端吹气，变硬后才可放手。操作如图 3-4 所示。

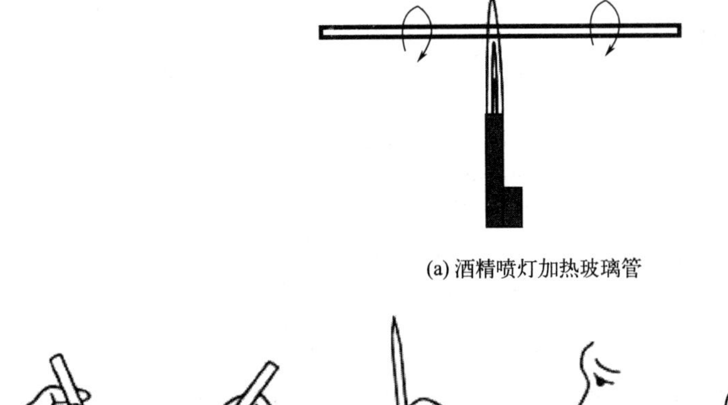

(a) 酒精喷灯加热玻璃管

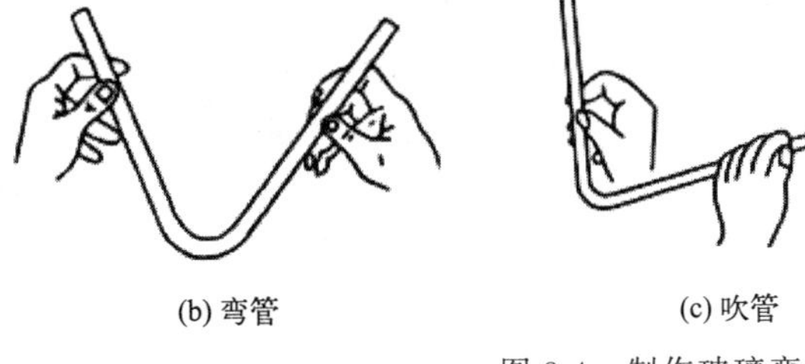

(b) 弯管　　(c) 吹管

(d) 弯成的玻璃管

图 3-4　制作玻璃弯管

玻璃管弯曲部分的厚度和粗细必须保持均匀，不应出现瘪陷和纠结，弯管质量判断如图 3-5 所示。弯曲部分应及时经小火微热进行退火处理。

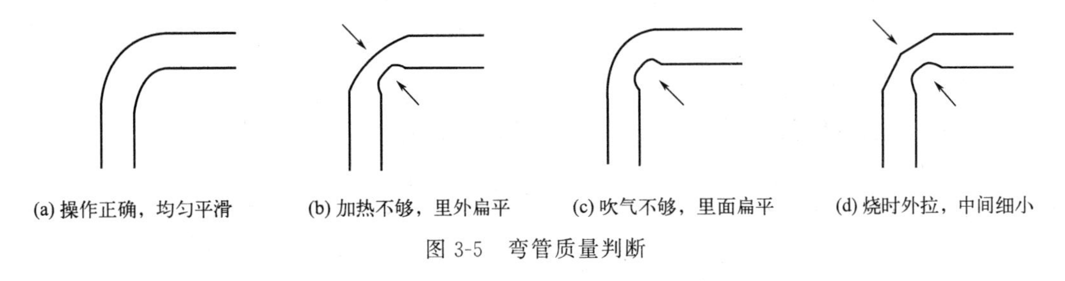

(a) 操作正确，均匀平滑　(b) 加热不够，里外扁平　(c) 吹气不够，里面扁平　(d) 烧时外拉，中间细小

图 3-5　弯管质量判断

（4）滴管、毛细管等的制作　制作方法和玻璃管的弯曲一样，只是加热时间更长（需加热至玻璃管红软）。当玻璃管红软时离开火焰，顺着水平方向两手缓缓用力，边拉边旋转。拉至一定细度后，右手持玻璃管下垂一会儿，然后放置于陶土网上。冷却后，在拉细部分截断，即得到两根一端有尖嘴的玻璃管。尖嘴部分稍微烧一下，使其光滑，粗管一端烧熔，立即在陶土网上沿垂直方向轻轻按压一下，冷却后再装上橡胶头（用水润湿），即制成滴管，如图 3-6 所示。

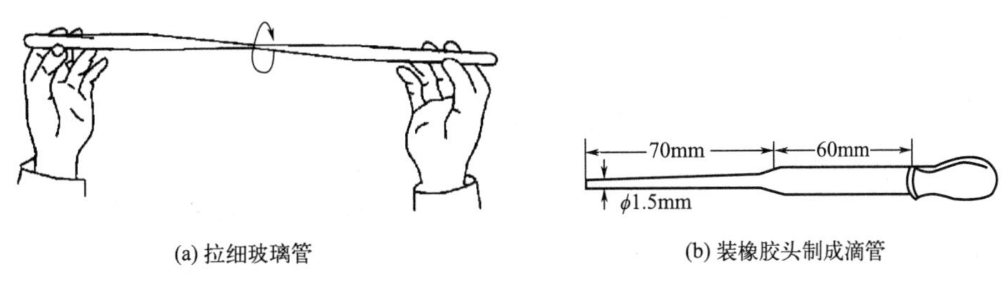

(a) 拉细玻璃管　(b) 装橡胶头制成滴管

图 3-6　滴管的制作

将适当长度的洁净玻璃管烧软至橙色，立即移出，稍停，水平均匀用力，先慢后快，如图 3-7 所示，拉成内径约 1mm、长度为 15～20cm 的毛细管并截断，两端在火焰边缘用小火熔封，注意成 45°角边烧边转。使用时从中间截开。

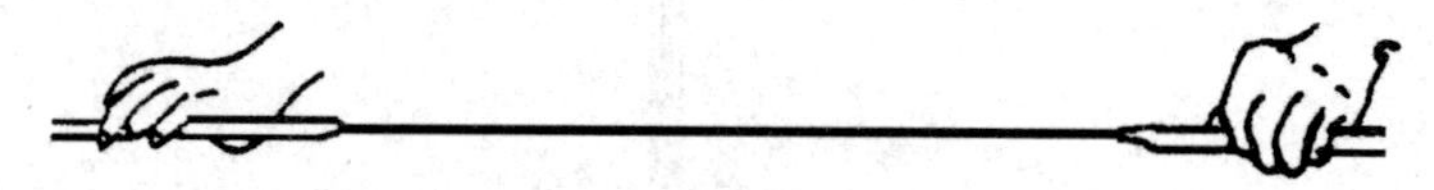

图 3-7　毛细管的拉制

注意事项

1. 玻璃工操作室注意操作安全，防止挫伤、割伤、烫伤。

2. 玻璃熔光、弯曲或拉细的加热温度不同，操作时应注意火候。

3. 玻璃管弯曲时，应注意控制弯曲速度。如速度太快，在弯曲的位置易出现瘪陷或纠结；速度太慢，玻璃管又会变硬。

4. 大于 90°的弯导管应一次弯到位。小于 90°的弯导管需分几次弯成。为避免出现缩陷，下次受热位置应在上次受热部位的偏左或偏右处进行。质量较好的玻璃弯导管应在同一平面上，无瘪陷或纠结出现。

3. 塞子的钻孔

进行化学实验时，往往需要在塞子内插入玻璃管、温度计、滴液漏斗等，这就需要在塞子上钻孔，钻孔用的工具叫钻孔器。每套钻孔器约有五六支直径不同的钻嘴，一端有柄，另一端很锋利。钻孔的步骤如下。

（1）塞子的选择　塞子材质及大小的选择见表 3-2。

表 3-2　塞子材质及大小的选择

塞子材质	软木塞	橡胶塞	玻璃磨口塞
适用情形	要求不高的盛有机物的容器	对密封性要求高的容器；盛碱性物质的容器	可作为盛装除氢氟酸和碱性物质外的液体或固体容器的塞子
不适用情形	盛酸、碱的容器（易被酸或碱腐蚀），对密封要求高的容器（易漏气）	长时间盛有机溶剂和强酸的容器	盛氢氟酸和碱性物质的容器
塞子大小	应与容器的口径相符，塞子进入瓶颈部分占塞子本身高度的 1/2～2/3 为宜		

（2）钻孔器的选择　对于橡胶塞打孔，需选用比欲插入的玻璃管的外径稍大的钻嘴，因为橡胶塞有弹性，孔道钻成后由于收缩而使孔径变小。在软木塞上打孔时，则需选用比欲插入的玻璃管的外径稍小或与外径相当的钻嘴。

（3）钻孔的方法　钻孔时，把橡胶塞放在平整的防护垫上，左手紧握橡胶塞，塞子小端朝上。右手把持钻孔器手柄，在选定的钻孔位置，垂直于塞子的平面（不能摇摆，更不能倾斜，以防钻出的孔偏斜），顺时针方向向下转动，钻至约塞子一半位置时，按逆时针方向旋转取出钻嘴，用带柄捅条捅出嵌入钻孔器中的橡胶或软木。然后调换塞子大头，对准原孔的方位，按同样的方法钻孔，直到两端的圆孔贯穿为止。拔出钻孔器，再捅出钻孔器内嵌入的橡胶或软木。打孔器及橡胶塞开孔如图 3-8 所示。

为了减少钻孔时的摩擦，特别是给橡胶塞钻孔时，可以在钻嘴的刀口上涂一些甘油或者水。检查孔道大小是否合适，若塞孔稍小或不光滑时，可用圆锉修整。

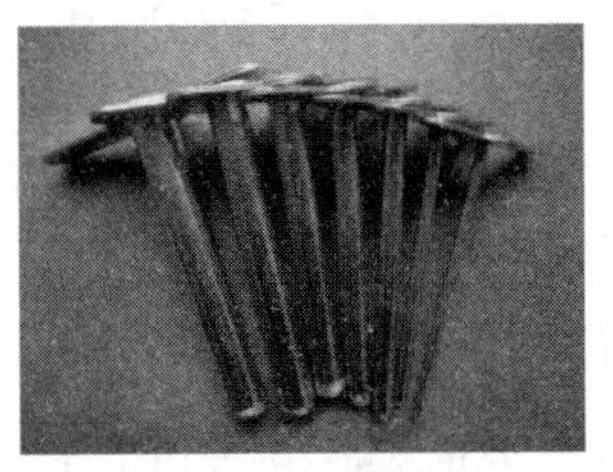

图 3-8　打孔器及橡胶塞开孔

（4）玻璃导管与塞子连接　用少量甘油或水将管口润湿，然后右手持导管近管口处，左手拿住塞子，用柔力慢慢地转动导管，逐渐旋转进入塞子，并穿过塞孔至所需的长度为止。注意，用力不可过猛或手持玻璃导管不可离塞子太远，以防折断，刺伤手掌。同时可用布包住玻璃管手持部分，以防刺伤。

五、思考题

① 酒精喷灯的温度为什么比酒精灯高？

② 酒精喷灯的工作原理是什么？安全使用有哪些注意事项？

③ 如何选择合适的塞子和打孔器？

④ 玻璃加工过程中如何防止烫伤、割伤或挫伤？

⑤ 酒精喷灯的火焰分为哪三层？被加热的物质放在哪一层？

实验 2 溶液的配制

一、实验目的

① 掌握溶液的配制方法和基本操作。

② 认识常用仪器，熟悉溶液粗略配制和精密配制所需要的仪器。

③ 掌握移液管、吸量管、容量瓶、量筒等容量仪器的使用方法。

二、实验用品

移液管，吸量管，量筒，烧杯，容量瓶，滴管，药匙，分析天平，托盘天平，陶土网。

氯化钠（NaCl），浓硫酸（98% H_2SO_4），草酸（$H_2C_2O_4 \cdot 2H_2O$），0.3000mol/L 醋酸（CH_3COOH）溶液。

三、实验原理

1. 溶液浓度表示方法

溶液的浓度是指一定量的溶液或溶剂中所含溶质的量。常用的浓度表示方法如下。

物质的量浓度（molarity）：$c_B=n_B/V$，单位为 mol/L。

质量浓度（mass concentration）：$\rho_B=m_B/V$，单位为 g/L。

质量摩尔浓度（molality）：$b_B=n_B/m_A$，单位为 mol/kg。

质量分数（mass fraction）：$\omega_B=m_B/m$。

体积分数（volume fraction）：$\varphi_B=V_B/V$。

摩尔分数（mole fraction）：$x_B=n_B/n$。

说明：n_B 为溶质物质的量，m_B 为溶质的质量，m_A 为溶剂的质量，m 为溶液总质量，V_B 为溶质体积，V 为溶液总体积，n 为溶液总的物质的量。

2. 溶液的配制方法

（1）计算　依据所需配制的溶液体积和浓度，计算出所需溶质或溶剂的质量（或体积）。

（2）称量　用天平称取所需质量的溶质或溶剂，或用量筒（粗略）或移液管（精密）量取所需体积的溶质或溶剂。

（3）溶解　将计量的溶质、溶剂混合，视情况补加溶剂，搅拌使得溶质充分溶解。

（4）转移、洗涤、定容　将初步溶解的溶液转移到容量瓶（或试剂瓶等）中，充分洗涤以确保溶质全部转入容量瓶（或试剂瓶等）中，补加溶剂至规定体积，摇匀，即得到具有一定浓度和体积的所需溶液。

（5）装瓶、贴标签、备用　容量瓶及烧杯中不能长时间存放溶液，需转入洁净干燥的试剂瓶中，并贴上标签（注明试剂名称、浓度、配制日期和人员等信息），留存备用。

（6）稀释溶液　根据稀释公式（如 $c_1V_1=c_2V_2$）计算出所需原浓溶液的体积，然后按需量取（用量筒或移液管）原浓溶液并转入容量瓶中，补加溶剂稀释至所需体积（稀溶液），混合、摇匀，贴上标签，备用。

溶液配制的步骤如图 3-9 所示。

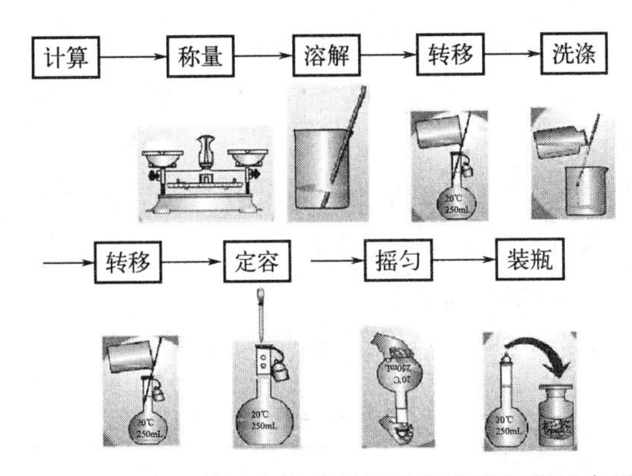

图 3-9 准确配制一定物质的量浓度溶液步骤示意图

3. 容量瓶的选用

实验室常用容量瓶的规格有 25mL、50mL、100mL、250mL、500mL、1000mL、2000mL 等。按照“大而近”的原则选择与待配制溶液体积接近或比其稍大的容量瓶。

（1）构造 容量瓶是细颈梨形平底玻璃瓶，由无色或棕色玻璃制成。带有磨口玻璃塞或塑料塞，颈上有一刻度线。

（2）特点

① 容量瓶上标有温度和容积。

② 容量瓶上有刻线而无刻度。

（3）用途 容量瓶是为配制一定体积的准确浓度溶液所用的精确仪器。

4. 移液管、吸量管的选用

移液管、吸量管是一种精密的量出式仪器，用来准确移取一定体积的溶液。通常把中间有一膨大部分的细长玻璃管称为移液管，把具有刻度的直形玻璃管称为吸量管。常用的移液管有 5mL、10mL、25mL、50mL、100mL 等规格。常用的吸量管有 1mL、2mL、5mL 和 10mL 等规格。移液管和吸量管所移取的体积通常可准确到 0.01mL。移液管的使用操作示范如图 3-10 所示，具体操作如下。

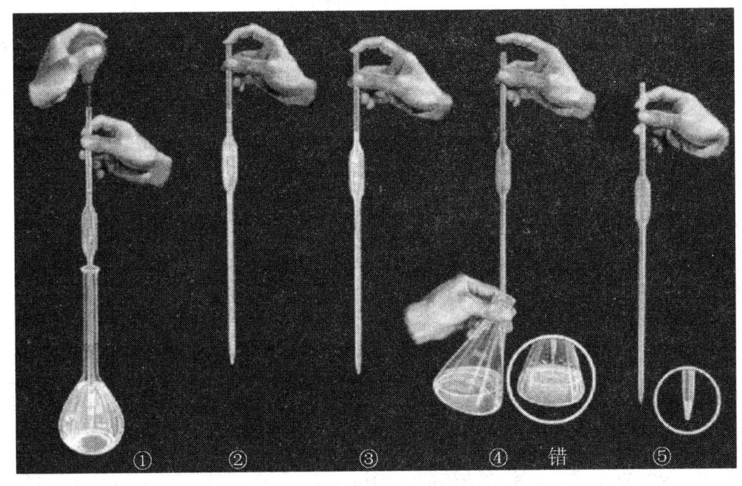

图 3-10 移液管的使用操作示范

① 吸溶液：右手握住移液管，左手捏洗耳球多次。

② 把溶液吸到管颈标线以上，不时放松食指，使管内液面慢慢下降。

③ 把液面调节到标线。

④ 放出溶液：移液管下端紧贴锥形瓶内壁，放开食指，溶液沿瓶壁自由流出。

⑤ 残留在移液管尖的最后一滴溶液，一般不要吹掉（如果管上有“吹”字，就要吹掉）。

5. 玻璃量器使用五个“应知应会”

量筒、移液管或吸量管、容量瓶是化学实验常用的仪器，其应知应会见表 3-3。

表 3-3 玻璃量器使用“应知应会”

<table>
<tr><th></th><th>项目</th><th>会选</th><th>会洗</th><th>会用</th><th>会看</th><th>会读</th></tr>
<tr><td rowspan="3">应会</td><td>量筒、量杯（量出式、量入式，误差较大）</td><td rowspan="3">规格、型号、标识标线清晰，仪器端正完整，量筒、量杯按最大接近原则选取，如量取 23mL 液体，需选用规格为 25mL 的量筒，而不能用 10mL 的量取 3 次。所有量筒均无 0 刻度。
移液管、吸量管还要重点检查管口是否平整、管尖是否有破损。在准确量取绝对体积量的溶液时，应优先选用半径小的胖肚移液管。
容量瓶要注意检查瓶塞是否与瓶体吻合，只能用作配制的量具</td><td rowspan="3">按玻璃仪器洗涤方法，直至内壁能被水均匀润湿，而不挂水珠。
量筒、量杯在使用前要吹干或晾干。
移液管、吸量管还需用待移取的溶液润洗 2～3 次
容量瓶不能用待转入的液体润洗</td><td>左筒右瓶（左手拿量筒，右手拿试剂瓶）、筒直瓶斜（量筒平放，试剂瓶倾斜）、两口吻合（量筒口与试剂瓶口紧密吻合）、慢倾沿入（慢慢倾斜试剂瓶让液体沿量筒壁缓慢流入，是最关键操作）、先加后滴（眼睛始终关注刻度，接近刻度线时可改用胶头滴管滴加至刻度，当然操作熟练后最好能不借助滴管，以减少交叉污染）。
注意：量筒内的残液无需冲洗到接受容器中</td><td rowspan="3">“眼睛、刻度线、凹液面”三点一线。“俯大、仰小、平准”（俯视时读数偏大，仰视时偏小，平视时准确）</td><td rowspan="3">量筒最小刻度往往为其最大量程的 1/100（或 1/50）。至多读至 0.1mL，如 6.3mL。
移液管、吸量管和容量瓶读数保留到 0.01mL，如 25.00mL</td></tr>
<tr><td>移液管、吸量管（量出式，误差较小）</td><td>手法：左球右管、三指控制［左手拇指、中指、食指三指控制洗耳球，右手拇指和中指夹持液管（距管口约 2cm 处）、食指堵管口］。
吸液：排—插—吸—按。
调零：调—放—按（液面恰至 0 刻度时，食指紧紧堵住管口）。
放液：靠—放—停—转［左瓶右管（左手拿承接瓶，右手持移液管），管直瓶斜（移液管保持竖直，承接瓶倾斜，管尖靠住承接瓶内壁），待溶液自然放出后，将移液管停留 15s（确保挂壁的液膜流出），再将移液管旋转一圈（保证管尖最后一滴溶液充分沾附到承接瓶壁）］。
注意：①如管身标有“吹”字，待溶液自然流出后，管尖残留液体需用洗耳球吹出；如无“吹”字，则不用考虑管尖残液（出厂时已经考虑了这部分残留）。②同一实验最好用同一移液管或吸量管。③使用吸量管时，每次均需从 0 刻度开始放出所需体积的液体</td></tr>
<tr><td>容量瓶（量入式，误差较小）</td><td>先验漏（加水—倒立—观察—瓶塞旋转 180°—倒立—观察）；
再转入（按移液管、吸量管放液法转入容量瓶；烧杯内溶液则需通过玻璃棒引流转入容量瓶（注意洗涤烧杯 2～3 次，洗液一并转入）；
定容摇匀（通过玻璃棒引流加溶剂至接近刻度线 1cm，再改用胶头滴管滴加至刻度线；然后左手三指抓瓶底，右手三指按瓶塞，摇匀）；
装瓶贴签（将容量瓶内溶液转至试剂瓶，贴上标签备用）</td></tr>
<tr><td colspan="2">应知</td><td colspan="5">玻璃量器均不能作反应容器、不能加热、不能稀释酸碱、不能量取过冷或过热的液体、不能长时间储存试剂</td></tr>
</table>

四、实验步骤

1. 由浓硫酸配制稀硫酸

由市售浓硫酸（w_B=98%，ρ=1.84kg/L）配制 3mol/L 硫酸溶液 100mL，根据 $c_{浓}V_{浓}=c_{稀}V_{稀}$ 计算所需浓硫酸的体积。

（1）量取　用干燥的 25mL 量筒量取浓硫酸的体积 $V_{浓}$。

（2）转移配制　在 100mL 烧杯中加入约 40mL 水，然后将用量筒量取的浓硫酸缓缓倒入烧杯中，并不断搅拌，待溶液冷却后，将溶液转移至 100mL 容量瓶中，加水至 100mL 刻度线搅匀即可。

2. 由固体试剂配制溶液

（1）生理盐水的配制　计算出配制 100mL 生理盐水所需的 NaCl 的用量，并在电子天平上称量。将称得的固体 NaCl 置于干净的小烧杯内，加入适量蒸馏水（可分几次或一次加入），搅拌至溶解，转移至 100mL 容量瓶中定容摇匀即可。

（2）配制 100mL 0.0500mol/L 草酸溶液　计算所需草酸（$H_2C_2O_4 \cdot 2H_2O$）质量，用分析天平称量后倒入烧杯中。加入 50mL 的蒸馏水，搅拌至溶解。转入 100mL 容量瓶中，定容，摇匀，即得所配溶液。

3. 将标准浓度的溶液稀释

用 25mL 移液管准确移取已知浓度为 0.3000mol/L 的 CH_3COOH 溶液于 50mL 洁净的容量瓶中，加水稀释至刻度。

注意事项

1. 移液管插入液体里不能太深，防止管外壁沾液体太多；也不要太浅，防止吸空。

2. 液体从移液管里流完后，要等 10～15s 再拿出移液管。残留在管尖嘴内的一滴液体不能吹入容器里，因为在标定移液管容积时，已扣除了这一滴液体。如果移液管上面有“吹”字，就一定要吹出残留液体。

3. 玻璃仪器使用时应注意“应知应会”。

五、思考题

① 稀释浓 H_2SO_4 时，为什么要酸入水（将浓 H_2SO_4 慢慢倒入水中），并不断搅拌，而不能水入酸（将水倒入浓 H_2SO_4 中）？

② 配制溶液时，容量瓶是否需要干燥和润洗？

③ 用容量瓶配制标准溶液时，是否可用托盘天平称取基准试剂？

④ 为什么移取溶液时，移液管或吸量管要先润洗？

实验 3 缓冲溶液的配制、性质及溶液 pH 的测定

一、实验目的

① 理解缓冲溶液的定义及性质，掌握常见缓冲溶液的配制方法。

② 掌握移液管、吸量管、胶头滴管、pH 试纸的使用方法。

③ 了解缓冲容量的影响因素，并通过实验加以验证。

④ 掌握使用 pH 试纸、pH 计测定溶液的 pH。

⑤ 塑造独立思考、探索创新的专业精神。

二、实验用品

移液管（5mL、10mL），量筒（10mL），烧杯（50mL），试管，洗瓶，玻璃棒，精密 pH 试纸，广泛 pH 试纸，pHS－2C 酸度计。

0.1mol/L HAc 溶液，0.1mol/L NaAc 溶液，NaOH 溶液（0.1mol/L、2mol/L），0.1mol/L HCl 溶液，0.1mol/L NaH_2PO_4 溶液，0.1mol/L Na_2HPO_4 溶液，0.1mol/L $NH_3 \cdot H_2O$ 溶液，0.1mol/L NH_4Cl 溶液。

三、实验原理

1. 缓冲溶液的定义及性质

缓冲溶液是指由弱酸及其盐、弱碱及其盐、多元弱酸的酸式盐及其次级盐组成，能抵抗外加的少量强酸或强碱，或适当稀释而保持 pH 基本不变的溶液。缓冲溶液的 pH 可用 Henderson-Hasselbalch 方程计算：

$$pH = pK_a^{\ominus} + \lg \frac{[共轭碱]}{[共轭酸]}$$

缓冲溶液 pH 与共轭酸的 pK_a 及共轭酸碱浓度比值有关。若用相同浓度的共轭酸（体积为 V_a）、共轭碱（体积为 V_b）配制缓冲溶液，则缓冲溶液 pH 可写为：

$$pH = pK_a + \lg \frac{V_b}{V_a}$$

此时只要按计算值量取盐和酸（或碱）溶液的体积，混合后即可得到一定 pH 的缓冲溶液。

上述公式计算出的 pH 是近似的，准确计算时需要用活度而不是浓度。缓冲溶液的精确配制，可参考有关手册和参考书。

依据酸碱平衡原理，缓冲溶液中的共轭酸能抵抗外加少量碱作用，共轭碱则可以抵抗外加少量酸的作用，适当稀释时，弱酸（碱）的解离度增加，共轭酸碱浓度比值基本不变，缓冲溶液可维持 pH 基本不变。

2. 缓冲容量及其影响因素

缓冲容量（β）定义为使单位体积的缓冲溶液的 pH 改变 1，所需加入一元强酸或强碱的物质的量（mol），是衡量缓冲能力大小的尺度，其单位为 $mol \cdot L^{-1} \cdot pH^{-1}$。

$$\beta = db/dpH = -da/dpH$$

缓冲容量（β）的大小与缓冲溶液总浓度、缓冲组分（即[共轭碱]/[共轭酸]）的比值有关。

$$\beta=2.303\times\frac{[HB]\times[B^-]}{[HB]+[B^-]}=2.303\times\frac{[B^-]}{1+\text{缓冲比}}$$

缓冲溶液总浓度越大，抗酸组分/抗碱组分越多，抗酸碱能力越强，则 β 越大；实际配制缓冲溶液时，一般选择的浓度范围为 0.05～0.2mol/L。当缓冲比为 1 时，缓冲容量最大（β_{max}）。可利用酸碱指示剂（如甲基红指示剂）变色来简单判断缓冲溶液的缓冲范围（或容量），见表 3-4。

表 3-4　甲基红指示剂变色范围

pH	<4.2	4.2～6.3	>6.3
颜色	红色	橙色	黄色

3. pH 计工作原理

pH 计是测定溶液 pH 的重要工具，pH 计的主要测量部件是指示电极（常用玻璃电极）和参比电极（常用甘汞电极），玻璃电极对 pH 敏感，而参比电极的电位稳定。将两个电极放在同一溶液（待测溶液）中，就组成一个原电池，即

$$\text{玻璃电极}\mid\text{待测溶液}(pH_x)\parallel\text{甘汞电极}$$

如果温度恒定，这个电池的电位随待测溶液的 pH 变化而变化。电流计的功能就是将原电池的电位放大若干倍，pH 电流表的表盘刻有相应的 pH 数值，可将电位转化为对应的 pH 显示出来。

4. 缓冲溶液的配制方法

（1）选择合适的缓冲系

① pH 在 $pK_a\pm1$ 缓冲范围内并尽量接近弱酸 pK_a。

② 缓冲系的物质必须对主反应无干扰（对研究物质溶解性、生物活性适宜）。

③ 性质稳定，温度效应和浓度效应小，即温度或浓度变化但 pH 变化不大。

（2）配制的缓冲溶液的总浓度要适当　一般总浓度 0.05～0.2mol/L。

（3）计算所需缓冲系的量　根据 Henderson-Hasselbalch 方程计算所需共轭酸、共轭碱的量

$$pH=pK_a^\ominus+\lg\frac{[\text{共轭碱}]}{[\text{共轭酸}]}$$

（4）量取、溶解、定容和混匀　根据计算结果称取计量固体质量，或量取相应液体体积，搅拌、溶解、定容、摇匀。

（5）校正（精密配制时）　须在 pH 计监控下，对所配缓冲溶液的 pH 进行校正。

5. 缓冲溶液的应用

缓冲溶液在生活、工业生产、科学研究等领域都有广泛的应用。

① 生活中，人体内的血液、尿液、唾液等都是缓冲溶液，它们能够维持人体内的酸碱平衡，防止生理功能紊乱。例如，血液中的碳酸氢盐缓冲体系能够调节血液的 pH 范围为 7.35～7.45，使血液呈弱碱性。

② 工业上，电镀液、染料、肥料、洗涤剂等都需要用到缓冲溶液来调节它们的 pH，以保证产品的质量和效果。例如，电镀液中常用硼酸-硼砂缓冲溶液来控制电镀过程中的电流密度和沉积速率。

③ 科学研究中，许多生物化学、分析化学、药物化学等实验都需要用到缓冲溶液来保持反应条件或样品状态的稳定。例如，DNA 提取和 PCR（聚合酶链式反应）扩增等实验都需要用到三磷酸钠-氢氧化钠缓冲溶液来稳定 DNA 分子的结构和功能。

四、实验步骤

1. 缓冲溶液配制

用 10mL 小量筒（尽可能读准小数点后一位）配制甲、乙、丙三种缓冲溶液各 10mL 于已标号的三支试管中。另取两支试管，各加入 10mL 蒸馏水和自来水。分别用精密 pH 试纸和 pH 计测定所配制的缓冲溶液的 pH，填入表 3-5 中。试比较实验值与计算值是否相符（保留溶液，留待后续实验用）。

表 3-5　缓冲溶液理论配制与实验测定

缓冲溶液	缓冲对	各组分的体积/mL	理论 pH	pH（实验值）		实验现象及分析
				精密 pH 试纸	pH 计	
甲	0.1mol/L HAc 溶液		5.0	试纸种类：______ 测定 pH：______		
	0.1mol/L NaAc 溶液					
乙	0.1mol/L NaH_2PO_4 溶液		7.0	试纸种类：______ 测定 pH：______		
	0.1mol/L Na_2HPO_4 溶液					
丙	0.1mol/L $NH_3 \cdot H_2O$ 溶液		9.0	试纸种类：______ 测定 pH：______		
	0.1mol/L NH_4Cl 溶液					
丁	蒸馏水	10mL	7.0	试纸种类：______ 测定 pH：______		
戊	自来水	10mL				

2. 缓冲溶液的性质

（1）缓冲溶液对强酸和强碱的缓冲能力

① 在两支试管中各加入 3mL 蒸馏水，用 pH 试纸测定其 pH，然后分别加入 3 滴 0.1mol/L HCl 溶液和 0.1mol/L NaOH 溶液，再用 pH 试纸测其 pH，并填入表 3-6。

② 将实验步骤 1 中配制的甲、乙、丙三种溶液依次各取 2mL，每种取 2 份，共取 6 份，分别加入 3 滴 0.1mol/L HCl 溶液和 0.1mol/L NaOH 溶液，用 pH 试纸测其 pH 并填入表 3-7。

表 3-6　蒸馏水的抗酸碱性质

溶液	在试管①和试管②中，各加入 2mL 蒸馏水	
操作	试管①加酸：3 滴 0.1mol/L HCl 溶液	试管②加碱：3 滴 0.1mol/L NaOH 溶液
pH （试纸测）		
ΔpH		
现象分析		
pH （酸度计）		
ΔpH		
现象分析		

表 3-7　缓冲溶液的性质

缓冲溶液	甲（各取 2mL）		乙（各取 2mL）		丙（各取 2mL）	
操作	加酸：3 滴 0.1mol/L HCl 溶液	加碱：3 滴 0.1mol/L NaOH 溶液	加酸：3 滴 0.1mol/L HCl 溶液	加碱：3 滴 0.1mol/L NaOH 溶液	加酸：3 滴 0.1mol/L HCl 溶液	加碱：3 滴 0.1mol/L NaOH 溶液
pH （试纸测）						
ΔpH						
现象分析						
pH （酸度计）						
ΔpH						
现象分析						

分别加入酸和碱后，同一缓冲溶液的 pH 有无变化？与未加酸、碱的缓冲溶液的 pH 比较有无变化？为什么？

（2）缓冲溶液的抗稀释能力　按表 3-8，在三支试管中，依次加入实验步骤 1 中配制的甲、乙、丙三种溶液各 3mL。然后在各试管中加入 3mL 蒸馏水，混合后用精密 pH 试纸测量其 pH，并解释实验现象。

表 3-8　缓冲溶液的稀释

试管号	缓冲溶液	稀释后的 pH	稀释前后溶液 ΔpH	现象分析
1	甲			
2	乙			
3	丙			

3. 缓冲容量

（1）缓冲容量与缓冲剂浓度的关系　取两支试管，在一支试管中加入 0.1mol/L HAc 溶液和 0.1mol/L NaAc 溶液各 3mL，另一支试管中加入 1mol/L HAc 溶液和 1mol/L NaAc 溶液各 3mL，摇动混合均匀，测量两试管内溶液的 pH 是否相同。在两支试管中分别滴入 2 滴甲基红指示剂，溶液为何色？分别向两支试管中逐滴加入 2mol/L NaOH 溶液（注意边滴边摇试管，使之充分混匀），直到溶液的颜色变成黄色。记录各管所加的滴数，填入表 3-9，解释所得的结果。

表 3-9　缓冲浓度对缓冲容量的影响

试管号	缓冲溶液	pH	滴加 2mol/L NaOH 至溶液呈黄色/滴数 （提前向两支试管分别滴 2 滴甲基红指示剂）	现象分析
1	3mL 0.1mol/L HAc 溶液 3mL 0.1mol/L NaAc 溶液			
2	3mL 1mol/L HAc 溶液 3mL 1mol/L NaAc 溶液			

(2) 缓冲容量与缓冲组分比值的关系　取两支试管，在一支试管中加入 0.1mol/L Na_2HPO_4 溶液和 0.1mol/L NaH_2PO_4 溶液各 5mL，另一支试管中加入 9mL 0.1mol/L Na_2HPO_4 溶液和 0.1mol/L NaH_2PO_4 溶液，用精密 pH 试纸或 pH 计测定两溶液的 pH。向两支试管中分别滴加 0.9mL（约 18 滴）0.1mol/L NaOH 溶液，并测定其 pH（精密 pH 试纸）。比较滴加 NaOH 溶液前后两支试管的 pH 是否相同，说明 pH 改变情况如何。填入表 3-10，解释原因。

表 3-10　缓冲比对缓冲容量的影响

试管号	缓冲溶液	pH	滴加 20 滴 0.1mol/L NaOH 溶液后的溶液 pH	现象分析
1	5mL 0.1mol/L Na_2HPO_4 溶液 5mL 0.1mol/L NaH_2PO_4 溶液			
2	9mL 0.1mol/L Na_2HPO_4 溶液 1mL 0.1mol/L NaH_2PO_4 溶液			

注意事项

1. pH 试纸在使用时，试纸不可直接伸入溶液。

2. 测定溶液的 pH 时，试纸不可事先用蒸馏水润湿，因为润湿试纸相当于稀释被检验的溶液，这会导致测量不准确。正确的方法是用蘸有待测溶液的玻璃棒点滴在试纸的中部，待试纸变色后，再与标准比色卡比较来确定溶液的 pH。

3. 取出试纸后，应将盛放试纸的容器盖严，以免被实验室的一些气体沾污。

4. 掌握 pH 计的正确使用方法，注意电极的保护。

五、思考题

① 为什么缓冲溶液具有缓冲能力？

② 缓冲溶液的 pH 由哪些因素决定？

③ 如何衡量缓冲溶液的缓冲能力大小？影响缓冲能力大小的因素有哪些？

实验 4 胶体溶液的制备及性质

胶体与人类有着密切的联系，在自然界尤其是生物界普遍存在。日常生活常见的面团、乳汁、油漆、土壤等都属于胶体。工农业生产中的许多材料和现象都与胶体密不可分。

化学家小故事

1925 年，诺贝尔化学奖授予德国匈牙利裔胶体化学家理查德·席格蒙迪(Richard Zsigmondy，1865 年 4 月 1 日—1929 年 9 月 24 日)，以表彰他在“证明了胶体溶液的异相性质，以及确立了现代胶体化学的基础”所做出的突破性贡献。

1903 年，Richard Zsigmondy 与西登托夫一起研制出了第一台狭缝超显微镜，1907 年创办《胶体化学和工业杂志》，1918 年发明薄膜过滤器，1922 年发明超精细冷过滤技术，在胶体化学领域作出了杰出贡献。

上网查阅我国胶体化学家北京大学原副校长傅鹰院士的故事，感悟化学家的科学精神和家国情怀。

一、实验目的

① 理解胶体制备原理，掌握胶体溶液的制备方法。

② 了解胶体的光学性质、聚沉和吸附等性质，学会胶体和溶液的鉴别方法，掌握其重要性质及应用。

③ 通过胶体制备及性质实验，培养严谨的科学精神，以及动手操作、观察、分析、自学的能力。

二、实验用品

酸式滴定管（50mL)，试管 15 支，烧杯（25mL×2、100mL×1)，量筒（100mL×1、50mL×1、10mL×1)，丁达尔效应观察筒，试管架，锥形瓶（250mL×6)，移液管（25mL×1、2mL×2、1mL×4)，玻璃棒，吸量管（10mL×1、2mL×2、1mL×1)，酒精灯，三脚架。

1mol/L HCl 溶液，酚酞溶液，0.01mol/L Na_2SiO_3 溶液，0.01mol/L $CuSO_4$ 溶液，$FeCl_3$ 饱和溶液，泥水，NaCl 饱和溶液，无水乙醇，0.1mol/L $KMnO_4$ 溶液，2.5mol/L KCl 溶液，5% 氨水，0.01mol/L K_2CrO_4 溶液，10% $FeCl_3$ 溶液，1% H_2O_2 溶液，0.001mol/L $K_3[Fe(CN)_6]$溶液，1mol/L $Na_2S_2O_3$ 溶液。

三、实验原理

一种或几种物质（称为分散相）高度分散到另一种物质（称为分散介质）中所形成的体系称为分散体系。按分散程度（分散相物质颗粒大小）的不同把分散体系分成三类，见表 3-11。

表 3-11 常见的分散系

分散系	溶液	胶体	浊液
分散质粒子大小	$<10^{-9}$m（1nm）	1～100nm	>100nm
分散质颗粒组成	离子或小分子	大分子或离子聚合体	巨大分子或离子聚合体
主要特征	均一、稳定、透明，能透过滤纸和半透膜	均一、介稳性、透明或半透明，能透过滤纸但不能透过半透膜	不均一、不稳定、不透明，不能透过滤纸和半透膜，显微镜下可见
分类	饱和溶液、不饱和溶液	固溶胶（有色玻璃、烟水晶）、液溶胶［豆浆、稀牛奶、墨水、$Fe(OH)_3$胶体］、气溶胶（烟、云、雾）	悬浊液［如青霉素钾（钠）、硫酸钡的悬浊液（俗称钡餐）］、乳浊液（石油、原油和人造黄油）
举例	食盐水、酒精水溶液	牛奶、豆浆	泥水、河水

1. 胶体的性质

（1）丁达尔效应（Tyndall effect） 在光的传播过程中，光线照射到微粒时，如果微粒大于入射光波长很多倍，则发生光的反射；如果微粒小于入射光波长，则发生光的散射，这时观察到的是光波环绕微粒而向其四周放射的光，称为散射光或乳光。

1869 年，英国物理学家约翰·丁达尔（John Tyndall）在研究光在不同粒子大小（粒子直径用 Φ 表示）的介质中传播时发现：当 $\Phi<\lambda$（可见光波长，400～700nm）时发生光散射，可见光波环绕粒子而向其四周放射，这种散射现象称为丁达尔效应；当 $\Phi>\lambda$ 时则发生光的反射；Φ 比 λ 小得越多，光的散射越不明显。由于溶液粒子直径太小（$\Phi<$1nm），因而溶液中几乎观察不到丁达尔效应；胶体粒径（1～100nm）大小适中，可出现显著的丁达尔效应；浊液中粒子粒径偏大，主要发生光的发射，难以观察到丁达尔效应。因此，可利用丁达尔效应来区分胶体和溶液、胶体和浊液。散射光的强度还随分散体系中粒子浓度的增大而增强。光通过云、雾、烟尘也会产生这种现象。

利用丁达尔效应是区分胶体和其他分散系的一种常用物理方法。

（2）胶体的聚沉（aggregation of colloidal particles） 指分散质粒子相互聚集成大颗粒而下沉的现象。

胶体凝聚的方法有：加热，加入电解质溶液或带相反电荷的另一种胶体［如 $Fe(OH)_3$ 胶体（胶粒带正电）加入硅酸胶体（胶粒带负电）］。电解质离子（与胶粒电荷相反）所带电荷越多，半径越小，则聚沉能力越强。

（3）布朗运动（Brownian motion） 悬浮在介质（液体或气体）中的粒子作永不停息的无规则运动，这种现象称为布朗运动。微粒愈小、温度愈高，布朗运动愈激烈。其原因是，微粒各方面受到溶剂分子（气体或液体分子）的不平衡撞击，从而引起持久的无规则的运动。布朗运动是由英国植物学家布朗（Robert Brown，1773—1858），于 1827 年通过超显微镜观察悬浮在水里的花粉运动时首先发现的。

（4）电泳（electrophoresis，EP） 指的是带电颗粒（如胶粒）在外加电场作用下，向着与其电性相反的电极定向移动的现象。电泳现象于 1808 年由物理学家罗伊斯首次发现。

2. 胶体系统的制备

胶体粒子粒径（1～100nm）大于溶液中粒子粒径（<1nm），而小于粗分散系粒子粒径（>100nm）。制备胶体时必须使分散相粒子粒径大小位于胶体粒子大小范围（1～100nm），并加入适当的稳定剂。因此，胶体可通过分散法（将粗分散系统分散）和凝聚法（使分子或离子聚结成胶粒）两种方法来制备。

分散法包括机械分散法（适用于脆而易碎的物质）、电分散法（主要用于制备贵金属溶胶）、超声波分散法、胶溶法（解胶法）；凝聚法包括化学凝聚法、物理凝聚法、利用有序分子组合体法。

（1）物理方法

① 溶解法：蛋白质和淀粉溶解于水后粒子粒径为 1～100nm，可直接得到胶体。

② 机械法：将固体颗粒直接磨成胶粒的大小，溶于溶剂得到胶体。如将碳粉在胶体磨中充分研细，然后制成碳素墨水。

（2）化学方法　水解法。

① 如氢氧化铝胶体的制备（明矾净水原理）：

$$2KAl(SO_4)_2 + 6H_2O \rightleftharpoons 2Al(OH)_3(\text{胶体}) + K_2SO_4 + 3H_2SO_4$$

② 复分解反应法。如硅酸胶体的制备：

$$Na_2SiO_3 + 2HCl \longrightarrow H_2SiO_3(\text{胶体}) + 2NaCl$$

四、实验步骤

1. 胶体的制备

（1）$Fe(OH)_3$ 溶胶　在洁净的小烧杯里加入约 25mL 蒸馏水，加热至沸腾，然后向沸水中逐滴加入 1～2mL $FeCl_3$ 饱和溶液（呈棕色），继续煮沸至液体呈红褐色，停止加热，得到 $Fe(OH)_3$ 胶体（注意滴加过程要不断振荡，但不宜用玻璃棒搅拌；也不宜使液体沸腾时间过长，以免生成沉淀）。

$$FeCl_3(\text{稀溶液}) + 3H_2O \xrightarrow{\text{煮沸}} Fe(OH)_3(\text{溶胶}) + 3HCl$$

（2）硅酸溶胶　在试管里加入 2～3mL 1mol/L 的盐酸，滴入 2 滴酚酞溶液。在振荡条件下，逐滴加入稀硅酸钠溶液，得到近乎透明的无色液体，就是硅酸溶胶。继续滴加硅酸钠溶液，当滴加到酚酞快出现红色时，静置几分钟试管内可出现透明的硅酸凝胶。

$$Na_2SiO_3(\text{稀溶液}) + 2H_2O \longrightarrow H_2SiO_3(\text{溶胶}) + 2NaOH$$

（3）氯化钠溶胶　在试管里加入 10mL 左右无水乙醇，用滴管向乙醇中滴入 3～5 滴饱和食盐水，振荡。因氯化钠在乙醇中溶解度较低，氯化钠以胶体粒子大小析出，形成氯化钠溶胶而呈乳白色。

（4）MnO_2 溶胶　向烧杯中加入 50mL 0.1mol/L $KMnO_4$ 溶液，缓慢滴入 1% H_2O_2 溶液，边滴边搅拌，直至用玻璃棒蘸取反应液点于滤纸时，滤纸外圈为粉红色，中间呈黄褐色，即制得 MnO_2 负溶胶（暗褐色）。

（5）硫溶胶　将 100mL 蒸馏水加入烧杯中，缓慢加入 1mL 1mol/L $Na_2S_2O_3$ 溶液和 1mL 1mol/L 盐酸，搅拌 10min，即生成浅黄色的硫溶胶，在光线照射下观察溶胶周围的散射光。

2. 胶体的性质

实验步骤按表 3-12 进行。

表 3-12　胶体的性质实验步骤、现象及结论

实验步骤	实验现象	结论、解释或化学方程式
1. 稳定性 $Fe(OH)_3$ 胶体、$CuSO_4$ 溶液和泥水的外观比较：另取两个小烧杯分别加入约 25mL $CuSO_4$ 溶液、25mL 泥水，比较外观	$Fe(OH)_3$ 胶体、$CuSO_4$ 溶液都是____的液体，泥水是____的液体。 静置，____的分散质会下沉	$Fe(OH)_3$ 胶体和 $CuSO_4$ 溶液在外观上____。 三种分散系中最不稳定的是____，分散质粒子最大的是____
2. 丁达尔效应 把盛有 $CuSO_4$ 溶液和 $Fe(OH)_3$ 胶体的烧杯置于暗处，分别用激光笔照射烧杯中的液体，在与光束垂直的方向进行观察	光束照射时，$Fe(OH)_3$ 胶体中____、$CuSO_4$ 溶液中____	预测：$Fe(OH)_3$ 胶体出现此现象的原因可能是____等。 可知造成胶体的丁达尔效应的原因是____，这一现象说明胶体和溶液中分散质粒子的大小顺序是____
3. 过滤作用 $Fe(OH)_3$ 胶体、泥水的过滤：按过滤的装置和操作方法，将 $Fe(OH)_3$ 胶体和泥水分别进行过滤，观察现象。 过滤后的滤纸上：$Fe(OH)_3$ 胶体____、泥水____		$Fe(OH)_3$ 胶体的分散质粒子____（填“能”或“不能”）透过滤纸孔隙，这说明胶体和浊液中分散质粒子的大小顺序是____
4. 胶体的吸附性 提前准备两杯泥水浊液，分别加入 10mL $Fe(OH)_3$ 胶体和 10mL $FeCl_3$ 饱和溶液，充分搅拌，静置 20min，观察并比较实验现象		这就是胶体的另外一个性质——具有吸附性、可发生沉降。可用来作净水剂

5. $Fe(OH)_3$ 溶胶的聚沉

向三个洁净的锥形瓶中分别加入 25mL $Fe(OH)_3$ 溶胶，在滴定管中装入标准溶液（2.5mol/L KCl 溶液、0.01mol/L K_2CrO_4 溶液、0.001mol/L $K_3[Fe(CN)_6]$ 溶液），滴定至锥形瓶中溶液出现浑浊，记录所用标准溶液体积，平行测定两次（浑浊程度相似）。滴定结果记录于表 3-12-1

表 3-12-1　不同电解质对 $Fe(OH)_3$ 溶胶的聚沉作用

次数	2.5 mol/L KCl 溶液	0.01 mol/L K_2CrO_4 溶液	0.001 mol/L $K_3[Fe(CN)_6]$溶液
1			
2			
平均值			

6. $Fe(OH)_3$ 溶胶和 MnO_2 溶胶的相互聚沉（见表 3-12-2）

表 3-12-2　$Fe(OH)_3$ 溶胶和 MnO_2 溶胶相互聚沉操作及现象

第一排试管	①	②	③	④	⑤
所加溶胶	2mL $Fe(OH)_3$ 溶胶	1mL ①	1mL ②	1mL ③	1mL ④
现象					
操作步骤	①号试管不加水，其余②、③、④、⑤号试管均加入 1mL 蒸馏水，依次取前一支试管中的溶液 1mL 加入后一支试管中（浓度依次减半）				
	加完向第一排 5 支试管中分别加入 1mL MnO_2 溶胶，充分振荡 1h，观察实验现象				
第二排试管	a	b	c	d	e
所加溶胶	2mL MnO_2 溶胶	1mL a	1mL b	1mL c	1mL d
现象					
操作步骤	a 号试管不加水，其余 b、c、d、e 号试管均加入 1mL 蒸馏水，依次取前一支试管中的溶液 1mL 加入后一支试管中（浓度依次减半）				
	加完向第二排 5 支试管中分别加入 1mL $Fe(OH)_3$ 溶胶，充分振荡 1h，观察实验现象				

续表

实验步骤	实验现象	结论、解释或化学方程式
7. 胶体的聚沉： 如表3-12-3所示，在三支试管中均加入3mL $Fe(OH)_3$ 胶体，再依次加入 $MgSO_4$ 溶液、硅酸胶体或加热，观察并记录实验现象。		

表 3-12-3　溶胶相互聚沉操作及现象

试管	①	②	③
1	3mL $Fe(OH)_3$ 胶体	3mL $Fe(OH)_3$ 胶体	3mL $Fe(OH)_3$ 胶体
2	滴加 $MgSO_4$ 溶液	3mL 硅酸胶体	用酒精灯加热
现象			

注意事项

1. $Fe(OH)_3$ 胶体制备注意事项

① 选用 $FeCl_3$ 饱和溶液（不能有浑浊），稀溶液不利于生成 $Fe(OH)_3$ 胶体。

② 先将蒸馏水煮沸，再滴加 $FeCl_3$ 饱和溶液。如直接加热 $FeCl_3$ 饱和溶液，则生成 $Fe(OH)_3$ 沉淀。

③ 当溶液呈现红褐色，立即停止加热。如过度加热，易导致 $Fe(OH)_3$ 胶体发生聚沉。

④ 当溶液呈现红褐色，立即停止滴加 $FeCl_3$ 溶液。否则过量的 $FeCl_3$（电解质）会导致胶体聚沉。

⑤ 因自来水往往含有 Ca^{2+}、CO_3^{2-}、Cl^- 等杂质离子，可能导致 $Fe(OH)_3$ 胶体聚沉，因此本实验所有操作均需使用蒸馏水。

⑥ 一定要注明 $Fe(OH)_3$ 胶体，不能用“↓”符号，以区别 $Fe(OH)_3$ 沉淀。

2. 制得的溶胶常含有很多电解质或其他杂质，除了与胶粒表面吸附的离子维持平衡的适量电解质具有稳定胶体的作用外，过量的电解质反而会影响溶胶的稳定性。因此，制备好的溶胶常常需要作净化处理，最常用的净化方法就是渗析。

五、思考题

① 举例说明生产、生活中的常见胶体及其应用。

② 胶体聚沉的方法主要有哪些？

③ $Fe(OH)_3$ 胶体制备实验中，为什么产生的盐酸与氢氧化铁不反应呢？

④ 制备硅酸凝胶时为什么要在盐酸溶液里加2滴酚酞溶液？

第四章
常数测定实验

实验5 摩尔气体常数的测定

一、实验目的

① 练习分析天平的称量操作。

② 掌握气体分压定律和理想气体状态方程的应用。

③ 掌握气体体积和摩尔气体常数的测定方法。

二、实验用品

分析天平，量气管（或50mL碱式滴定管），试管，量筒，橡胶管，玻璃管，铁架台，砂纸。

镁条，H_2SO_4 溶液（3mol/L），无水乙醇。

三、实验原理

“气体冲融，四时长在阳春里”是宋代诗人张抡的词句，表现了气体的活泼与灵动，然而变化之中蕴含着不变，这是唯物辩证的道理。气体之中亦有常数，即摩尔气体常数，简称为气体常数。

对于理想气体，可用理想气体状态方程表示各个物理量之间的关系：

$$pV=nRT$$

式中：p 为压强，Pa；V 为气体体积，m^3；T 为温度，K；n 为气体的物质的量，mol；R 为摩尔气体常数，J/(mol·K)。

本实验通过金属镁和稀硫酸反应置换出氢气的体积来测定摩尔气体常数 R 的数值。化学反应为

$$Mg+H_2SO_4 \longrightarrow MgSO_4+H_2$$

若准确称取一定质量的镁条，使之与过量的稀硫酸作用，可在一定温度和压力下测出氢气的体积。氢气的分压 $p(H_2)$ 为实验时大气压减去该温度下水的饱和蒸气压 $p(H_2O)$：

$$p(H_2)=p-p(H_2O)$$

由相关数据即可求得摩尔气体常数 R 的数值：

$$R=p(H_2)\times V/[n(H_2)\times T]$$

四、实验步骤

① 用分析天平称取三块质量为0.05g的镁条，用砂纸擦去表面的氧化膜，用水冲洗后再用无水乙醇冲洗，干燥。再次使用分析天平准确称量三块表面氧化膜被擦除的镁条的质

量，每块重为0.03～0.04g。

② 按图4-1准备好反应装置，先不要连接反应试管，向玻璃管中加水，使量气管和橡胶管充满水，量气管的水位略低于“0”刻度。然后连接反应管，检查装置气密性：将玻璃管向上或向下移动一定距离，然后停止，如果玻璃管中的水面一直在变化，则表明系统与外界相通，装置漏气；检查接口是否紧密，直到系统不漏气为止。

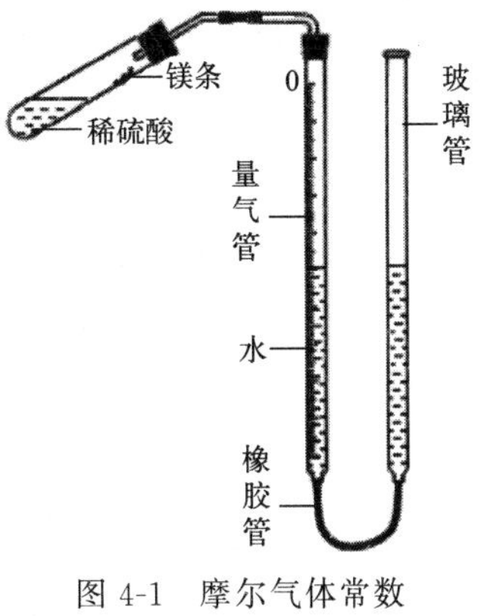

图4-1 摩尔气体常数测定反应装置

③ 将试管从装置中取下，并调整玻璃管，使量气管中的水面略低于刻度“0”。用量筒取出3mol/L H_2SO_4 溶液约4mL，并将其倒入试管中。镁条蘸取少量水，然后将其粘在试管内壁的上部，不要沾上酸。把塞子塞紧，确保系统不漏气。

④ 移动玻璃管，使玻璃管和量气管的液面在同一液位，并记录位置。稍微抬高试管底部，使镁条浸入稀硫酸中。随着氢气的产生，量气管的水面下降，移动玻璃管，使玻璃管和量气管的液面保持在相同液位。

⑤ 反应结束后，将玻璃管和量气管的液面保持在相同液位。2min后，记录量气管液位的高度，2min后再次读取。如果两个读数相同，记录室温和大气压的数据。

⑥ 取下反应试管，换上另一根镁条。按以上步骤重复实验并记录数据。

五、数据记录与结果处理

实验数据与结果处理数据填入表4-1、表4-2中。

表4-1 数据记录

项目	1	2	3
镁条质量/g			
反应前水面读数/mL			
反应后水面读数/mL			
温度/K			
大气压/Pa			

注：水面读数精确至0.01mL。

表4-2 数据结果处理

项目	1	2	3
$V(H_2)$/L			
室温时水的饱和蒸气压/Pa			
$p(H_2)$/Pa			
$n(H_2)$/mol			
R			
相对误差			

六、思考题

① 反应中，如果由量气管压入玻璃管的水过多而溢出，对实验结果会有何影响？
② 若没有擦净镁条的氧化膜，对实验结果会造成何种影响？
③ 若没有赶尽气管中的气泡，对实验结果会有影响吗？

实验 6　中和反应热以及氯化铵生成焓的测定

一、实验目的

① 了解量热法测定反应热的原理和方法。

② 加深对热化学基本知识以及盖斯定律的理解。

二、实验用品

杯式量热计，天平，温度计，磁搅拌子，电磁搅拌器，移液管，秒表。

1.0mol/L NaOH 溶液，1.0mol/L HCl 溶液，1.5mol/L $NH_3 \cdot H_2O$ 溶液，1.5mol/L HCl 溶液，氯化铵固体。

三、实验原理

“爝火燃回春浩浩，洪炉照破夜沉沉”，这是明代诗人于谦《咏煤炭》的诗句，体现的化学反应是：煤炭在燃烧的过程中产生热量，而氧助燃。诗人借描写煤炭的开掘过程及其蕴藏的热能，来表达自己为国为民甘愿赴汤蹈火的自我牺牲精神。人类的文明离不开火和热，化学的进步离不开热与焓，反应热和生成焓的测定尤为重要。

在标准状态下，由各元素的指定单质生成 1mol 某物质的热效应，称为该物质的标准摩尔生成热，亦称生成焓。对不是直接由单质生成的物质，其生成热可根据盖斯定律通过测定相关反应的反应热间接求得。

本实验通过测定盐酸和氨水的中和热及氯化铵固体的溶解热，再利用已知的盐酸和氨水的标准摩尔生成热而求得氯化铵的生成焓 $\Delta_f H_m^{\ominus}$。（参考盖斯定律自行推导。）

中和热和溶解热可采用简易量热计来测量。当反应在量热计中进行时，反应的热效应使量热计体系温度发生变化。因此，只要测定温度的改变值 ΔT 和量热计体系的热容 C，就可根据下式计算出中和热和溶解热：

$$\Delta_r H_m^{\ominus} = -\frac{C\Delta T}{n}$$

式中，n 为被测物质的物质的量；C 为量热计体系的热容（即量热计系统的温度升高 1K 所需的热量）。

本实验采用化学标定法求量热计体系的热容 C，即利用 HCl 溶液和 NaOH 溶液在量热计内反应，测定体系的 ΔT，由已知的中和热数据（−57.3kJ/mol），求出量热计体系的热容：

$$C = -\frac{n\Delta_r H_m^{\ominus}}{\Delta T}$$

实验中采用外推法由 T-t 曲线（图 4-2）求得 ΔT。曲线上的 AD 值即为 ΔT 数值。

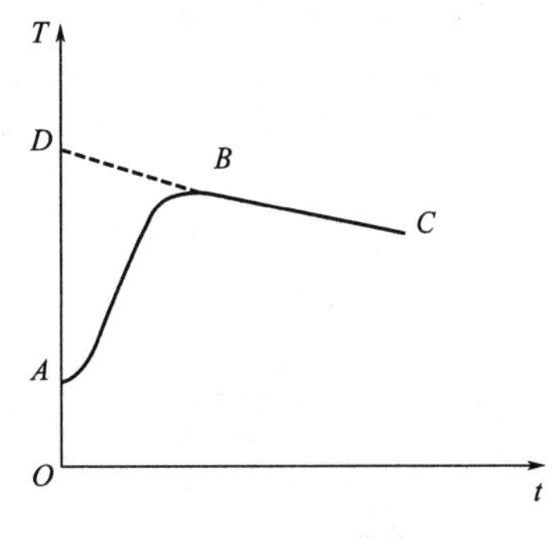

图 4-2　T-t 曲线

四、实验步骤

1. 测定量热计的热容

实验中使用自制的配有电磁搅拌器的杯式量热计（如

图 4-3 所示），每次使用前都要保证量热计和磁搅拌子干燥、干净。

准确移取 50mL 1.0mol/L 的 NaOH 溶液倒入保温杯中，盖好杯盖，开动搅拌器缓慢地搅拌。若连续 3min 内温度都基本稳定，则记录该温度作为反应的起始温度（准确至 0.1K）。

准确移取 50mL 1.0mol/L 的 HCl 溶液，使其温度与 NaOH 溶液温度一致，迅速倒入量热计的保温杯中并立即记录时间，盖好杯盖并搅拌，每隔 30s 记录一次温度，当温度达到最高点后再记录 4min。

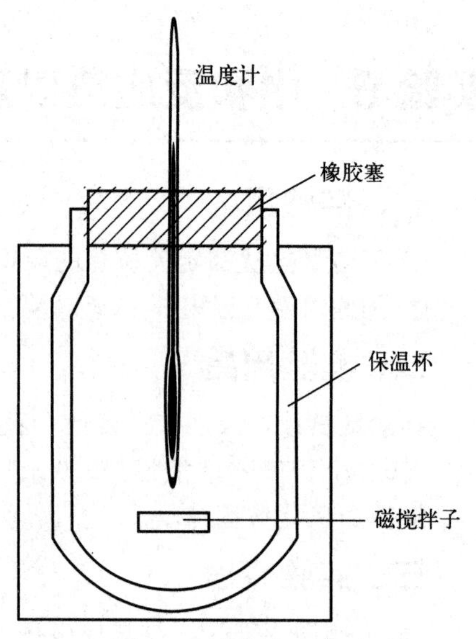

图 4-3 量热计示意图

2. 测定氨水和盐酸的中和热

按实验步骤 1 的操作，用 1.5mol/L 的 $NH_3 \cdot H_2O$ 和 1.5mol/L 的 HCl 溶液反应并重复实验。

3. 测定氯化铵的溶解热

移取 100mL 蒸馏水倒入量热计的保温杯中，盖好杯盖，缓慢搅拌。待温度稳定时记录温度。用天平称取与步骤 2 的溶液中相同量的氯化铵，将氯化铵固体迅速倒入量热计的保温杯中，立即计时，盖好杯盖并搅拌，记录时间和温度，到温度下降到最低值再记录 4min。

五、数据记录与结果处理

（1）计算量热计的热容　作 HCl 与 NaOH 反应的 T-t 曲线，按外推法求 ΔT_a，并计算量热计的热容 C。

（2）计算氨水和盐酸反应的中和热　作 $NH_3 \cdot H_2O$ 与 HCl 反应的 T-t 曲线，按外推法求 ΔT_b，计算中和热 $\Delta_r H_m^{\ominus}$。

（3）计算氧化铵的溶解热　作 NH_4Cl 溶解的 T-t 曲线，按外推法求 ΔT_c，计算氯化铵的溶解热 $\Delta_s H_m^{\ominus}$。

（4）计算氯化铵的生成焓　由盐酸和氨水的生成热和测得的盐酸和氨水的中和热、氯化铵固体的溶解热，求氯化铵的生成焓 $\Delta_f H_m^{\ominus}$。将测定的结果与查表得到的数据进行对比，分析误差。

六、思考题

实验中哪些因素会影响到测定结果的准确性？

实验 7　化学反应速率和活化能的测定

一、实验目的

① 掌握反应速率常数及活化能的测定原理和方法。

② 了解浓度、温度及催化剂对化学反应速率的影响。

③ 学习用作图法计算反应级数和反应的活化能。

二、实验用品

量筒（25mL、10mL），烧杯（100mL），秒表，温度计，恒温水浴锅。

0.3mol/L KI 溶液，0.01mol/L $Na_2S_2O_3$ 溶液，0.3mol/L KNO_3 溶液，0.2%淀粉溶液，0.3mol/L$(NH_4)_2S_2O_8$ 溶液，0.3mol/L$(NH_4)_2SO_4$ 溶液。

三、实验原理

碘化钾水溶液与过二硫酸铵水溶液发生如下反应：

$$S_2O_8^{2-}+3I^- \longrightarrow 2SO_4^{2-}+I_3^- \tag{4-1}$$

此反应的速率方程可表示如下：

$$r=kc^m(S_2O_8^{2-})c^n(I^-)$$

式中，$c(S_2O_8^{2-})$、$c(I^-)$为起始浓度；r 为起始瞬时速率；k 为化学反应速率常数；m、n 为反应级数。以 $S_2O_8^{2-}$ 浓度变化量为参考，则反应的平均速率为

$$\bar{r}=-\frac{\Delta c(S_2O_8^{2-})}{\Delta t}$$

当 Δt 较小时，可近似地用平均速率代替瞬时速率，则

$$kc^m(S_2O_8^{2-})c^n(I^-)\approx-\frac{\Delta c(S_2O_8^{2-})}{\Delta t}$$

为测定 Δt 内 $S_2O_8^{2-}$ 浓度的变化量，在将碘化钾与过二硫酸铵溶液混合时，加入一定量的硫代硫酸钠溶液和淀粉指示剂，在反应（4-1）进行的同时，还相应地发生如下反应：

$$2S_2O_3^{2-}+I_3^- \longrightarrow S_4O_6^{2-}+3I^- \tag{4-2}$$

反应(4-2) 比反应(4-1) 迅速得多，故而反应(4-1) 生成的 I_3^- 立即与 $S_2O_3^{2-}$ 反应生成无色的 $S_4O_6^{2-}$ 和 I^-。一旦 $S_2O_3^{2-}$ 反应完，反应(4-1) 生成的 I_3^- 立即与淀粉作用，溶液显蓝色。因此溶液显蓝色时表明反应体系中的 $S_2O_3^{2-}$ 已完全反应。可知：

$$-\Delta c(S_2O_8^{2-})=-\frac{\Delta c(S_2O_3^{2-})}{2}=\frac{c(S_2O_3^{2-})}{2}$$

即由 $Na_2S_2O_3$ 的起始浓度，便可求出 $\Delta c(S_2O_8^{2-})$，只要记录从反应开始到溶液出现蓝色的时间 Δt，便可计算出反应的速率 r：

$$r\approx\bar{r}=-\frac{\Delta c(S_2O_8^{2-})}{\Delta t}=\frac{c(S_2O_3^{2-})}{2\Delta t}$$

由反应速率方程 $r=kc^m(S_2O_8^{2-})c^n(I^-)$两边取对数得：

$$\lg r=\lg k+m\lg c(S_2O_8^{2-})+n\lg c(I^-)$$

当$c(I^-)$不变时，以$\lg r$对$\lg[c(S_2O_8^{2-})]$作图，可得一直线，斜率为m。同理，当$c(S_2O_8^{2-})$不变时，以$\lg r$对$\lg[c(I^-)]$作图，可得一直线，斜率为n。反应总级数由此可知。

将m、n代入速率方程$r=kc^m(S_2O_8^{2-})c^n(I^-)$，即可求出速率常数$k$。

温度对速率常数的影响可用阿仑尼乌斯公式表示：

$$\ln k=-\frac{E_a}{RT}+\ln A$$

式中，E_a为活化能；R为摩尔气体常数；T为热力学温度。测出不同温度时的k值后，以$\ln k$对$1/T$作图，其斜率为$-\frac{E_a}{R}$，由此可计算反应的活化能。

四、实验步骤

1. 浓度对化学反应速率的影响

在室温下，按表4-3所列试剂的量将KI溶液、$Na_2S_2O_3$溶液、淀粉溶液、KNO_3溶液、$(NH_4)_2SO_4$溶液依次加入已编号的小烧杯中，搅拌均匀后，将一定量的$(NH_4)_2S_2O_8$溶液迅速加到已搅拌均匀的溶液中，同时启动秒表计时，并不断搅拌，当溶液刚出现蓝色时立即停表，记录时间和对应的温度。

2. 温度对化学反应速率的影响

分别在比室温高10K、20K、30K的温度下，重复上述实验。将KI、$Na_2S_2O_3$、KNO_3、淀粉溶液加入小烧杯中混合均匀，将$(NH_4)_2S_2O_8$溶液盛于另一小烧杯中，将两个盛有溶液的小烧杯放在水浴中同时升温，待升到所需温度时，将$(NH_4)_2S_2O_8$溶液迅速倒入另一小烧杯中迅速混合，同时启动秒表记录时间，并不断搅拌，当溶液刚出现蓝色时，立即停表计时。记录实验结果。

五、数据记录与结果处理

实验数据与结果处理数据填入表4-3、表4-4中。

表4-3 浓度对于化学反应速率的影响

项目	1	2	3	4	5
0.3mol/L KI溶液	30mL	30mL	30mL	15mL	10mL
0.01mol/L $Na_2S_2O_3$溶液	10mL	10mL	10mL	10mL	10mL
0.2%淀粉溶液	5mL	5mL	5mL	5mL	5mL
0.3mol/L KNO_3溶液	0	0	0	15mL	20mL
0.3mol/L $(NH_4)_2SO_4$溶液	0	15mL	20mL	0	0
0.3mol/L $(NH_4)_2S_2O_8$溶液	30mL	15mL	10mL	30mL	30mL
反应时间t/s					
化学反应速率常数k					

表4-4 温度对于化学反应速率的影响

项目	1	2	3	4
反应温度T/K				

续表

项目	1	2	3	4
反应时间 t/s				
化学反应速率常数 k				

六、思考题

① 为何向 KI、$Na_2S_2O_3$、KNO_3、淀粉等溶液中加入 $(NH_4)_2S_2O_8$ 溶液时要迅速?

② 如果实验中先加入 $(NH_4)_2S_2O_8$ 溶液后加入碘化钾溶液，对实验会有何影响?

③ 实验中的 $Na_2S_2O_3$ 用量如果过少或者过多，会对实验造成什么影响?

④ 计算本实验中碘化钾与 $(NH_4)_2S_2O_8$ 反应的活化能。

实验 8 醋酸解离常数的测定——pH 计的使用

一、实验目的

① 掌握醋酸解离常数的测定方法。

② 学习 pH 计的使用方法。

③ 进一步加深对弱电解质解离平衡常数的理解。

二、实验用品

pH 计，滴定管，锥形瓶，容量瓶，烧杯，移液管，吸量管。

0.1000mol/L NaOH 标准溶液，0.2mol/L HAc 溶液，酚酞指示剂。

三、实验原理

醋酸（HAc）是一种弱电解质，在溶液中存在着解离平衡，其实验解离平衡常数 K_a 可用醋酸起始浓度 c 和平衡时的 $[H^+]$ 来计算：

$$HAc \longrightarrow H^+ + Ac^-$$

$$K_a = \frac{[H^+][Ac^-]}{[HAc]} = \frac{[H^+]^2}{c-[H^+]}$$

$[H^+]$、$[Ac^-]$ 和 $[HAc]$ 分别为 H^+、Ac^- 和 HAc 的平衡浓度，K_a 为解离平衡常数。醋酸溶液的总浓度 c 可以用标准 NaOH 溶液滴定测得。

测定已知浓度的醋酸溶液的 pH，进而求出 $[H^+]$ 浓度，便可计算出其解离平衡常数 K_a。在一定温度下，可测定一系列不同浓度的 HAc 溶液的 pH，求得一系列的 K_a 值，取其平均值，即为该温度下 HAc 的实验解离平衡常数，从而获得较为准确的实验结果。

四、实验步骤

1. 标定醋酸溶液的初始浓度

用移液管吸取 25.00mL HAc 溶液于 250mL 锥形瓶中，加 2 滴酚酞指示剂，用 NaOH 标准溶液滴定至溶液呈微红色，摇匀后静置，半分钟内不褪色即可，记录所用 NaOH 溶液的体积，再重复滴定 2 次。3 次滴定结果相对偏差不应大于 0.2%。

母液（HAc）的平均计算浓度为________。

2. 配制不同浓度的醋酸溶液

准确量取 25.00mL、5.00mL、2.50mL 已标定过的 HAc 溶液于三个 100mL 容量瓶中，用蒸馏水稀释至刻度，摇匀，并依次编号。

3. 测定不同浓度醋酸溶液的 pH

分别取 25mL 上述三种浓度的 HAc 溶液及未经稀释的 HAc 溶液，放置于 4 个干燥的 50mL 烧杯中，按照由稀到浓的顺序，分别用 pH 计测定它们的 pH，并记录温度，测得数据填入表 4-5 中。

五、数据记录与结果处理

根据表 4-5，计算出有关数据及 HAc 的解离平衡常数。

表 4-5　HAc 含量的测定（浓度单位 mol/L，体积单位 mL）

烧杯编号	V_{HAc}/mL	混合后 HAc 溶液的浓度	pH	c_{H^+}	c_{Ac^-}	c_{HAc}	K_{HAc}
1	2.50						
2	5.00						
3	25.00						
4	母液						

注：在一定温度条件下，HAc 的解离常数为一个固定值，与溶液的浓度无关。

六、思考题

① 在测定 HAc 的 pH 时，为什么要采取由稀到浓的顺序？调转这一顺序会产生什么后果？

② 用 pH 计测量溶液的 pH，若不进行“定位”而直接测量可以吗？为什么？

实验 9 碘化铅溶度积常数的测定——分光光度法

一、实验目的

① 熟悉分光光度计的使用方法。

② 掌握用分光光度计测定溶度积常数的原理和方法。

二、实验用品

分光光度计，比色皿，烧杯，试管，吸量管，漏斗，滤纸，镜头纸，橡胶塞。

6mol/L HCl 溶液，0.015mol/L $Pb(NO_3)_2$ 溶液，0.035mol/L KI 溶液，0.0035mol/L KI 溶液，0.020mol/L KNO_2 溶液。

三、实验原理

碘化铅 PbI_2 一般为黄色沉淀，在水溶液中看上去很像“黄金液”。“铅化金银树，鼎光玉液泉”，这是宋太宗的诗句，体现了古人对于自我道德境界与智慧提升的美好向往。

在一定温度下，难溶电解质 PbI_2 达到下列沉淀-溶解平衡：

$$PbI_2(s) \longrightarrow Pb^{2+}(aq)+2I^-(aq)$$

设 PbI_2 的溶解度为 s(mol/L)，则平衡时：

$$c(Pb^{2+})=s,\quad c(I^-)=2s$$

所以 $K_{sp}(PbI_2)=c(Pb^{2+})\,c(I^-)^2=4s^3$

由 PbI_2 饱和溶液中离子的浓度 $c(I^-)$ 和 $c(Pb^{2+})$，便可求出 $K_{sp}(PbI_2)$。

四、实验步骤

1. 绘制 A-c（I^-）标准曲线

在 5 支干燥的小试管中按表 4-6 配制，蒸馏水作参比，在 525nm 波长处测溶液的吸光度 A，以吸光度 A 为纵坐标，$c(I^-)$ 为横坐标，绘出 A-$c(I^-)$ 标准曲线图。室温 I_2 的溶解度见表 4-7。

表 4-6 A-$c(I^-)$ 标准曲线

试管编号	V(KI)/mL 0.0035mol/L	$V(H_2O)$ /mL	$V(KNO_2)$/mL 0.020mol/L	V(HCl) 6mol/L	A
1	1.00	3.00	2.00	1 滴	
2	1.50	2.50	2.00	1 滴	
3	2.00	2.00	2.00	1 滴	
4	2.50	1.50	2.00	1 滴	
5	3.00	1.00	2.00	1 滴	

表 4-7 I_2 的溶解度

T/℃	20	30	40
溶解度/(g/100g H_2O)	0.029	0.056	0.078

2. 制备 PbI_2 饱和溶液

① 在 3 支干燥的大试管中按表 4-8 配制（$V_{总}=10mL$）。

表 4-8　A-$c(I^-)$ 标准曲线（PbI_2）

试管编号	$V[Pb(NO_3)_2]$/mL 0.015mol/L	$V(KI)$/mL 0.035mol/L	$V(H_2O)$/mL
1	5.00	3.00	2.00
2	5.00	4.00	1.00
3	5.00	5.00	0.00

② 用橡胶塞将试管塞紧，充分振荡约 15min，静置 3min。

③ 用滤纸、干燥漏斗过滤，干燥试管接滤液。沉淀弃去，保留滤液。

④ 在 3 支干燥的小试管中，分别注入 PbI_2 饱和溶液 2mL，再分别注入 2mL 0.01mol/L KNO_2 溶液、2.00mL 蒸馏水和 1 滴 6mol/L HCl。摇匀后，分别倒入比色皿中，以蒸馏水作参比，在 525nm 波长处测定溶液的吸光度 A。

五、数据记录与结果处理

实验数据与结果处理数据填入表 4-9。

表 4-9　A-$c(I^-)$ 标准曲线（PbI_2）

项目	1	2	3
$V[Pb(NO_3)_2]$/mL			
$V(KI)$/mL			
$V(H_2O)$/mL			
$V_{总}$/mL			
稀释后溶液的吸光度 A			
由标准曲线查得 $c(I^-)$/(mol/L)			
平衡时 $c(I^-)$/(mol/L)			
平衡时溶液中 $n(I^-)$/mol			
初始 $n(Pb^{2+})$/mol			
初始 $n(I^-)$/mol			
沉淀中 $n(I^-)$/mol			
沉淀中 $n(Pb^{2+})$/mol			
平衡时溶液中 $n(Pb^{2+})$/mol			
平衡时 $c(Pb^{2+})$/(mol/L)			
$K_{sp}(PbI_2)$			

六、思考题

① 配制 PbI_2 饱和溶液为何要充分摇荡？

② 如果使用湿的小试管配制比色溶液，对实验结果将产生什么影响？

实验 10 卤化银溶度积的测定——电位法

一、实验目的

① 熟悉酸度计的使用方法。

② 了解电位法测定难溶电解质溶度积的原理。

二、实验用品

酸度计，饱和甘汞电极，银电极，电子天平，量筒（100mL），移液管（2.00mL），烧杯（250mL），容量瓶（100mL）。

KCl（分析纯），KBr（分析纯），KI（分析纯），0.1mol/L $AgNO_3$ 溶液，6mol/L HNO_3 溶液。

三、实验原理

“见说烧银汞，频将异草收”，这是宋代诗人卢祖皋的诗句，涉及了中国传统化学——炼丹术的内容。在现代化学里，测定某一卤化银的溶度积常数时，常选取两支电极和相应溶液构成原电池，再测定该原电池的电位差 E 值，通过 $E\text{-}K_{sp}^{\ominus}$ 的关系式便可求出该卤化银的溶度积常数。如原电池：

$$(-)\mathrm{Ag}|\ \mathrm{AgX}\ |\mathrm{X}^-(c)\|\mathrm{KCl}(\text{饱和})|\mathrm{Hg_2Cl_2}|\mathrm{Hg}(+)$$

其负极的反应为

$$\mathrm{AgX}+\mathrm{e}^- \longrightarrow \mathrm{Ag}+\mathrm{X}^-$$

根据能斯特方程式，当 $T=298.15\mathrm{K}$ 时，可得：

$$\varphi_{\mathrm{AgX/Ag}}=\varphi_{\mathrm{AgX/Ag}}^{\ominus}-\frac{0.0592}{n}\lg c_{\mathrm{X}^-}/c^{\ominus}$$

其中，

$$\varphi_{\mathrm{AgX/Ag}}^{\ominus}=\varphi_{\mathrm{Ag^+/Ag}}^{\ominus}+\frac{0.0592}{n}\lg K_{sp}^{\ominus}(\mathrm{AgX})$$

又因为：

$$E=\varphi_{\text{甘汞}}-\varphi_{\mathrm{AgX/Ag}}$$

所以，

$$E=\varphi_{\text{甘汞}}-\varphi_{\mathrm{Ag^+/Ag}}^{\ominus}-\frac{0.0592}{n}\lg K_{sp}^{\ominus}(\mathrm{AgX})+\frac{0.0592}{n}\lg c_{\mathrm{X}^-}/c^{\ominus}$$

一定温度下，$K_{sp}^{\ominus}(\mathrm{AgX})$ 是一常数，所以 $E\sim\lg c_{\mathrm{X}^-}$ 呈线性关系。因此可改变原电池体系中的 c_{X^-}，测得相应 E，然后作图，从直线在纵坐标上的截距求得 $K_{sp}^{\ominus}(\mathrm{AgX})$。

四、实验步骤

1. 溶液的配制

用 100mL 容量瓶配制 0.1000mol/L 的 KCl（或 KBr、KI）溶液。

2. 电极的活化

将银电极插入 6mol/L 的 HNO_3 溶液中，当银电极表面有气泡产生且呈银色时，将银电极取出，先用自来水冲洗，再用蒸馏水洗净，用滤纸吸干银电极备用。

3. 原电池电动势的测定

① 将银电极、饱和甘汞电极分别安装在电极架上，银电极接负极，甘汞电极接正极。

② 在250mL干燥烧杯中，准确加入100.00mL蒸馏水，再用移液管移入2.00mL 0.1000mol/L KCl（或KBr、KI）溶液，滴入1滴0.1mol/L $AgNO_3$溶液，摇匀，再将电极放入该溶液中，测定其电位差E_1，记录于表4-10中。

五、数据记录与结果处理

1. 实验数据与结果处理数据见表4-10。

表4-10　电位差

项目	1	2	3	4	5
KCl溶液累计体积/mL	1.00	2.00	3.00	4.00	5.00
c_{Cl^-}/(mol/L)					
$\lg c_{Cl^-}/c^\ominus$					
E/V					

2. 数据处理

用E对$\lg c_{Cl^-}/c^\ominus$作图，从直线在纵坐标上的截距求出$K_{sp}^\ominus$（AgX）。

实验 11 银氨配合物配位数的测定

一、实验目的

应用配位平衡和溶度积规则测定 $[Ag(NH_3)_n]^+$ 的配位数 n。

二、实验用品

锥形瓶，10mL 量筒，25mL 量筒，滴定管，铁架台，万用夹。

3.0mol/L 氨水溶液，0.020mol/L $AgNO_3$溶液，0.020mol/L KBr 溶液。

三、实验原理

在硝酸银溶液中加入过量氨水，生成稳定的 $[Ag(NH_3)_n]^+$：

$$Ag^+(aq)+nNH_3(aq) \rightleftharpoons [Ag(NH_3)_n]^+(aq)$$

再向溶液中逐滴滴入溴化钾溶液，直到有淡黄色的溴化银沉淀出现为止：

$$Ag^+(aq)+Br^-(aq) \rightleftharpoons AgBr(s)$$

可得化学反应式如下：

$$[Ag(NH_3)_n]^+(aq)+Br^-(aq) \rightleftharpoons nNH_3(aq)+AgBr(s)$$

假设在氨水过量的条件下，系统中只生成单核配离子 $[Ag(NH_3)_n]^+$ 和 AgBr 沉淀，没有其他副反应发生。每份混合溶液中最初取的硝酸银溶液的体积均相同，每份加入的氨水均过量，混合后达到平衡时，可得近似式如下：

$$V(Br^-)=K\cdot[V(NH_3)]^n$$

将式两边取对数得直线方程：

$$\lg[V(Br^-)]=n\lg[V(NH_3)]+\lg K$$

以 $\lg[V(Br^-)]$ 为纵坐标、$\lg[V(NH_3)]$ 为横坐标作图，求出该直线的斜率 n，即为 $[Ag(NH_3)_n]^+$ 的配位数 n。

四、实验步骤

依次加入 $AgNO_3$溶液、氨水溶液及去离子水于 6 个锥形瓶中并依次编号，在不断振荡下从滴定管中逐滴加入 KBr 溶液，直到溶液中刚开始出现浑浊并不再消失为止。记下所消耗的 KBr 溶液的体积 $V(Br^-)$ 和溶液的总体积。从序号 2 开始，当滴定接近终点时，加入适量去离子水，继续滴定至终点，使溶液的总体积都与序号 1 的总体积基本相当。

以 $\lg[V(Br^-)]$ 为纵坐标，$\lg[V(NH_3)]$ 为横坐标作图，求出该直线的斜率 n，即为 $[Ag(NH_3)_n]^+$ 的配位数 n。

五、数据记录与结果处理

实验数据与结果处理数据填入表 4-11。

表 4-11 记录和结果

序号	$V(Ag^+)$	$V(NH_3)$	$V(H_2O)$	$V(Br^-)$	$V_总$	$\lg[V(NH_3)]$	$\lg[V(Br^-)]$
1	3mL	10mL	10mL				

续表

序号	$V(Ag^+)$	$V(NH_3)$	$V(H_2O)$	$V(Br^-)$	$V_{总}$	$\lg[V(NH_3)]$	$\lg[V(Br^-)]$
2	3mL	9mL	11mL				
3	3mL	8mL	12mL				
4	3mL	7mL	13mL				
5	3mL	6mL	14mL				
6	3mL	5mL	15mL				

六、思考题

$AgNO_3$ 溶液应该放在无色瓶中吗？有哪些试剂应放在棕色瓶中？

实验 12　铬配合物的制备和分裂能的测定

一、实验目的

① 学习用光度法测定配合物的分裂能。

② 学习配位化合物的制备。

③ 进一步练习分光光度计的使用。

二、实验用品

天平，分光光度计，容量瓶，小烧杯，电炉。

EDTA，$CrCl_3 \cdot 6H_2O$。

三、实验原理

过渡金属离子形成配合物时，其 d 轨道在晶体场的作用下发生能级分裂，5 个 d 轨道的分裂情况与配体的空间分布及 d 轨道中的电子数有关。金属离子的 d 轨道没有被电子全充满时，处于低能级 d 轨道上的电子吸收一定波长的可见光后，就会跃迁到高能级的 d 轨道，这种 d-d 跃迁的能量差可以通过实验测定。

对于有多个 d 电子的离子，d 轨道的能级分裂既受到配体形成的晶体场强度影响，又受到电子与电子之间的相互作用，使得能级分裂变得更加复杂。如 $[Cr(EDTA)]^-$ 和 $[Cr(H_2O)_6]^{3+}$ 配离子，中心离子 Cr^{3+} 的 d 轨道上有 3 个电子，能级受八面体场的影响和电子与电子之间的相互作用，使 d 轨道分裂成 4 组，使 Cr^{3+} 的配离子吸收可见光后在可见光区有两个跃迁吸收峰，其曲线上能量最低的吸收峰所对应的能量为分裂能 Δ 值。

由实验可以测定 $[Cr(EDTA)]^-$ 和 $[Cr(H_2O)_6]^{3+}$ 两种配离子在可见光区的相应吸光度 A，并以 A 为纵坐标，以 λ 为横坐标，分别作两离子的 A-λ 吸收曲线，再由曲线上能量最低的吸收峰所对应的波长 λ 计算配离子的分裂能 Δ：

$$\Delta = \frac{1}{\lambda} \times 10^7$$

式中，λ 的单位为 nm，Δ 的单位为 cm^{-1}。

四、实验步骤

① $[Cr(EDTA)]^-$ 溶液的配制。称取约 0.4g EDTA 于小烧杯中，加入约 30mL 蒸馏水，加热溶解后加入约 0.05g $CrCl_3 \cdot 6H_2O$，稍加热得紫色的溶液即为 $[Cr(EDTA)]^-$ 溶液。稀释至约 50mL。

② $[Cr(H_2O)_6]^{3+}$ 溶液的配制。称取约 0.4g $CrCl_3 \cdot 6H_2O$ 于小烧杯中，加少量蒸馏水溶解后加热至沸腾，放置冷却至室温后转移至 50mL 烧杯中，稀释至约 50mL，摇匀。

③ 在分光光度计的可见光波长范围（420～680nm）内，以蒸馏水作参比，每隔 10nm 波长分别测定各溶液的吸光度 A。

五、数据记录与结果处理

① 数据记录。实验数据填入表 4-12、表 4-13。

表 4-12 $[Cr(H_2O)_6]^{3+}$ 的数据

吸光度 A										
波长 λ/nm										

表 4-13 $[Cr(EDTA)]^-$ 的数据

吸光度 A										
波长 λ/nm										

② 作 $[Cr(EDTA)]^-$ 和 $[Cr(H_2O)_6]^{3+}$ 的吸收曲线。

③ 计算各配离子的分裂能。

六、思考题

本实验中由吸收曲线计算配合物的分裂能时，溶液的浓度高低对测定是否有影响？为什么溶液要保持一定的浓度？

实验13　凝固点降低法测定葡萄糖的摩尔质量

一、实验目的

① 掌握凝固点降低法测定物质摩尔质量的方法。

② 加深对稀溶液依数性的理解。

二、实验用品

800mL 高型烧杯，25mL 移液管，1/10 刻度温度计，搅拌棒，橡胶塞，托盘天平，电子天平，放大镜，铁架台。

葡萄糖，粗盐，冰。

三、实验原理

“南中饶炎燠，北陆无凝固”是明代诗人杨慎的名句，凝固是指在温度降低时，物质由液态变为固态的过程，通常将物质凝固时的温度称为凝固点，即物质的液相与固相具有相同蒸气压而能平衡共存时的温度。当在溶剂中加入难挥发的非电解质溶质时，由于溶液的蒸气压小于同温度下纯溶剂的蒸气压，因此溶液的凝固点必低于纯溶剂的凝固点。

若溶质在溶液中不发生缔合或分解，也不与固态纯溶剂生成固溶体，则可导出理想稀溶液的凝固点降低 ΔT_f 与溶质质量摩尔浓度 b_B 之间的关系：

$$\Delta T_f = T_f^* - T_f = K_f b_B = \frac{K_f m_B}{M_B m_A}$$

由此可导出计算溶质摩尔质量 M_B 的公式

$$M_B = \frac{K_f m_B}{\Delta T_f m_A}$$

以上几式中，T_f^*、T_f 分别为纯溶剂、溶液的凝固点，K；m_A、m_B 分别为溶剂、溶质的质量，kg；K_f 为溶剂的凝固点下降常数，K・kg/mol；M_B 为溶质的摩尔质量，kg/mol。

若已知 K_f，测得 ΔT_f，便可求得 M_B。而 ΔT_f 的测定，可通过实验分别测出纯溶剂和溶液的凝固点。

四、实验步骤

1. 葡萄糖溶液凝固点的测定

组装好凝固点测定装置。精确称量 2.5g 葡萄糖，小心地倒入干燥洁净的测定管中，然后准确吸取 25.00mL 蒸馏水，沿管壁加入，轻轻振荡。待葡萄糖完全溶解后，装上塞子（包括温度计与细搅拌棒），将测定管直接插入冰盐水中。

用搅拌棒搅动冰盐水，使得环境温度稳定。同时缓慢而均匀地用细搅拌棒搅动内管液体（大约每秒 1 次）。当溶液逐渐降温并析出结晶时，温度降低后又回升的最高点温度可作为溶液的凝固点（可通过放大镜准确读数）。

需要重复两次凝固点的测定实验，溶液的凝固点取两次结果的平均值。两次测定结果的差值，要求在±0.05℃以内。

2. 纯溶剂（水）凝固点的测定

弃去测定管内溶液，先用自来水洗净测定管，再用蒸馏水洗涤，然后加入约 25mL 蒸馏水，按上法测定水的凝固点（取两次测定结果的平均值）。

五、数据记录与结果处理

按表 4-14 进行计算。

表 4-14　实验数据处理及结果

测定次数	凝固点/K		溶质质量/g	溶剂质量/g	凝固点降低值 ΔT_f/K
	蒸馏水	葡萄糖溶液			
1					
2					

六、思考题

① 此方法适用于大分子物质的测定吗？

② 如果待测葡萄糖中含不溶性杂质，对测定结果有何影响？

③ 当溶质在溶液中有解离、缔合、溶剂化和形成配合物时，对测定的结果是否有影响？

④ 本实验成败的关键在于何处？

第五章

物质制备、分离和提纯实验

实验 14 物质的分离提纯——药用氯化钠的制备

一、实验目的

① 学习 NaCl 提纯的原理及物质除杂的原则。

② 掌握常压过滤和减压过滤的操作要点及注意事项。

③ 掌握蒸发、浓缩的基本操作。

二、实验用品

托盘天平，烧杯，量筒，普通漏斗，铁圈，布氏漏斗，吸滤瓶，瓷蒸发皿，陶土网，pH 试纸。

粗氯化钠（固体），1mol/L $BaCl_2$ 溶液，6mol/L NaOH 溶液，Na_2CO_3 溶液（饱和），6mol/L H_2SO_4 溶液，6mol/L HCl 溶液，2mol/L HAc 溶液，1mol/L KSCN 溶液，$(NH_4)_2C_2O_4$ 溶液（饱和），镁试剂。

三、实验原理

化学试剂或医药行业用的 NaCl 都是以粗食盐为原料提纯的。粗食盐中除含有少量不溶性杂质外，还含有 K^+、Ca^{2+}、Mg^{2+}、Fe^{3+}、SO_4^{2-}、CO_3^{2-} 等杂质，这些杂质的存在不仅使食盐极易潮解，影响食盐的贮运，而且也不符合医药和化学试剂的要求，因此制备试剂和药用 NaCl 必须除去这些杂质，通常选用合适的试剂使 Ca^{2+}、Mg^{2+}、Fe^{3+}、SO_4^{2-} 生成不溶性的化合物与粗盐中的不溶性杂质一起除去。

不溶性杂质可以将氯化钠溶于水后用过滤法除去，Ca^{2+} 和 Mg^{2+} 及 SO_4^{2-} 则要用化学方法处理才能除去，因为 NaCl 的溶解度随温度的变化不大，不能用重结晶的方法纯化，处理的方法是：加入稍微过量的 $BaCl_2$ 溶液，溶液中的 SO_4^{2-} 便转为难溶的 $BaSO_4$ 沉淀而除去。

$$SO_4^{2-} + Ba^{2+} \longrightarrow BaSO_4 \downarrow$$

过滤掉 $BaSO_4$ 沉淀之后的溶液再加入 NaOH 和 Na_2CO_3 的混合液，Ca^{2+}、Mg^{2+} 及过量的 Ba^{2+} 便都生成沉淀：

$$Ca^{2+} + CO_3^{2-} \longrightarrow CaCO_3 \downarrow$$

$$2Mg^{2+} + 2OH^- + CO_3^{2-} \longrightarrow Mg_2(OH)_2CO_3 \downarrow$$

$$Ba^{2+} + CO_3^{2-} \longrightarrow BaCO_3 \downarrow$$

过滤后原溶液中的 Ca^{2+}、Mg^{2+} 和过量的 Ba^{2+} 都已除去，但又引进了过量的 Na_2CO_3 和 NaOH。最后再用盐酸将溶液调至微酸性以中和 OH^- 和破坏 CO_3^{2-}。

$$OH^- + H^+ \longrightarrow H_2O$$

$$CO_3^{2-} + 2H^+ \longrightarrow CO_2\uparrow + H_2O$$

粗食盐中的 K^+ 与这些沉淀剂不起作用，仍留在溶液中。由于 KCl 的含量少而溶解度很大，所以在最后的浓缩结晶过程中 NaCl 结晶析出，而 KCl 绝大部分仍留在母液内从而与 NaCl 分离。

四、实验步骤

1. NaCl 的提纯

（1）粗氯化钠的溶解　称取 4g 粗氯化钠，加入 30mL 水，加热搅拌至溶解。

（2）SO_4^{2-} 的去除　将溶液加热至近沸，在搅拌的同时逐滴加入 1mol/L $BaCl_2$ 溶液约 2mL。继续加热 5min，使沉淀颗粒长大而易于沉降。为了检验 SO_4^{2-} 是否沉淀完全，待沉淀下沉后，在上层清液中滴入 1mol/L 的 $BaCl_2$ 溶液，观察溶液是否变混浊。如果清液不变混浊，证明 SO_4^{2-} 沉淀完全；若发生混浊，表明 SO_4^{2-} 未除尽，需继续加 $BaCl_2$ 使 SO_4^{2-} 沉淀完全为止（不再产生混浊），此时可将全部溶液过滤（常压法过滤），弃去沉淀。

（3）除去 Ca^{2+}、Mg^{2+}、Ba^{2+}、Fe^{3+} 等阳离子　将所得滤液滴加约 1mL 6mol/L NaOH 溶液和饱和 Na_2CO_3 溶液，加热至近沸，搅拌至不再产生沉淀，然后再多加 0.5mL Na_2CO_3 溶液，静置。

（4）检查 Ba^{2+} 是否除尽　用滴管取 1mL 除 Ca^{2+} 等杂质后的清液，加几滴 6mol/L H_2SO_4，若产生混浊，表明 Ba^{2+} 未除尽（检验液用后弃去），需要再向原液中加饱和碳酸钠溶液，直到检查无 Ba^{2+} 后再过滤，弃去沉淀。

（5）除去过量的 CO_3^{2-}　往滤液中滴加 6mol/L HCl 溶液，加热搅拌，中和到溶液 pH 约为 4～5（用 pH 试纸检查）。

（6）浓缩与结晶　将调好 pH 的溶液倒入蒸发皿中，蒸发浓缩至溶液变为黏稠状为止，冷却、减压过滤、抽干，将 NaCl 晶体转移到蒸发皿中，在陶土网上用小火烘干，冷却后称重，计算产率。

2. NaCl 产品的检验

称取提纯后的精盐 1g，溶于 5mL 去离子水中，然后分别盛入两支试管中。用下述方法（1）和（2）检验它们的纯度。

（1）钙离子的检验　在试管中加入 2mol/L HAc 使溶液呈酸性，再分别加入 3 滴左右饱和草酸铵溶液，观察有无草酸钙沉淀产生。

（2）镁离子的检查　在试管中滴加 6mol/L NaOH 溶液 5 滴，使溶液呈碱性，再加入 2 滴镁试剂（对硝基偶氮间苯二酚）溶液，若有天蓝色絮状物生成（氢氧化镁絮状物），则表示有镁离子存在。

（3）SO_4^{2-} 限量分析　用 $BaCl_2$ 溶液与试样中微量 SO_4^{2-} 生成难溶的 $BaSO_4$，使溶液发生混浊，溶液的混浊度与 SO_4^{2-} 浓度成正比，可以利用比浊法来确定试样中 SO_4^{2-} 的含量。

称取产品 NaCl 1.00g 放入 25mL 比色管中，加入 15mL 蒸馏水溶解，再加入 1.00mL 3mol/L HCl 和 3.00mL 1mol/L $BaCl_2$ 溶液，再加蒸馏水稀释至 25mL，摇匀再与标准溶液比浊，确定试样的等级。

（4）Fe^{3+} 限量分析（比色法）　在酸性介质中，Fe^{3+} 与 SCN^- 生成红色配合物

$[Fe(SCN)]^{2+}$，颜色的深浅与 Fe^{3+} 浓度成正比。

称取 3.00g NaCl 产品，放入 25mL 比色管中，加 20mL 水溶解，再加入 2.00mL 1mol/L KSCN 溶液和 2.00mL 3mol/L HCl 溶液，然后稀释至刻度线（25mL）摇匀，将试样液与标准液进行目视比色，确定试剂的等级。

注意事项

1. 常压过滤操作时，注意"一贴二低三靠"。

2. 减压过滤操作时，特别注意当抽滤结束后，应该先拆开瓶与水流泵之间的橡胶管，或将安全瓶上的玻璃阀打开接通大气，再关闭水龙头，以免水倒吸到抽滤瓶内。

五、数据记录与结果处理

产品颜色：________；

形状：________；

氯化钠的产量________；

氯化钠的产率：________。

六、思考题

① 除 Ca^{2+}、Mg^{2+} 等杂质时用 Na_2CO_3，而不用其他可溶性碳酸盐，除去 CO_3^{2-} 时用 HCl 而不用其他强酸，为什么？

② 除 SO_4^{2-} 时，为什么用毒性较大的 Ba^{2+} 而不用无毒的 $CaCl_2$？

③ 加 HCl 除 CO_3^{2-} 时，为何要把溶液的 pH 调到 2～3？恰好调到中性好不好（从溶液中 H_2CO_3、HCO_3^- 和 CO_3^{2-} 的浓度比与 pH 的关系考虑）？

④ 如果本实验收率过高或过低，可能的原因是什么？

实验 15　硫酸亚铁七水合物的制备

一、实验目的

① 了解硫铁矿烧渣中铁的浸出条件。

② 掌握制备硫酸亚铁七水合物的制备原理及方法。

二、实验用品

烘箱，分析天平，电炉，带柄瓷坩埚，磁铁，磁力搅拌器，量筒，烧杯，循环水泵，抽滤瓶，封闭漏斗。

硫铁矿烧渣、98%浓硫酸，1.0mol/L H_2SO_4 溶液。

三、实验原理

采用硫铁矿制取 H_2SO_4 的烧渣中会含有 30%～60%的 Fe，这是一种可二次开发的资源，如果利用废渣中的 Fe 来制备高纯度的 $FeSO_4$，不仅可以实现废弃资源的再利用，同时也可以防止环境污染。

烧渣中的 FeO 和 Fe_2O_3 在硫酸介质条件下反应可以得到 $FeSO_4$：

$$FeO+H_2SO_4+6H_2O \longrightarrow FeSO_4 \cdot 7H_2O$$

$$Fe_2O_3+3H_2SO_4 \longrightarrow Fe_2(SO_4)_3+3H_2O$$

$$Fe_2(SO_4)_3+Fe+21H_2O \longrightarrow 3FeSO_4 \cdot 7H_2O$$

四、实验步骤

① 称取 20g 烧渣放置烘箱中进行烘干，然后用磁铁磁选烧渣中的含 Fe 物质，分离出烧渣中的非磁性（Ca、Mg、Si 等）物质。

② 将磁选后的烧渣称量以后放入 100mL 带柄瓷坩埚内。按烧渣量：H_2SO_4 为 1：1.5 的比例计算所需浓 H_2SO_4 的用量。用量筒量取所需要的 98%的浓 H_2SO_4 并将其稀释成 70%的稀 H_2SO_4。

③ 把装有烧渣的带柄瓷坩埚放置在通风橱内，然后将稀释后的 70%的稀 H_2SO_4 在玻璃棒搅拌下缓慢加入瓷坩埚，搅拌均匀后，放入升温至 180～200℃的烘箱中熟化 1h。

④ 将熟化后的烧渣放置在 80℃左右的热水中进行浸取（控制热水量在 80～100mL），浸出液和沉淀物全部转移到 250mL 烧杯中，搅拌加热至沸，30min 后进行过滤，收集滤液。

⑤ 用 1.0mol/L 的 H_2SO_4 调节滤液 pH＝0.5～1.0，逐步加入适量废铁屑，观察溶液颜色的变化（由棕红色逐步转化成浅绿色），当溶液全部呈浅绿色时反应停止。过滤，收集滤液，用 1.0mol/L 的稀 H_2SO_4 调整滤液 pH 为 0.5～1.0，将滤液进行加热浓缩，当液体表面出现晶膜时，停止加热，快速将烧杯转移到冷水中冷却到 40℃以下结晶，观察溶液中晶体的形成过程。

⑥ 冷却到室温后，抽滤，称量，计算产率。

注意事项

1.浓硫酸具有极强的腐蚀性，避免与其直接接触，若皮肤接触请立即用肥皂和清水冲洗。

2.实验过程中要注意实验室通风。

3.铁屑的加入要适当地过量。

五、数据记录与结果处理

产品颜色：________；

形状：________；

硫酸亚铁七水合物的产量：________；

硫酸亚铁七水合物的产率：________。

六、思考题

① 烧渣为何使用浓硫酸和在较高温度下熟化？

② 烧渣浸取以后溶液为何显橙黄色，如何去除？

实验 16 固体酒精的制备

一、实验目的

① 掌握固体酒精的制备原理。

② 掌握固体酒精的制备方法。

③ 探究固体酒精制备的最佳实验条件。

二、实验用品

磁力搅拌水浴锅，电子天平，三颈烧瓶，温度计（200℃）。

95%乙醇，硬脂酸，NaOH（分析纯），酚酞指示剂，$Cu(NO_3)_2$（分析纯），$Co(NO_3)_2$（分析纯），蒸馏水。

三、实验原理

“诗书与我为曲蘖，酝酿老夫成搢绅”，这是苏轼的诗句，他将诗书巧妙的比喻为酿酒的酒曲，酒的主要成分是乙醇，又俗称酒精。而固体酒精则是一种新型的固体燃料，相比于液体酒精具有安全、经济、方便等特点，因此被广泛应用于餐饮业、旅游业及野外作业等场合，依据选取固化剂的不同有多种制备方法。

硬脂酸与氢氧化钠混合后将会发生反应（$C_{17}H_{35}COOH + NaOH \longrightarrow C_{17}H_{35}COONa + H_2O$），生成的 $C_{17}H_{35}COONa$ 是一种具有长碳链的极性分子。室温下 $C_{17}H_{35}COONa$ 在酒精中不易溶解，而在较高的温度下，$C_{17}H_{35}COONa$ 可以在液体酒精中均匀地分散，冷却后则可形成凝胶体系，使得酒精分子被束缚在相互连接的大分子之间，呈现出不流动的状态，形成固体状态的酒精。

四、实验步骤

① 用蒸馏水将 $Co(NO_3)_2$、$Cu(NO_3)_2$ 配成 10%的水溶液备用，将 NaOH 配成 10%的水溶液备用，取 0.5g 酚酞溶于 60%的乙醇溶液中备用。

② 分别取 5g 硬脂酸及 100mL 95%乙醇于 250mL 的三颈烧瓶中，再滴加 2 滴酚酞溶液，将烧瓶置于 70℃的水浴锅中，磁力搅拌，直至硬脂酸全部溶解。

③ 在烧瓶中加入 10% NaOH 溶液，滴加速度先快后慢，当溶液中的颜色由无色变为浅红色，然后又马上褪掉时停止滴加。

④ 10min 后，一次加入 2mL 10% $Cu(NO_3)_2$ 溶液，继续加热 5min，然后将溶液倒入模具中，冷却到室温，脱模，观察固体酒精的颜色及状态。

⑤ 将 $Cu(NO_3)_2$ 换成 $Co(NO_3)_2$，观察制得的产品有何不同。

注意事项

1. 实验过程中酒精应远离明火，室内应注意通风。

2. 硬脂酸加入酒精后，须等到硬脂酸完全溶解成透明溶液后再缓慢加入 NaOH 溶液。

3. 实验中使用的反应物的比例要合适。

五、数据记录与结果处理

产品颜色：________；

形状：________；

固体酒精的产量：________。

六、思考题

① 固体酒精相比于液体酒精有什么优点？

② 固体酒精的制备原理是什么？

③ 反应加入硝酸铜的目的是什么？

实验 17　葡萄糖酸锌的制备及含量测定

一、实验目的

① 了解葡萄糖酸锌的生物意义。

② 学习葡萄糖酸锌的制备及锌含量测定方法。

③ 熟练掌握蒸发、浓缩、过滤、滴定等操作。

二、实验用品

恒温水浴锅，抽滤装置，酸式滴定管，移液管，容量瓶，蒸发皿，量筒，烧杯，锥形瓶，温度计，分析天平，电炉。

$ZnSO_4 \cdot 7H_2O$，固体葡萄糖酸钙，乙醇（95%），0.05mol/L EDTA 标准溶液，NH_3-NH_4Cl 缓冲溶液（pH=10），铬黑 T 指示剂。

三、实验原理

锌存在于众多的酶系中，如碳酸酐酶、呼吸酶、乳酸脱氢酶、超氧化物歧化酶、碱性磷酸酶和 DNA 等，为核酸、蛋白质、碳水化合物的合成和维生素 A 的利用所必需。锌具有促进生长发育，改善味觉的作用。锌缺乏时出现味觉差、嗅觉差、厌食，生长与智力发育低于正常。

葡萄糖酸锌为补锌药，具有见效快、吸收率高、副作用小等优点，主要用于老人及儿童、妊娠妇女等因缺锌而引起的生长发育缓慢、营养不良、厌食症、复发性口腔溃疡、皮肤痤疮等。

葡萄糖酸钙与等物质的量的硫酸锌反应，生成葡萄糖酸锌和硫酸钙沉淀，分离该沉淀后可制得葡萄糖酸锌。反应式如下：

$$Ca(C_6H_{11}O_7)_2 + ZnSO_4 \longrightarrow Zn(C_6H_{11}O_7)_2 + CaSO_4 \downarrow$$

产品中药物含量的测定可以采用配位滴定法进行，用 EDTA 标准溶液在 NH_3-NH_4Cl 弱碱性条件下滴定葡萄糖酸锌，根据所消耗滴定剂的量计算药物含量。

四、实验步骤

1. 葡萄糖酸锌的制备

量取 80mL 蒸馏水于 250mL 烧杯中，加热至 80～90℃时加入 13.4g $ZnSO_4 \cdot 7H_2O$，搅拌使其溶解。将烧杯保持在 90℃，不断搅拌逐渐加入 20g 葡萄糖酸钙，保持恒温 20min。用双层滤纸趁热抽滤，弃去沉淀。滤液移至蒸发皿中，于沸水浴中浓缩至黏稠状（体积大约为 20mL，如出现沉淀需再次抽滤）。滤液冷却至室温后加 20mL 95%乙醇，不断搅拌，应有大量的胶状葡萄糖酸锌析出，静置后用倾泻法去除乙醇液。然后于胶状沉淀上，再加入 20mL 95%乙醇，充分搅拌后沉淀应转变成晶体状，抽滤得粗产品，称重计算粗产率。

粗产品加水 20mL，加热至 90℃使沉淀溶解，趁热抽滤。滤液冷至室温后，加 20mL 95%乙醇，充分搅拌，结晶完成后抽滤，于 50℃烘干，称量精品质量并计算产率。

2. Zn 含量测定

准确称取 1.6g 葡萄糖酸锌，溶解后定容至 100mL，移取 25.00mL 溶液于 250mL 锥形瓶中，加 10mL NH_3-NH_4Cl 缓冲溶液，铬黑 T 指示剂 4 滴，用 0.05mol/L EDTA 标准溶液滴定至溶液呈蓝色，依下式计算样品中 Zn 的含量（%）：

$$w_{Zn}=\frac{c_{EDTA}V_{EDTA}\times 65}{\frac{1}{4}\times m_s}\times 100\%$$

式中，m_s为样品的质量，g。

注意事项

1. $Ca(C_6H_{11}O_7)_2$ 与 $ZnSO_4$ 反应时间不可过短，要保证充分生成 $CaSO_4$ 沉淀。

2. 抽滤除去 $CaSO_4$ 后的滤液如果无色，可以不用脱色处理。如果要脱色处理一定要趁热过滤，防止产物过早冷却而析出。

五、数据记录与结果处理

产品颜色：________；

形状：________；

葡萄糖酸锌的产率：________；

葡萄糖酸锌中锌的含量：________。

六、思考题

① 在滤液中加入 95%乙醇的作用是什么？

② 如果葡萄糖酸锌含量的测定结果不符合规定，可能是由哪些原因引起的？

实验 18　五水硫酸铜的制备

一、实验目的

① 掌握用废铜与硫酸反应制备五水硫酸铜的原理及方法。

② 练习溶解、浓缩、蒸发、过滤及重结晶的基本操作。

③ 巩固量筒、pH 试纸的使用等基本操作。

二、实验用品

量筒，锥形瓶，恒温水浴锅，玻璃棒，真空循环水泵，酒精灯，铁架台，蒸发皿，电子天平，广泛 pH 试纸。

废铜屑，10% Na_2CO_3 溶液，6mol/L H_2SO_4 溶液，质量分数为 30%的双氧水溶液，无水乙醇。

三、实验原理

五水硫酸铜，又名胆矾，是硫酸盐类胆矾族矿物胆矾的晶体，或为 H_2SO_4 作用于 Cu 而制成的含水 $CuSO_4$ 结晶。$CuSO_4$ 可与孔雀石（绿青）、蓝铜矿（扁青）等矿物共生，在我国主要分布在西北等气候干燥地区铜矿床的氧化带中。$CuSO_4$ 具有解毒、涌吐、去腐等功效。

实验室以废铜屑为原料进行制备，主要有以下三种方案。

方案①：$Cu+H_2O_2+H_2SO_4 \longrightarrow CuSO_4+2H_2O$

方案②：$Cu+2HNO_3+H_2SO_4 \longrightarrow CuSO_4+2NO_2\uparrow+2H_2O$

方案③：$2Cu+O_2 \longrightarrow 2CuO$

$$CuO+H_2SO_4 \longrightarrow CuSO_4+H_2O$$

由于废铜屑不纯，制备的 $CuSO_4$ 溶液中常含有杂质。不溶性杂质可选择过滤的方法进行去除，而可溶性杂质则依据 $CuSO_4$ 在水中的溶解度随温度变化明显的特性采用重结晶的方法进行提纯，使杂质留在母液中，从而得到纯度较高的五水硫酸铜晶体。

四、实验步骤

① 用电子天平称取 2.0g 铜屑放于 100mL 锥形瓶中，然后加入 15mL 10%Na_2CO_3 溶液，置于 50℃的水浴锅中，加热 15min 后倾倒去除碱液，用蒸馏水清洗三次。

② 加入 10mL 6mol/L 的 H_2SO_4 溶液，缓慢滴加 5mL 30%的双氧水溶液，放置水浴锅中继续加热，等待铜屑反应完全，趁热抽滤，将滤液转移至蒸发皿中，用 H_2SO_4 调节滤液 pH=1～2 后，加热浓缩，当液体表面有晶膜出现时停止加热，自然冷却至室温（观察结晶过程），抽滤，保留滤渣，晾干称量，得到五水硫酸铜粗产品。

③ 将制备的粗产品和水按照 1∶1.2（质量比）进行混合，加入少量的稀 H_2SO_4，调节溶液的 pH=1～2，加热使其全部溶解，然后趁热进行抽滤，将抽滤后的溶液转移至蒸发皿中，加热浓缩，等液体表面有晶膜出现时停止加热，自然冷却至室温（观察结晶过程）抽滤，用少量无水乙醇洗涤，烘干称量，计算五水硫酸铜产率。

注意事项

1. 30%的双氧水溶液要缓慢分次进行滴加。
2. 加热浓缩至液体表面有晶膜出现即可，不可以将溶液蒸干。
3. 重结晶时调节 pH 为 1～2，加入的水量不能太多。
4. 趁热抽滤时应先将过滤装置洗净并预热，滤纸在抽滤时再进行润湿。

五、数据记录与结果处理

产品颜色：________；

形状：________；

五水硫酸铜的产量：________；

五水硫酸铜的产率：________。

六、思考题

① 蒸发时为何将溶液的 pH 调至 1～2?

② 在制备硫酸铜的过程中要注意哪些问题才能保证有较高的产率?

实验 19　肥皂的制备

一、实验目的

① 了解肥皂的制备方法。

② 掌握肥皂的制备原理。

③ 训练操作技能，培养严谨、求实的科学态度和方法。

二、实验用品

电子天平，量筒，烧杯，玻璃棒，三脚架，酒精灯，陶土网。

动物油脂（或植物油），40% NaOH 溶液，95%酒精，50%酒精，饱和 NaCl 溶液。

三、实验原理

肥皂是高级脂肪酸金属类盐的总称。种类众多，包括硬肥皂、软肥皂、透明皂和香皂等。肥皂是最早使用的洗涤用品，对皮肤的刺激性较小，具有使用方便、便于携带、去污力强等优点。

制作肥皂通常采用天然的动、植物油脂作为原料，在碱性环境中通过皂化反应得到脂肪酸钠盐和甘油的混合物，加入饱和 NaCl 使得脂肪酸钠盐析出，收集即可得到肥皂。皂化反应的反应式如下：

$$\begin{array}{l} CH_2-O-\overset{\overset{O}{\|}}{C}-R_1 \\ | \\ CH-O-\overset{\overset{O}{\|}}{C}-R_2 \\ | \\ CH_2-O-\overset{\overset{O}{\|}}{C}-R_3 \end{array} \xrightarrow{NaOH} \begin{array}{l} CH_2-O-H \\ | \\ CH-O-H \\ | \\ CH_2-O-H \end{array} + R_1COONa+R_2COONa+R_3COONa$$

虽然 R 基可能不同，但生成的 R-COONa 都可以制作肥皂。常见的 R 基有：

$C_{17}H_{33}$—(8—十七碳烯基，R—COOH 为油酸)、$C_{15}H_{31}$—(正十五烷基，R—COOH 为软脂酸)、$C_{17}H_{35}$—(正十七烷基，R—COOH 为硬脂酸)。

四、实验步骤

① 分别用量筒量取 8mL 植物油，7mL 40%的 NaOH 溶液及 8mL 95%的酒精，加到 100mL 的烧杯中，用玻璃棒搅拌，混合溶解。

② 把烧杯放置在陶土网上，酒精灯加热并不断用玻璃棒搅拌，直至混合物变稠。当烧杯中的混合物快煮干时加入 20mL 50%的酒精溶液。继续加热，直到把一滴混合物加到水中而液体表面不再形成油滴为止。

③ 取 25mL 加热后的饱和 NaCl 溶液缓慢加到皂化完全的黏稠液中，边加边搅拌。混合均匀后置于冰箱中，10min 后将盐析出的固体物质分离出来，放到模具中按压。

④ 脱模，观察肥皂的颜色状态，用天平称量制得肥皂的质量，计算产率。

注意事项

1.皂化时，边搅拌边加入乙醇，促使油脂与碱液混合为一体，由此可加速皂化反应的进行。

2.加热的温度不要过高，保持在60～70℃。

3.皂化反应时要保持混合液的体积，切忌把烧杯中的混合液煮干或溅到烧杯外。

五、数据记录与结果处理

产品颜色：________；

形状：________；

肥皂的产量：________；

肥皂的产率：________。

六、思考题

① 什么是皂化反应？

② 实验中加入乙醇的目的是什么？

③ 实验中加入饱和氯化钠溶液的作用是什么？

实验 20 碳酸氢钠的制备及分析

一、实验目的

① 掌握利用复分解反应制备碳酸氢钠的原理及方法。

② 掌握减压过滤、冷却、结晶等基本操作。

③ 理解碳酸氢钠成分分析的方法。

二、实验用品

烧杯，量筒，玻璃棒，真空循环水泵，布氏漏斗，恒温水浴锅，研钵，抽滤瓶，电子天平，分析天平，锥形瓶，酸式滴定管，铁架台。

粗食盐，3.0mol/L NaOH 溶液，1.5mol/L Na_2CO_3 溶液，1mol/L HCl 溶液，NH_4HCO_3，广泛 pH 试纸，0.1mol/L HCl 溶液，0.5%溴甲酚绿溶液、0.1%甲基红溶液。

三、实验原理

碳酸氢钠俗名为小苏打，白色细小晶体，在水中的溶解度小于 Na_2CO_3，固体在 50℃以上开始逐渐分解生成 Na_2CO_3、CO_2 和 H_2O，440℃时完全分解。$NaHCO_3$ 为弱碱与弱酸中和之后生成的酸式盐，溶于水后溶液呈弱碱性。$NaHCO_3$ 在分析化学、无机合成、工业生产、食品加工及农牧业等方面均有较为广泛的应用。

实验室采用食盐和 NH_4HCO_3 为原料，通过复分解反应制备：

$$NaCl + NH_4HCO_3 \longrightarrow NaHCO_3 + NH_4Cl$$

四种盐都易溶于水，但不同温度下它们的溶解度存在一定差异，将反应温度控制在 30～35℃，同时将研细的 NH_4HCO_3 固体粉末加入浓的 NaCl 溶液中，制备并分离出 $NaHCO_3$。

制备的碳酸氢钠以 HCl 作为标准溶液，溴甲酚绿和甲基红作为指示剂，利用酸碱滴定分析进行测定。

四、实验步骤

① 量取 50mL 25%的粗食盐水，加到 100mL 的小烧杯中，取 5mL 3.0mol/L 的 NaOH 溶液与 5mL 1.5mol/L 的 Na_2CO_3 溶液混合，用混合碱调节食盐水的 pH=11，小心加热煮沸，并检查沉淀是否完全。沉淀完全后过滤，将滤液用 1.0mol/L 的盐酸调节，使溶液的 pH=7 备用。

② 将精制后的食盐水放在 30～35℃水浴锅上加热，称取 20g NH_4HCO_3，研细后缓慢加入上述食盐水中，加完后充分搅拌，并保温 10～15min，静置，然后减压抽滤，将滤饼用冷水淋洗两次，抽干，称重并计算产率。

③ 称取 2g（精确至 0.0002g）试样于 100mL 烧杯中，加入蒸馏水，转移至 100mL 容量瓶中，定容，摇匀，取 10mL 于 250mL 锥形瓶中，加入 50mL 水，加入 0.5%溴甲酚绿和 0.1%甲基红指示剂数滴，摇匀后用 0.1mol/L 的盐酸标准滴定溶液滴定至由蓝色变为红色，在电炉上煮沸，稍作冷却，滴定至蓝色消失。同时做空白对照组的实验。

$$w(NaHCO_3) = \frac{c(V - V_0)}{m \times 10/100} \times 0.084 \times 100\%$$

式中，c 为盐酸标准溶液的浓度；V 为试样所消耗盐酸的体积；V_0 为空白实验所消耗盐酸的体积。

注意事项

1. 碳酸氢钠制备的反应温度应控制在30～35℃。
2. NH_4HCO_3 固体要研细，然后缓慢地加入。
3. 减压过滤完成后要先拔下导管，后关闭电源。

五、数据记录与结果处理

产品颜色：________；

形状：________；

碳酸氢钠的产量：________；

碳酸氢钠的产率：________。

六、思考题

① 碳酸氢钠制备的温度为何要控制在30～35℃？

② 检测碳酸氢钠为何要做空白对照实验？未做会对结果有何影响？

实验 21　用废旧易拉罐制备明矾

一、实验目的

① 了解 Al 和 Al_2O_3 的两性。

② 掌握明矾的制备方法。

③ 巩固过滤、结晶及沉淀的转移与洗涤等基本操作。

二、实验用品

烧杯 100mL 两只，量筒 20mL、10mL 各一只，普通漏斗，抽滤瓶，布式漏斗，蒸发皿，表面皿，水浴锅，电子天平，广泛 pH 试纸。

3mol/L H_2SO_4 溶液，1∶1 H_2SO_4 溶液，NaOH(s)，K_2SO_4(s)，易拉罐或其他铝制品，无水乙醇。

三、实验原理

铝是一种重要的金属元素，同时也是一种两性元素，既能够与酸反应，也能够与碱反应。将铝溶于浓 NaOH 溶液，生成可溶性的四羟基合铝酸钠{$Na[Al(OH)_4]$}，再用稀 H_2SO_4 调节溶液的 pH 可将其转化为 $Al(OH)_3$。$Al(OH)_3$ 也是一种两性物质，可与 H_2SO_4 反应生成 $Al_2(SO_4)_3$，$Al_2(SO_4)_3$ 能同碱金属硫酸盐如 K_2SO_4 在水溶液中结合成一类在水中溶解度较小的同晶的复盐，称为明矾［$KAl(SO_4)_2 \cdot 12H_2O$］。当冷却溶液时，明矾则结晶出来。制备化学方程式如下：

$$2Al+2NaOH+6H_2O \longrightarrow 2Na[Al(OH)_4]+3H_2\uparrow$$

$$2Na[Al(OH)_4]+H_2SO_4 \longrightarrow 2Al(OH)_3\downarrow+Na_2SO_4+2H_2O$$

$$2Al(OH)_3+3H_2SO_4 \longrightarrow Al_2(SO_4)_3+6H_2O$$

$$Al_2(SO_4)_3+K_2SO_4+24H_2O \longrightarrow 2KAl(SO_4)_2 \cdot 12H_2O$$

废旧易拉罐的成分主要是铝，因此本实验中采用废旧易拉罐代替纯铝制备明矾，也可采用铝箔等其他铝制品。

四、实验步骤

1. 四羟基合铝酸钠（$Na[Al(OH)_4]$）的制备

用电子天平快速称取 1g NaOH 固体，转移至 100mL 的烧杯中，加入 20mL 蒸馏水进行溶解，将烧杯置于 70℃水浴中加热。将易拉罐剪碎后称取 0.5g 放入溶液中，待反应完毕后，趁热用普通漏斗过滤。

2. $Al(OH)_3$ 的生成和洗涤

量取 4mL 左右的 3mol/L H_2SO_4 溶液滴加到上述四羟基合铝酸钠溶液中，调节溶液的 pH 为 7～8，溶液中生成大量的白色沉淀，用布氏漏斗抽滤，并用蒸馏水洗涤沉淀。

3. 明矾的制备

将抽滤后所得的 $Al(OH)_3$ 沉淀转移至蒸发皿中，加 5mL 1∶1 H_2SO_4，然后加入 7mL 水溶解，再加入 2g K_2SO_4 加热至固体全部溶解（水浴 70℃）。将所得溶液自然冷却至室温，加入 3mL 无水乙醇，待结晶完全后，减压抽滤，用 5mL 1∶1 的水-乙醇混合溶液洗涤晶体两次，将晶体烘干，称重，计算产率。

4. 产品的定性分析

自己设计定性分析方法（提示：用化学方法鉴定），要求写出分析方法。

五、数据记录与结果处理

产品颜色：________；

形状：________；

明矾的产量：________；

明矾的产率：________。

六、思考题

① 用 0.5g 的纯铝可以制得多少克的 $Al_2(SO_4)_3$？用这些硫酸铝制备明矾理论上需多少克 K_2SO_4 与之反应？

② 若铝中含有少量铁杂质，采用什么方法可以除去？

第六章

定量分析基础实验

实验 22　酸碱标准溶液的配制及滴定练习

一、实验目的

① 掌握正确使用滴定分析常用器皿的方法。

② 练习并掌握滴定分析的基本操作。

③ 学会以酸碱指示剂确定滴定终点的方法。

④ 学会标准溶液的配制方法。

二、实验用品

两用滴定管（50mL），电子分析天平，容量瓶（500mL），移液管（25mL），锥形瓶（250mL），烧杯（50mL），量筒（10mL）。

浓盐酸溶液（HCl 质量分数为 36%～38%，密度约 1.18kg/L），氢氧化钠，甲基橙溶液（1.0g/L），酚酞溶液（2.0g/L 60%乙醇溶液），分析纯硼砂，无水 Na_2CO_3。

三、实验原理

标准溶液是指其浓度已知且准确的溶液。标准溶液的配制方法一般有直接配制法和标定法两种。

1. 直接配制法

电子分析天平准确称取确定质量的基准物质配制成一定体积的溶液。具体过程为：准确称量基准物质，溶解后定量转移至容量瓶中，稀释至刻度并摇匀。根据称取基准物质的质量和容量瓶的体积可计算该标准溶液的准确浓度。

2. 标定法（亦称间接配制法）

很多物质的标准溶液不能采用直接法配制，一般先配制与所需浓度近似的溶液，然后通过基准物质或已知浓度的标准溶液来标定其浓度，即是标定法。

滴定分析常采用指示剂来确定滴定终点，酸碱滴定可以选择的指示剂有甲基橙（红～黄，变色范围：pH 为 3.1～4.4）、甲基红（红～黄，变色范围：pH 为 4.4～6.2）、溴百里酚蓝（黄～蓝，变色范围：pH 为 6.0～7.6）和酚酞（无色～紫红，变色范围：pH 为 8.2～10.0）等。

在酸碱滴定中最常用的酸溶液是 HCl 标准溶液，通常配制 0.1mol/L 的溶液。由于浓盐酸容易挥发，不是基准物质，须采用标定法来配制。标定 HCl 溶液可选择基准物质碳酸钠（Na_2CO_3）、硼砂（$Na_2B_4O_7 \cdot 10H_2O$）及碳酸氢钠（$NaHCO_3$）等。采用 Na_2CO_3 标定 HCl 溶液的反应为

$$Na_2CO_3 + 2HCl \longrightarrow 2NaCl + H_2O + CO_2 \uparrow$$

该反应在化学计量点时溶液 pH 为 3.9，pH 突跃范围是 3.5～5.0，滴定指示剂可选用甲基橙及甲基红。HCl 标准溶液的浓度可以根据 Na_2CO_3 的质量和滴定消耗 HCl 溶液的体积计算得到。

市售的分析纯硼砂也可作基准物质，但硼砂在空气中易失去一部分水形成 $Na_2B_4O_7 \cdot 5H_2O$，使用前需将硼砂在水中重结晶两次，保存在相对湿度为 60%的恒湿器（装有食盐和蔗糖饱和溶液的干燥器）中。硼砂与 HCl 溶液的反应为

$$Na_2B_4O_7 + 2HCl + 5H_2O \longrightarrow 2NaCl + 4H_3BO_3$$

此反应在化学计量点时溶液 pH 为 5.1，滴定指示剂可选用甲基红。

四、实验步骤

1. 配制 HCl 溶液（0.1mol/L）和 NaOH 溶液（0.1mol/L）

用洁净量筒量取约 5.0mL 浓盐酸（应在通风橱中或通风处操作），倒入装有适量去离子水（或蒸馏水）的 500mL 试剂瓶中，加去离子水稀释至刻度并摇匀，即得约 0.1mol/L HCl 溶液。填写试剂名称、浓度、配制日期、班级、姓名的标签，贴于瓶身。

快速称取约 2.0g 固体 NaOH 于 100mL 小烧杯中，加去离子水使之溶解，待溶液稍微冷却后再转入 500mL 试剂瓶中，加去离子水稀释至刻度，用橡胶塞塞好瓶口，摇匀，即得约 0.1mol/L NaOH 溶液。填写试剂名称、浓度、配制日期、班级、姓名的标签，贴于瓶身。

2. 滴定操作练习

① 取两支两用滴定管，洗净，检查是否漏水。

② 先用约 0.1mol/L NaOH 溶液润洗一支两用滴定管 2～3 次（每次用 5～10mL 溶液），再向两用滴定管中倒入 NaOH 溶液，调节滴定管液面至 0.00mL 刻度。

③ 先用约 0.1mol/L HCl 溶液润洗另一支两用滴定管 2～3 次（每次用 5～10mL 溶液），再向两用滴定管中倒入 HCl 溶液，调节滴定管液面到 0.00mL 刻度。

④ 从两用滴定管中放出约 25mL NaOH 溶液于 250mL 锥形瓶中，加 1 滴甲基橙指示剂，用另一支两用滴定管中的 HCl 溶液滴定锥形瓶中的 NaOH 溶液，练习滴定基本操作，被滴定溶液由黄色恰好转变为橙色即为滴定终点。记录消耗 HCl 溶液的体积。平行滴定三份。

⑤ 从两用滴定管中放出 25mL HCl 溶液于 250mL 锥形瓶中，加 2～3 滴酚酞指示剂，用另一支两用滴定管中的 NaOH 溶液滴定锥形瓶中的 HCl 溶液，被滴定溶液由无色变为微红色并保持 30s 不褪色即为滴定终点。平行滴定三份。

3. HCl 溶液的标定

（1）Na_2CO_3 标定　准确称取 0.15～0.20g 无水 Na_2CO_3，置于 250mL 锥形瓶中，加 30～40mL 去离子水溶解，加 1 滴甲基橙指示剂，用 0.1mol/L HCl 溶液滴定，被滴定溶液由黄色恰好转变为橙色即为滴定终点。记录消耗 HCl 溶液的体积，计算 HCl 标准溶液的浓度。平行滴定三份，计算平均浓度并填在标签上。

（2）硼砂标定　准确称取 0.4～0.5g 硼砂，置于 250mL 锥形瓶中，加约 50mL 去离子水溶解，加 1 滴甲基橙指示剂，用 0.1mol/L HCl 溶液滴定，至被滴定溶液由黄色恰好转变为橙色为止。记录消耗 HCl 溶液体积，计算 HCl 标准溶液的浓度。平行滴定三份，计算平均浓度并填在标签上。

五、数据记录与结果处理

实验数据与结果处理数据填入表 6-1～表 6-4。

表 6-1　HCl 溶液滴定 NaOH 溶液（指示剂：甲基橙）

项目	1	2	3
V_{NaOH}/mL			
V_{HCl}/mL			
V_{HCl}/V_{NaOH}			
V_{HCl}/V_{NaOH} 平均值			
相对偏差/%			

表 6-2　NaOH 溶液滴定 HCl 溶液（指示剂：酚酞）

项目	1	2	3
V_{HCl}/mL			
V_{NaOH}/mL			
V_{NaOH}/V_{HCl}			
V_{NaOH}/V_{HCl} 平均值			
V_{NaOH} 的极差/mL			

表 6-3　HCl 溶液的标定（基准物质：Na_2CO_3）

项目	1	2	3
$m_{Na_2CO_3}/g$			
V_{HCl}/mL			
$c_{HCl}/(mol/L)$			
平均 $c_{HCl}/(mol/L)$			
相对平均偏差/%			

表 6-4　HCl 溶液的标定（基准物质：硼砂）

项目	1	2	3
$m_{硼砂}/g$			
V_{HCl}/mL			
$c_{HCl}/(mol/L)$			
平均 $c_{HCl}/(mol/L)$			
相对平均偏差/%			

六、思考题

① 为什么要采用间接法配制 NaOH 与 HCl 溶液？

② 在滴定分析实验中，为什么滴定管需要操作溶液润洗？锥形瓶需要润洗吗？

③ 标定 HCl 溶液时一般采用甲基橙指示剂而不是酚酞指示剂，为什么？

④ 标定 HCl 溶液时，称取 Na_2CO_3 的称量范围是怎样考虑的？

实验 23　食用醋中 HAc 总酸度的测定

一、实验目的

① 进一步练习及熟练掌握滴定操作技术。

② 学会 NaOH 标准溶液的标定方法及指示剂的选择。

③ 掌握强碱滴定弱酸的反应原理。

④ 学会测定食醋中总酸度的方法。

二、实验用品

两用滴定管（50mL），电子天平，容量瓶（100mL），移液管（25mL）。

NaOH 溶液（0.1800mol/L），酚酞指示剂（2g/L，乙醇溶液），邻苯二甲酸氢钾（$KHC_8H_4O_4$），食醋。

三、实验原理

食用醋是重要的调味料，其主要酸性物质是醋酸（乙酸，HAc），此外还包含少量如乳酸等其他弱酸。醋酸是一元弱酸，其解离常数（K_a）为 1.8×10^{-5}，可采用 NaOH 标准溶液测定其含量，反应式为 $NaOH+HAc \longrightarrow NaAc+H_2O$，化学计量点 pH 约为 8.7，指示剂可选用酚酞，被滴定溶液由无色变为微红色并保持 30s 不褪色即为滴定终点。测定时，NaOH 还与食用醋中可能存在的其他酸反应，因此测定的结果为总酸度，一般以 ρ_{HAc}(g/L) 表示。

在酸碱滴定中最常用的碱溶液是 NaOH 标准溶液，常配制 0.1mol/L 的溶液。由于 NaOH 易吸收空气中的 H_2O 和 CO_2，只能采用标定法来配制。标定 NaOH 溶液的最常用的基准物质是邻苯二甲酸氢钾（$KHC_8H_4O_4$，缩写 KHP，$pK_a=5.41$），反应式为 $NaOH+KHC_8H_4O_4 \longrightarrow KNaC_8H_4O_4+H_2O$，化学计量点 pH 为 9.1，指示剂可选用酚酞。

四、实验步骤

1. NaOH 溶液的标定

用差减称量法称取邻苯二甲酸氢钾 0.4～0.6g 于 250mL 锥形瓶中，加 40～50mL 去离子水，充分摇动使溶解完全，加入 2～3 滴酚酞指示剂，用待标定的 NaOH 溶液滴定，溶液由无色变微红色并保持 30s 即为终点。平行测定三份，计算 NaOH 溶液的浓度。同时计算测定的相对平均偏差，应小于或等于 0.3%，否则需重新标定。

2. 食醋中 HAc 总酸度的测定

准确移取食醋样品 25.00mL 于 100mL 容量瓶中，用新煮沸并冷却的去离子水定容，摇匀。移取稀释后的样品溶液 25.00mL 于 250mL 锥形瓶中，加 2～3 滴酚酞指示剂，用 NaOH 标准溶液滴定，溶液由无色变微红色并保持 30s 即为终点。平行测定三份，计算食醋总酸度。

五、数据记录与结果处理

实验数据与结果处理数据填入表 6-5、表 6-6。

表 6-5　NaOH 标准溶液的标定（邻苯二甲酸氢钾）

项目	1	2	3
m_{KHP}/g			
V_{NaOH}/mL			
c_{NaOH}/(mol/L)			
c_{NaOH} 平均值/(mol/L)			
相对平均偏差/%			

表 6-6　食用白醋总酸度的测定

项目	1	2	3
$V_{食用白醋}$/mL			
$V_{稀释后醋样}$/mL			
V_{NaOH}/mL			
ρ_{HAc}/(g/L)			
ρ_{HAc} 平均值/(g/L)			
相对平均偏差/%			

六、思考题

① 除邻苯二甲酸氢钾外，查阅文献说出其他标定 NaOH 的基准物质。

② 计算邻苯二甲酸氢钾标定 NaOH 的 pH 突跃范围。

③ 稀释食用白醋为何要用新煮沸并冷却的去离子水？

实验 24　市售双氧水中 H_2O_2 含量的测定

一、实验目的

① 学会 $KMnO_4$ 法测定 H_2O_2 含量的原理。

② 了解氧化还原滴定法的特点及应用。

③ 了解自身指示剂及自催化反应。

二、实验用品

两用滴定管，电子天平，锥形瓶，吸量管，移液管，容量瓶。

双氧水溶液（30%），$Na_2C_2O_4$（在 105～115℃下烘干 2h 备用），H_2SO_4 溶液（3.0mol/L），$KMnO_4$ 固体。

三、实验原理

H_2O_2 具有氧化性与还原性，在生物医药、军事和工业等方面均有重要应用价值。如医用双氧水常用于消毒、杀菌，高浓度的过氧化氢可作火箭燃料的助燃剂，工业上则可用作纺织、印染等的漂白剂，还广泛应用于化工、电镀及水泥生产等。过氧化氢酶的活性就是通过测定 H_2O_2 分解所释放出的氧气来确定。由于过氧化氢应用广泛，因此常需要测定它的含量。

测定 H_2O_2 含量可以采用高锰酸钾法，室温下，在稀 H_2SO_4 溶液中，H_2O_2 能定量地还原 $KMnO_4$，反应如下：

$$5H_2O_2+2MnO_4^-+6H^+ \longrightarrow 2Mn^{2+}+5O_2\uparrow+8H_2O$$

该滴定反应是自催化反应，反应生成的 Mn^{2+} 是反应的催化剂。测定时，开始滴定速度不能太快，容易产生棕色 MnO_2 沉淀，而 MnO_2 可促进 H_2O_2 的分解，增加测定误差。待 Mn^{2+} 不断生成后，催化加快了反应速率，滴定速度也可适当加快。当达到化学计量点后，稍过量的 $KMnO_4$ 呈现稳定的微红色即为终点。

$KMnO_4$ 标准溶液可用盐（如 $Na_2C_2O_4$）、氧化物（As_2O_3）及单质（如纯铁丝）等基准物质标定。$Na_2C_2O_4$ 标定的反应式为：

$$2MnO_4^-+5C_2O_4^{2-}+16H^+ \longrightarrow 2Mn^{2+}+10CO_2\uparrow+8H_2O$$

含有乙酰苯胺等稳定剂的 H_2O_2 不宜采用 $KMnO_4$ 法测定，可选择碘量法进行测定，H_2O_2 可以氧化 KI 析出碘单质（I_2），然后用硫代硫酸钠标准溶液滴定生成的碘单质。

四、实验步骤

1. 配制 $KMnO_4$ 溶液

称取 $KMnO_4$ 固体约 2.4g，置于 1L 烧杯中，加入 600～750mL 去离子水溶解，盖上表面皿，加热至沸，保持微沸状态约 50min，并适当补加去离子水维持溶液总体积。溶液冷却后转移至棕色试剂瓶中，放置暗处 2～3 天使其充分反应，固体杂质用砂芯漏斗过滤除去，滤液贮存于棕色瓶内，使用前标定。

2. 标定 $KMnO_4$ 溶液

准确称取 0.15～0.20g $Na_2C_2O_4$ 于 250mL 锥形瓶中，加 30～40mL 去离子水溶解，再加 15mL H_2SO_4 溶液（3.0mol/L），水浴加热至 75～85℃（刚好冒蒸气即可），用布或纸巾包住锥形瓶颈部，趁热用 $KMnO_4$ 溶液滴定，滴定时应该先慢滴后快滴，滴定终点为被滴定溶液呈微红色并保持 30s 不褪色。平行标定三份，计算 $KMnO_4$ 标准溶液的浓度。

3. 测定双氧水中 H_2O_2 含量

准确移取市售双氧水 1.00mL 置于 100mL 容量瓶中，加去离子水稀释定容并摇匀。移取 25.00mL 稀释后溶液，置于 250mL 锥形瓶中，加 30mL 去离子水和 5mL H_2SO_4 溶液（3.0mol/L），用 $KMnO_4$ 标准溶液滴定，滴定终点为被滴定溶液呈微红色并保持 30s 不褪色。平行测定三份，计算市售双氧水的质量浓度（g/L）。

五、数据记录与结果处理

实验数据与结果处理数据填入表 6-7、表 6-8。

表 6-7　$KMnO_4$ 标准溶液的标定

项目	1	2	3
$m_{Na_2C_2O_4}$/g			
V_{KMnO_4}/mL			
c_{KMnO_4}/(mol/L)			
c_{KMnO_4} 平均值/(mol/L)			
相对平均偏差/%			

表 6-8　$KMnO_4$ 溶液滴定 H_2O_2

项目	1	2	3
$V_{双氧水}$/mL			
$V_{稀释双氧水}$/mL			
V_{KMnO_4}/mL			
$\rho_{H_2O_2}$/(g/L)			
$\rho_{H_2O_2}$ 平均值/(g/L)			
相对平均偏差/%			

六、思考题

① 为什么采用 $KMnO_4$ 法测定双氧水中 H_2O_2 含量时需要在酸性条件下？调节溶液的酸度能否用 HNO_3 或 HCl 代替 H_2SO_4？

② 配制 $KMnO_4$ 溶液采取煮沸的目的是什么？冷却后过滤得到的残渣是什么？

③ 用 $Na_2C_2O_4$ 标定 $KMnO_4$ 溶液时，能否在碱性条件或中性条件下进行？为什么？

④ 用 $KMnO_4$ 法测定 H_2O_2 含量时采用先慢后快的滴定速度，要是滴定前在 H_2O_2 中加入适量 Mn^{2+} 呢？

实验 25 自来水硬度的测定

一、实验目的

① 学会配位滴定法测定水硬度的原理及方法。

② 了解水硬度的概念、表示方法及测定水硬度的意义。

③ 掌握 EDTA 标准溶液的配制和标定方法。

二、实验用品

两用滴定管，电子分析天平，锥形瓶，容量瓶，移液管，量筒，洗耳球。

EDTA 溶液，$CaCO_3$ 基准物质，$NH_3 \cdot H_2O$-NH_4Cl 缓冲溶液，NaOH 溶液（6.0mol/L），HCl 溶液（6.0mol/L），氨水（7.0mol/L），铬黑 T 指示剂（5.0g/L），钙指示剂，Mg^{2+}-EDTA 溶液，甲基红（1.0g/L），三乙醇胺溶液。

三、实验原理

水硬度最初是表示水抵抗与肥皂产生肥皂泡的一种性质，包括总硬度、碳酸盐硬度及其他硬度，在不同国家定义有差异。目前我国常用的表示方法是将测得的钙、镁含量折算成 $CaCO_3$ 的含量（mg/L）或浓度（mmol/L）。我国《生活饮用水卫生标准》（GB 5749—2022）规定以 $CaCO_3$ 计的总硬度不得超过 450mg/L。

测定水硬度分为测定水的总硬度和钙、镁硬度两种。水的总硬度包括 Ca^{2+} 与 Mg^{2+} 总量，钙硬度、镁硬度则分别为 Ca^{2+} 和 Mg^{2+} 的含量。测定水的总硬度可用 EDTA 配位滴定法，在 pH 为 10 的缓冲溶液中，以铬黑 T 为指示剂，用 EDTA 标准溶液直接测定水中的 Ca^{2+} 与 Mg^{2+} 总量。

在测定钙硬度时，用 NaOH 溶液调节溶液的 pH 为 12～13，此时 Mg^{2+} 转变成 $Mg(OH)_2$ 白色沉淀，加入钙指示剂，用 EDTA 标准溶液滴定，滴定终点为被测溶液由钙指示剂-Ca^{2+} 配位化合物的红色变成游离钙指示剂的蓝色。根据消耗的 EDTA 标准溶液体积计算得到钙硬度。

滴定前：$HIn^{2-} + Mg^{2+} \longrightarrow MgIn^{-} + H^{+}$

终点前：$H_2Y^{2-} + Ca^{2+}(Mg^{2+}) \longrightarrow CaY^{2-}(MgY^{2-}) + 2H^{+}$

终点时：$MgIn^{-} + H_2Y^{2-} \longrightarrow MgY^{2-} + HIn^{2-} + H^{+}$

（酒红色）（纯蓝色）

可选用掩蔽法消除水中共存离子的影响，如 Al^{3+}、Fe^{3+} 可用三乙醇胺掩蔽，Cu^{2+}、Zn^{2+}、Pb^{2+} 等可用 Na_2S 或 KCN 掩蔽。

水硬度以 $CaCO_3$ 的浓度（mg/L）表示，保留四位有效数字。

$$\text{水硬度} = \frac{c_{EDTA} V_{EDTA} M_{CaCO_3} \times 1000}{100}$$

式中，c_{EDTA} 为 EDTA 溶液的物质的量浓度，mol/L；V_{EDTA} 为 EDTA 溶液所消耗的体积，L；M_{CaCO_3} 为碳酸钙的摩尔质量，g/mol。

四、实验步骤

1. EDTA 溶液的标定

准确称取 0.23～0.27g $CaCO_3$ 于 100mL 烧杯中，加少量去离子水润湿，盖上表面皿，滴加约 10mL HCl 溶液（6.0mol/L），加热使 $CaCO_3$ 反应完全。待溶液冷却，用去离子水冲洗表面皿和烧杯内壁，溶液定量转移至 250mL 容量瓶中，定容摇匀即得 Ca^{2+} 标准溶液。

准确移取 25.00mL Ca^{2+} 标准溶液于 250mL 锥形瓶中，加 1 滴甲基红（1.0g/L），滴加氨水（7.0mol/L）至溶液由红色变黄色，加 20～25mL 去离子水、10mL $NH_3 \cdot H_2O$-NH_4Cl 缓冲溶液、5mL Mg^{2+}-EDTA 溶液及 2 滴铬黑 T 指示剂，用待标定 EDTA 溶液滴定，由酒红色滴定至蓝色即为滴定终点。平行测定三次，计算 EDTA 标准溶液的浓度。

2. 测定自来水总硬度

移取 100mL 自来水于锥形瓶中，加 1～2 滴 HCl 溶液（6.0mol/L），煮沸数分钟除去 CO_2，待冷却后加 5mL 三乙醇胺溶液，摇匀，加 5mL $NH_3 \cdot H_2O$-NH_4Cl 缓冲溶液及 3～4 滴铬黑 T 指示剂。用 EDTA 标准溶液滴定，由红色滴定至蓝色即为滴定终点。平行测定三次，计算自来水总硬度。

3. 测定钙硬度

移取 100mL 自来水于锥形瓶中，加 5mL NaOH 溶液（6.0mol/L）、适量钙指示剂，摇动使钙指示剂完全溶解，用 EDTA 标准溶液滴定，由红色滴定至蓝色即为滴定终点。平行测定三次，计算自来水钙硬度。

五、数据记录与结果处理

实验数据与结果处理数据填入表 6-9～表 6-11。

表 6-9　标定 EDTA 溶液

项目	1	2	3
m_{CaCO_3}/g			
V_{EDTA}/mL			
c_{EDTA}/(mol/L)			
c_{EDTA} 平均值/(mol/L)			
相对平均偏差/%			

表 6-10　自来水总硬度测定

项目	1	2	3
$V_{自来水}$/mL			
V_{EDTA}/mL			
水总硬度（以 $CaCO_3$ 计）/(mg/L)			
水总硬度平均值（以 $CaCO_3$ 计）/(mg/L)			
相对平均偏差/%			

表 6-11 钙硬度的测定

项目	1	2	3
$V_{自来水}$/mL			
V_{EDTA}/mL			
钙硬度/(mmol/L)			
钙硬度平均值/(mmol/L)			
相对平均偏差/%			

六、思考题

① 本实验中为什么选择 $CaCO_3$ 为基准物质来标定 EDTA?

② 在测定水的硬度时，$NH_3 \cdot H_2O$-NH_4Cl 缓冲溶液与铬黑 T 指示剂加入次序能否交换? 为什么?

③ 在配位滴定中加入缓冲溶液的作用是什么?

④ 查阅文献，至少列出四个不同国家水硬度的表示方法。

实验 26 注射液中葡萄糖含量的测定

一、实验目的

① 了解滴定分析中的返滴定法。

② 掌握间接碘量法测定葡萄糖含量的原理及方法。

二、实验用品

两用滴定管，移液管，锥形瓶，表面皿，容量瓶，吸量管。

HCl 溶液（2.0mol/L），NaOH 溶液（0.2mol/L），$Na_2S_2O_3$ 标准溶液（0.05mol/L），5%葡萄糖注射液，淀粉指示剂，I_2 溶液。

三、实验原理

葡萄糖注射液的主要成分是葡萄糖，医疗上是补充体液与能量的注射剂，用于调节水盐、电解质及酸碱平衡。测定葡萄糖含量可以采用间接碘量法。碘单质与 NaOH 反应可生成次碘酸钠（NaIO），次碘酸钠将葡萄糖（$C_6H_{12}O_6$）氧化成葡萄糖酸（$C_6H_{12}O_7$）。在酸性条件下，过量的次碘酸钠转化为碘单质（I_2），可被 $Na_2S_2O_3$ 标准溶液返滴定，即可计算得葡萄糖含量。其反应如下：

$$I_2+2NaOH \longrightarrow NaIO+NaI+H_2O$$

$$C_6H_{12}O_6+NaIO \longrightarrow C_6H_{12}O_7+NaI$$

总反应式为：

$$I_2+C_6H_{12}O_6+2NaOH \longrightarrow C_6H_{12}O_7+2NaI+H_2O$$

在碱性条件下，过量的 NaIO 发生歧化反应：

$$3NaIO \longrightarrow NaIO_3+2NaI$$

在酸性条件下：

$$NaIO_3+5NaI+6HCl \longrightarrow 3I_2+6NaCl+3H_2O$$

$$I_2+2Na_2S_2O_3 \longrightarrow Na_2S_4O_6+2NaI$$

化学计量关系为：$C_6H_{12}O_6 \sim NaIO \sim I_2 \sim 2Na_2S_2O_3$。

四、实验步骤

1. 标定 I_2 溶液

准确移取 25.00mL I_2 溶液于锥形瓶中，加 100mL 去离子水稀释，用 $Na_2S_2O_3$ 标准溶液滴定至溶液为草黄色，加入 2mL 淀粉指示剂，溶液呈蓝色，滴定至蓝色消失为滴定终点。平行测定三份，计算 I_2 标准溶液浓度。

2. 葡萄糖含量测定

准确移取 5%葡萄糖注射液 1.00mL 于 100mL 容量瓶中，定容摇匀。准确移取 25.00mL 稀释样液于锥形瓶中，加入 25.00mL I_2 标准溶液，缓慢滴加 NaOH 溶液（0.2mol/L）至溶液呈淡黄色，盖上表面皿放置 10～15min，加 6mL HCl 溶液（2.0mol/L），用 $Na_2S_2O_3$ 标准溶液滴定至浅黄色，加入 3mL 淀粉指示剂，溶液呈蓝色，滴定至蓝色消失为滴定终点。

平行测定三份，计算葡萄糖浓度。

五、数据记录与结果处理

实验数据与结果处理数据填入表 6-12、表 6-13。

表 6-12 标定 I_2 溶液

项目	1	2	3
V_{I_2}/mL			
$V_{Na_2S_2O_3}$/mL			
c_{I_2}/(mol/L)			
c_{I_2} 平均值/(mol/L)			
相对平均偏差/%			

表 6-13 葡萄糖含量测定

项目	1	2	3
$V_{葡萄糖注射液}$/mL			
$V_{稀释后葡萄糖注射液}$/mL			
V_{I_2}/mL			
$V_{Na_2S_2O_3}$/mL			
$c_{葡萄糖}$/(mol/L)			
$c_{葡萄糖}$平均值/(mol/L)			
相对平均偏差/%			

六、思考题

① 为什么配制 I_2 溶液时常常要加入 KI？

② 碘量法有何优缺点？

③ 查阅文献，简述还有什么方法可以测定葡萄糖。

实验 27　可乐饮料中磷酸含量的测定——电导法

一、实验目的

① 了解电导法的基本原理与操作方法。

② 学会使用电导法测定可乐饮料中磷酸含量。

二、实验用品

电导率仪，铂黑电极，两用滴定管（50mL），移液管（50mL），容量瓶（250mL），烧杯（100mL、500mL、1000mL），量筒（250mL）。

可乐饮料，NaOH 标准溶液（0.05mol/L）。

三、实验原理

电化学分析方法是基于物质在电化学电池中的电化学性质及其参数变化进行分析的一类仪器分析技术，具有快速、准确、操作简便、成本低廉及易于实现自动化等优点，在环境监测、矿物分析、卫生检验、食品分析及农林水产等领域应用广泛。

电导分析法是通过测量电化学电池的电导率来求得物质含量的方法，可分为电导法和电导滴定法。电导(G）是衡量电解质溶液导电能力的参数。电导是电阻(R）的倒数，单位为西门子(S)，在一定温度下，对于一段横截面积为 A、长度为 l 的均匀导体，有：

$$R=\rho\frac{l}{A}$$

$$G=\frac{1}{R}=\kappa\frac{A}{l}$$

式中，ρ 为该导体的电阻率，单位为 $\Omega\cdot cm$；κ 为电导率，单位为 S/cm。

电解质溶液的电导率与电解质的性质，溶剂的性质、温度及浓度有关。电导率仪可以测定电解质溶液的电导率，反映了溶液的溶质浓度，可以应用于测定溶解度、水纯度、反应速率，也可以替代指示剂作为各种滴定分析的终点指示手段。

在酸碱滴定分析中，用电导率仪测量溶液电导率，由于临近滴定化学计量点前后所含离子（主要是 H_3O^+ 与 OH^-）浓度的急剧变化，导致溶液的电导率随之急速改变，因此可以确定滴定的化学计量点。

溶液中不同离子的导电能力都不相同，以 NaOH 溶液滴定 H_3PO_4 为例，H^+ 与 OH^- 的电导率就远高于 Na^+ 与 PO_4^{3-}。化学计量点前随着 NaOH 的加入，虽然 Na^+ 逐渐增加，但是 H^+ 被 OH^- 中和消耗，因而大大降低溶液的导电率；到达化学计量点时，溶液的电导率达到最低值；化学计量点后，过量的 OH^- 开始主导溶液的导电性而使电导率再次回升。所以在酸碱滴定过程中，导电能力强的 H^+ 与 OH^- 主导了电导滴定曲线的变化。

测定可乐饮料中所含的磷酸，采用 NaOH 溶液滴定法，测定溶液电导率的变化并绘制电导滴定曲线，从而确定滴定终点，可以测定磷酸含量。

四、实验步骤

将可乐饮料倒入 1000mL 烧杯中，略加搅拌除去气泡，量取 250.00mL 于 500mL 烧杯中，小火加热微沸 30min，除去其中的 CO_2。冷却后的可乐饮料转移至容量瓶中，用水稀释至刻度并摇匀。移取 50.00mL 处理好的可乐饮料于 100mL 烧杯中。将电导电极洗净，用滤纸吸干，浸没于溶液中。先轻轻摇动烧杯，待静止后记录电导率值。用 NaOH 标准溶液滴定可乐试液，每次加入 0.50～1.00mL NaOH 标准溶液，稳定后记录电导率值；待接近化学计量点时（即电导率值变化加快），每次加入 0.20mL NaOH 标准溶液，在化学计量点后，再滴定 3～4 个数据。平行滴定三份。实验完成后，将电导电极洗净，浸于水中。

五、数据记录与结果处理

以加入的 NaOH 标准溶液体积为横坐标，测得的电导率值为纵坐标，绘制电导滴定曲线，从图中确定第一化学计量点和第二化学计量点，并计算可乐饮料中的磷酸含量。

六、思考题

① 测定前需通过煮沸以除去可乐饮料中的 CO_2，为什么？

② 通过电导滴定曲线确定滴定终点，还可以采用求导的方法，查阅文献，了解求导法如何确定终点。

实验 28　五水硫酸铜的含量测定（碘量法）及其在医学中的应用

一、实验目的

① 掌握 $Na_2S_2O_3$ 标准溶液的标定方法。

② 学会间接碘量法测定铜含量的方法及操作。

二、实验用品

碘量瓶，称量瓶，电子分析天平，两用滴定管（50mL），干燥器，容量瓶。

$CuSO_4 \cdot 5H_2O$、$Na_2S_2O_3$ 溶液（0.1mol/L），饱和 NaF 溶液，淀粉溶液（5.0g/L），$K_2Cr_2O_7$ 标准溶液（0.05000mol/L），KI 溶液（200.0g/L），硫酸溶液（3.0mol/L），盐酸溶液（6.0mol/L），NH_4SCN 溶液（100.0g/L）。

三、实验原理

五水硫酸铜（$CuSO_4 \cdot 5H_2O$）俗称胆矾、蓝矾或铜矾。中药石胆的主要成分就是五水硫酸铜，主治风痰、喉痹喉风、口舌生疮、甲疽肿痛等症。

在 pH 为 3～4 的条件下，Cu^{2+} 与过量的 KI 生成 CuI 沉淀，并定量析出 I_2，用 $Na_2S_2O_3$ 标准溶液滴定生成的 I_2，即可计算出试样中铜的含量。反应如下：

$$2Cu^{2+} + 4I^- \longrightarrow 2CuI\downarrow + I_2$$

$$I_2 + 2S_2O_3^{2-} \longrightarrow 2I^- + S_4O_6^{2-}$$

标定 $Na_2S_2O_3$ 标准溶液可选择的基准物质有 $K_2Cr_2O_7$、KIO_3、纯铜等。推荐使用纯铜标定，因为与测定时条件相同，可以抵消测定的系统误差。

要注意控制反应的条件如下。

① 介质的 pH 太高，Cu^{2+} 会水解。介质的 pH 太低，I^- 易被空气氧化为 I_2，且 Cu^{2+} 对该反应具有催化作用，导致测定结果偏高。可以采用 NH_4HF_2 调节介质的 pH，NH_4HF_2 可分解为 HF 与 F^-，形成 HF-F^- 缓冲溶液。由于 HF 的 $pK_a=3.18$，HF-F^- 缓冲溶液可以控制 pH 为 3～4。此外，由于 F^- 可与 Fe^{3+} 形成 FeF_6^{3-} 从而掩蔽 Fe^{3+}，防止 Fe^{3+} 氧化 I^-。

② CuI 强烈吸附 I_2，导致结果偏低。可采取在临近滴定终点时加入 NH_4SCN，使 CuI（$K_{sp}=10^{-11.96}$）转化为溶解度更小的 CuSCN（$K_{sp}=10^{-14.32}$）。但 NH_4SCN 不能加入过早，否则它会还原 I_2，使测定结果偏低。

③ KI 的作用是还原剂、沉淀剂、配位剂。

四、实验步骤

1. $Na_2S_2O_3$ 标准溶液的标定

准确移取 $K_2Cr_2O_7$ 标准溶液 25.00mL 置于碘量瓶中，加入 5mL 盐酸溶液（6.0mol/L），加入 10mL KI 溶液（200.0g/L），盖紧塞子，摇匀后水封，置暗处 10min。加入 20mL 水，用 $Na_2S_2O_3$ 溶液滴定至淡黄色，加入 8 滴淀粉指示剂，继续滴定至绿色即为终点。平行测定三份，计算 $Na_2S_2O_3$ 标准溶液的浓度。

2. 铜含量的测定

准确称取 $CuSO_4 \cdot 5H_2O$ 试样 5.0～7.5g 于小烧杯中，加 5mL H_2SO_4 溶液（3mol/L）溶解，加少量去离子水，转移至 250mL 容量瓶中，定容，摇匀。

准确移取待测试液 25.00mL 于碘量瓶中，加入 3mL NaF 溶液，加入 10mL KI 溶液（200.0g/L），加盖水封，置暗处 5min。加入 20mL 水，用 $Na_2S_2O_3$ 标准溶液滴定至淡黄色，加入 1mL 淀粉指示剂，溶液呈蓝色，再滴定至紫灰色，加入 10mL NH_4SCN 溶液（100.0g/L），剧烈摇动，溶液颜色加深，滴定至浅蓝色消失，沉淀呈肉色即为终点。平行测定三份，计算铜含量。

五、数据记录与结果处理

实验数据与结果处理数据填入表 6-14、表 6-15。

表 6-14 $Na_2S_2O_3$ 溶液的标定（$c_{K_2Cr_2O_7}$ = mol/L）

项目	1	2	3
$V_{K_2Cr_2O_7}$/mL			
$V_{Na_2S_2O_3}$/mL			
$c_{Na_2S_2O_3}$/(mol/L)			
$c_{Na_2S_2O_3}$ 平均值/(mol/L)			
相对平均偏差/%			

表 6-15 试样中铜含量的测定

项目	1	2	3
$m_{CuSO_4 \cdot 5H_2O}$/g			
$V_{待测试液}$/mL	25.00	25.00	25.00
$V_{Na_2S_2O_3}$/mL			
铜含量/%			
铜含量平均值/%			
相对平均偏差/%			

六、思考题

① 碘量法测定铜含量过程中加入过量的 KI 的目的是什么？

② 如何配制和保存 $Na_2S_2O_3$ 溶液？

③ 碘量法测定铜含量过程中，加入淀粉指示剂和 NH_4SCN 有什么要求？为什么？

④ 除碘量法测定铜含量外，查阅文献，找找其他可以测定铜含量的滴定方法。

实验 29　药用硼砂含量的测定

一、实验目的

① 掌握甲基红指示剂指示滴定终点的判定。

② 掌握酸碱滴定法测定硼砂含量的方法与操作。

二、实验用品

电子分析天平，两用滴定管，锥形瓶，移液管，量筒。

硼砂试样，HCl 标准溶液（0.1000mol/L），甲基红指示剂。

三、实验原理

硼砂（$Na_2B_4O_7 \cdot 10H_2O$）是强碱弱酸盐，具有弱碱性。中药硼砂是一味拔毒化腐生肌药，其复方制剂有冰硼散、四味珍层冰硼滴眼液、马应龙八宝眼膏等。硼砂有弱的抑菌作用，在平板法培养基中含 10%的硼砂，对大肠杆菌、铜绿假单胞菌、炭疽杆菌、葡萄球菌及白色念珠菌等均有抑制作用。基准物质硼砂可以标定酸标准溶液，因此可以采用盐酸标准溶液滴定法测定其含量。反应式如下：

$$Na_2B_4O_7 + 2HCl + 5H_2O \longrightarrow 2NaCl + 4H_3BO_3$$

到达化学计量点时 pH 为 5.1，可选用甲基红（变色范围 4.4～6.2）为指示剂。

四、实验步骤

准确称取 0.4～0.5g 硼砂样品于 250mL 锥形瓶中，加入 50mL 去离子水溶解，加入 2 滴甲基红指示剂，用 HCl 标准溶液滴定至由黄色变为橙色即为终点。平行滴定三份，计算硼砂样品中硼砂含量。

五、实验数据处理及记录表格

硼砂的质量分数计算式为：

$$w_{Na_2B_4O_7 \cdot 10H_2O} = \frac{c_{HCl} \cdot V_{HCl} \cdot \dfrac{M_{Na_2B_4O_7 \cdot 10H_2O}}{2}}{m_{样品}} \times 100\%$$

数据填入表 6-16。

表 6-16　硼砂含量的测定

项目	1	2	3
$m_{硼砂}$/g			
c_{HCl}/mol/L			
V_{HCl}/mL			
$w_{Na_2B_4O_7 \cdot 10H_2O}$/%			
$w_{Na_2B_4O_7 \cdot 10H_2O}$ 平均值/%			
相对平均偏差/%			

六、思考题

① 滴定终点若为橙色偏红，则结果会出现什么情况？

② 若要标定本实验所用 HCl 标准溶液，选择哪种基准物质最佳？为什么？

第七章

元素性质实验

物质都是由各种化学元素组成的，元素性质的多样性构成了绚丽多彩的世界。俄罗斯著名化学家门捷列夫发现了元素周期律，在科学上留下了不朽的光辉。但自然界到底有多少种化学元素？如何去发现新的元素？各元素存在什么内部联系？这些问题仍需要进行艰难的探索。量的积累才能引起质变。通过对已发现元素性质的掌握，孕育新的发现和新的理论。

实验 30　氧、硫、氯、溴、碘性质实验

一、实验目的

① 掌握 H_2O_2 的氧化性质。

② 掌握 H_2S 的还原性、亚硫酸及其盐的化学性质、硫代硫酸及其盐的化学性质、过二硫酸及其盐的氧化性。

③ 了解卤素单质的性质和卤化氢的还原性递变规律；掌握卤素含氧酸盐的氧化性。

二、实验用品

蒸馏烧瓶、分液漏斗、离心机、玻璃管、橡胶管、棉花、冰、pH 试纸、滤纸、淀粉-KI 试纸、$Pb(Ac)_2$ 试纸。

二氧化锰(s)、$KMnO_4$(s)、过二硫酸钾(s)、KBr(s)、KI(s)、NaCl(s)、$(NH_4)_2S_2O_8$(s)。

浓 HCl(2mol/L)、H_2SO_4(1mol/L)、NaOH(2mol/L)、$KMnO_4$(0.2mol/L)、Na_2S(0.2mol/L)、$Na_2S_2O_3$(0.1mol/L)、$MnSO_4$(0.1mol/L)、$Pb(NO_3)_2$(0.2mol/L)、$AgNO_3$(0.1mol/L)、$FeCl_3$(0.1mol/L)、Na_2S(0.1mol/L)、KBr(0.1mol/L)、KI(0.1mol/L)、饱和 $KClO_3$ 溶液、3% H_2O_2 溶液、饱和 H_2S 溶液、饱和 SO_2 溶液、饱和氯水、浓氨水、碘水(0.10mol/L)、淀粉溶液、饱和碘水、品红溶液。

三、实验原理

H_2O_2 具有强氧化性，也能被更强的氧化剂氧化为氧气。在酸性介质中与 $Cr_2O_7^{2-}$ 反应生成蓝色的 CrO_5。

氧化性：$2H^+ + 4H_2O_2 + Cr_2O_7^{2-} \longrightarrow 2CrO_5 + 5H_2O$

还原性：$Cl_2 + H_2O_2 \longrightarrow 2HCl + O_2$

H_2S 具有强还原性，在含 S^{2-} 的溶液中加入稀盐酸可制备 H_2S 气体，能使湿润的 $Pb(Ac)_2$ 的试纸变黑。

SO_2 溶于水生成不稳定的亚硫酸。亚硫酸及其盐常用作还原剂，但遇到强还原剂时也起氧化作用。

$$H_2O+SO_3^{2-}+Cl_2 \longrightarrow SO_4^{2-}+2Cl^-+2H^+$$
$$2H_2S+SO_2 \longrightarrow 3S+2H_2O$$

亚硫酸可与某些有机物发生加成反应，所以具有漂白性，但加成物受热易分解。

硫代硫酸盐具有还原性，化学性质不稳定，遇酸容易分解，还能与某些金属离子形成配合物。

$Ag_2S_2O_3$ 分解生成 Ag_2S 和 H_2SO_4，这一过程伴随颜色由白色变为黄色，然后变为棕色，最后变为黑色。

过二硫酸盐是强氧化剂，在酸性介质中能将 Mn^{2+} 氧化为 MnO_4^-，在有 Ag^+（催化剂）存在时，此反应速率增大。

Cl_2 具有强氧化性，氯、溴、碘单质的氧化性依次降低，Br^-、I^- 能被 Cl_2 氧化，当 Cl_2 过量时，I_2 被氧化为无色的 IO_3^-。

次氯酸及其盐具有强氧化性，卤酸根离子氧化性强弱次序为 $BrO_3^- > ClO_3^- > IO_3^-$。$Cl^-$、$Br^-$、$I^-$ 与 Ag^+ 反应分别生成 AgCl、AgBr、AgI 沉淀，它们的溶度积依次减小，都不溶于稀 HNO_3。

四、实验步骤

1. H_2O_2 的氧化性质

在试管中加入几滴 0.2mol/L $Pb(NO_3)_2$ 溶液和 0.2mol/L Na_2S 溶液，PbS 沉淀经离心分离、水洗，再加入 3%H_2O_2 溶液，观察颜色变化。写出反应方程式。

2. H_2S 的还原性

① 在试管中加入几滴 0.2mol/L $KMnO_4$ 溶液，用稀 H_2SO_4 酸化后，再滴加饱和 H_2S 溶液，观察颜色变化，写出反应方程式。

② 在试管中加入几滴 0.1mol/L $FeCl_3$ 溶液，再滴加饱和 H_2S 溶液，观察颜色变化，写出反应方程式。

③ 在试管中加入几滴 0.1mol/L Na_2S 溶液和 2mol/L HCl 溶液，用湿 $Pb(Ac)_2$ 试纸检查逸出的气体。观察颜色变化，写出反应方程式。

3. 亚硫酸及其盐的性质

① 在试管中加入几滴饱和碘水，加入一滴淀粉溶液，再加入几滴饱和 SO_2 溶液，观察现象，写出反应方程式。

② 在试管中加入几滴饱和 H_2S 溶液，再加入几滴饱和 SO_2 溶液，观察现象，写出反应方程式。

③ 在试管中加入几滴品红溶液，再加入饱和 SO_2 溶液，观察颜色变化。

4. 硫代硫酸及其盐的性质

① 在试管中加入 1mL 0.1mol/L $Na_2S_2O_3$ 溶液和 1mL 2mol/L HCl 溶液，用湿 $Pb(Ac)_2$ 试纸检查逸出的气体。观察颜色变化，写出反应方程式。

② 在试管中加入 1mL 饱和 0.01mol/L 碘水，加一滴淀粉溶液，再加几滴 0.1mol/L $Na_2S_2O_3$ 溶液，观察现象，写出反应方程式。

③ 在试管中加入 1mL 饱和氯水，滴加入 0.1mol/L $Na_2S_2O_3$ 溶液，检测是否有 SO_4^{2-} 生成。

④ 在试管中加几滴 0.1mol/L $Na_2S_2O_3$ 溶液，再滴加 0.1mol/L $AgNO_3$ 溶液，观察颜色变化。写出反应方程式。

5. 过二硫酸及其盐的氧化性

在试管中加入 1mL 0.1mol/L $MnSO_4$ 溶液，然后加入 2mL 1mol/L H_2SO_4 溶液和一滴 0.1mol/L $AgNO_3$ 溶液，再加入少量 $(NH_4)_2S_2O_8$ 固体，在水浴中加热，观察现象，写出反应方程式。

6. 卤化氢的还原性

① 在 3 支试管中，分别加入少量 NaCl、KBr、KI 固体，再各加入 1mL 浓硫酸，微热并分别用蘸有浓氨水的玻璃棒、pH 试纸、淀粉-KI 试纸和 $Pb(Ac)_2$ 试纸检验各试管中逸出的气体，写出反应方程式。

② Br^- 和 I^- 的还原性比较：用 0.1mol/L $FeCl_3$ 溶液分别与 0.1mol/L KBr 和 KI 作用，观察有无 Br_2 和 I_2 生成，比较 Br^- 和 I^- 的还原性。

7. 氯、溴、碘含氧酸盐的氧化性

① ClO^- 氧化性：取 2mL 氯水，加入几滴 2mol/L NaOH 碱化后分装于三支试管中。

第一支试管中加数滴 2mol/L HCl 溶液，用淀粉-KI 试纸检验 Cl_2 产生；第二支试管中加数滴 0.1mol/L KI 溶液和 2mol/L H_2SO_4 溶液，淀粉检验 I_2 产生；第三支试管中加数滴品红溶液，观察颜色变化。

② ClO_3^- 的氧化性：取 10 滴饱和 $KClO_3$ 溶液，加入 3 滴浓盐酸，检验 Cl_2 产生。

五、思考题

① 长时间放置 H_2S、Na_2S、Na_2SO_3 溶液会发生什么变化？如何判断溶液是否失效？

② $Na_2S_2O_3$ 溶液和 $AgNO_3$ 溶液反应，试剂的用量不同，产物有什么不同？

③ 过二硫酸盐在酸性介质中将 Mn^{2+} 氧化为 MnO_4^- 的反应条件是什么？

④ 用氯水与 KI 溶液反应时，如果氯水过量，CCl_4 层碘的紫色消失；用碘酸钾与 Na_2SO_3 溶液反应时，如果 Na_2SO_3 过量，淀粉的蓝色也会消失。两个反应有什么不同？

实验 31 硼、碳、硅、氮、磷性质实验

一、实验目的

① 掌握硼酸及硼酸的焰色反应以及硼砂珠反应。

② 了解硅酸和硅酸盐的性质。

③ 掌握硝酸及其盐、亚硝酸及其盐的主要性质。

④ 了解磷酸盐的主要性质。

二、实验用品

试管、烧杯、表面皿、酒精灯、蒸发皿、pH 试纸，镍铬丝。

去离子水、HCl(6mol/L)、H_2SO_4(6mol/L)、HNO_3(2mol/L)、Na_2CO_3(0.1mol/L)、Na_2SiO_3(0.5mol/L、20%)、$NaNO_2$(0.1mol/L)、KI(0.02mol/L)、$KMnO_4$(0.02mol/L)、Na_3PO_4(0.1mol/L、0.2mol/L)、Na_2HPO_4(0.1mol/L、0.2mol/L)、NaH_2PO_4(0.1mol/L、0.2mol/L)、$CaCl_2$(0.1mol/L)、$CuSO_4$(0.1mol/L)、$Na_4P_2O_7$(0.5mol/L)、淀粉溶液、$Na_5P_3O_{10}$(0.1mol/L)、硼酸(s)、硼砂(s)、硝酸铜(s)、硝酸钴(s)、硫酸钴(s)、硫酸锌(s)、硫酸铁(s)、锌粉、$NaHCO_3$(s)、Na_2CO_3(s)，NH_4NO_3(s)。

三、实验原理

硼是第ⅢA 族元素。硼酸是一元弱酸，能与多羟基醇发生加合反应，使溶液的酸性增强。

$$H_3BO_3 + H_2O \longrightarrow B(OH)_4^- + H^+$$

硼砂($Na_2B_4O_7 \cdot 10H_2O$)可水解，溶液呈碱性。可通过硼砂溶液与酸反应制备硼酸。硼砂脱水熔化为玻璃体后，能与不同金属氧化物或盐类熔融，生成具有不同特征颜色的偏硼酸复盐。

碳、硅是第ⅣA 族元素。碳酸盐与盐酸反应生成 CO_2，通入 $Ba(OH)_2$ 溶液中变浑浊。

硅酸钠水解作用明显。大多数硅酸盐难溶于水，过渡金属硅酸盐呈现不同的颜色。

氮、磷是第ⅤA 族元素。硝酸具有强氧化性。浓硝酸与金属反应主要生成 NO_2，稀硝酸与金属反应主要生成 NO，活泼金属能将稀硝酸还原为 NH_4^+。

亚硝酸及其盐中氮的氧化态为+3，处于中间态，所以既有氧化性，又有还原性。酸性介质中 NO_2^- 表现为氧化性，可被还原为 NO；亚硝酸盐与强氧化剂作用可生成硝酸盐。

亚硝酸可通过强酸与亚硝酸盐反应制备。亚硝酸不稳定，易分解为 N_2O_3 和 H_2O，N_2O_3 又能分解为 NO 和 NO_2。

碱金属（锂除外）和铵的磷酸盐、磷酸一氢盐易溶于水，其他磷酸盐难溶于水。大多数磷酸二氢盐易溶于水。焦磷酸盐和三聚磷酸盐具有配位作用。

四、实验步骤

1. 硼酸及硼砂的性质

① 在试管中加入 1.0g 硼酸和 5.0mL 去离子水，观察溶解情况。加热使其全部溶解，冷却至室温后用 pH 试纸测量溶液的 pH，写出反应方程式。

② 在试管中加入 1.0g 硼砂和 3.0mL 去离子水，加热使其全部溶解，冷却至室温后用 pH 试纸测量溶液的 pH，再加入 1.0mL 6.0mol/L H_2SO_4 溶液，在冷水中不断冷却，观察硼砂晶体析出，写出反应方程式。

③ 用镍铬丝蘸取浓盐酸，在氧化焰中灼烧后蘸取少量硼砂，然后灼烧成玻璃态，用烧红的硼砂珠蘸取少量的硝酸钴在氧化焰中灼烧至熔融，冷却后观察硼砂珠的颜色，写出反应方程式。

2. 硅酸盐的性质

① 将 2.0mL 0.5mol/L Na_2SiO_3 溶液加入试管中，用 pH 试纸测量 pH。然后滴加 6mol/L HCl 溶液，使溶液 pH 在 6.0～9.0，观察硅酸凝胶的生成，写出反应方程式。

② 在 50mL 烧杯中加入 30mL 20.0% Na_2SiO_3 溶液，然后分别加入结晶硝酸铜、结晶硫酸锌、结晶硫酸铁、结晶硫酸钴晶体各一小粒，静置 1～2h，观察实验现象。

3. 硝酸的氧化性

① 在试管中加入小块铜片，然后加入 2.0mL 浓硝酸，观察实验现象，写出反应方程式。

② 在试管中加入少量锌粉，然后加入 2.0mL 2.0mol/L HNO_3 溶液，观察实验现象。取清液检测是否有 NH_4^+ 生成，写出反应方程式。

4. 亚硝酸和亚硝酸盐的性质

① 在试管中加入几滴 0.1mol/L $NaNO_2$ 溶液，然后滴加 6mol/L H_2SO_4 溶液，观察溶液和液面上气体的颜色，写出反应方程式。

② 用 0.1mol/L $NaNO_2$ 溶液、0.02mol/L KI 溶液、淀粉溶液、6mol/L H_2SO_4 溶液检验 $NaNO_2$ 的氧化性。观察实验现象，写出反应方程式。

③ 用 0.1mol/L $NaNO_2$ 溶液、0.02mol/L $KMnO_4$ 溶液、6.0mol/L H_2SO_4 溶液检验 $NaNO_2$ 的还原性，写出反应方程式。

5. 磷酸盐的性质

① 用 pH 试纸分别测量 0.2mol/L Na_3PO_4 溶液、0.2mol/L Na_2HPO_4 溶液、0.2mol/L NaH_2PO_4 溶液 pH，写出反应方程式并加以说明。

② 在三支试管中各加入几滴 0.1mol/L $CaCl_2$ 溶液，然后分别滴加 0.1mol/L Na_3PO_4 溶液、0.1mol/L Na_2HPO_4 溶液、0.1mol/L NaH_2PO_4 溶液，观察实验现象，写出反应方程式。

③ 在试管中各加入几滴 0.1mol/L $CuSO_4$ 溶液，然后滴加 0.5mol/L $Na_4P_2O_7$ 溶液至过量。观察实验现象，写出反应方程式。

④ 取 1 滴 0.1mol/L $CaCl_2$ 溶液，滴加 0.1mol/L Na_2CO_3 溶液，再滴加 $Na_5P_3O_{10}$ 溶液。观察实验现象，写出反应方程式。

6. 碳酸盐、碳酸氢盐及硝酸铵晶体的鉴别

有三种白色晶体，可能是 $NaHCO_3$、Na_2CO_3 和 NH_4NO_3 晶体，设计简单的实验方法加以鉴别。观察实验现象，写出反应方程式。

五、思考题

① 如何用简单的方法区别硼砂、Na_2CO_3 和 Na_2SiO_3 这三种盐的溶液？

② 磷酸溶液中加 $AgNO_3$ 溶液是否有沉淀生成？欲用酸溶解 Ag_3PO_4，选择 HCl、H_2SO_4、HNO_3 中的哪一种最适宜？为什么？

③ 硝酸与金属反应的产物与哪些因素有关？

④ 用钼酸铵试剂检验 PO_4^{3-} 时，为什么要在硝酸介质中进行？

实验 32　碱金属和碱土金属性质实验

一、实验目的

① 学习钠、钾、镁、钙单质的主要性质。

② 比较锂、镁盐的相似性。

③ 试验并比较镁、钙、钡的草酸盐、碳酸盐、铬酸盐和硫酸盐的溶解性。

④ 观察碱金属与碱土金属离子焰色反应并掌握其实验方法。

二、实验用品

离心机，镊子，砂纸，镍丝，点滴板，钴玻璃片，pH 试纸，滤纸，酒精灯，表面皿，烧杯，玻璃棒。

去离子水，煤油，金属钾，金属钠，镁条，乙醇（95%），浓硝酸，HCl（2mol/L），NaOH(2mol/L)，氨水（1mol/L），NH_4Cl(2mol/L)，$K[Sb(OH)_6]$（饱和），$NaHC_4H_4O_6$（饱和），$(NH_4)_2C_2O_4$（饱和），$(NH_4)_2SO_4$（饱和），HAc(2mol/L)，$(NH_4)_2CO_3$（0.5mol/L），Na_3PO_4（0.5mol/L），酚酞，LiCl（1mol/L），NaF（1mol/L），Na_2CO_3（0.1mol/L，1mol/L），Na_2HPO_4（1mol/L），NaCl（1mol/L），KCl（1mol/L），$CaCl_2$（1mol/L），$SrCl_2$（1mol/L），$BaCl_2$（1mol/L），K_2CrO_4（1mol/L），$MgCl_2$（0.5mol/L，1mol/L），Na_2SO_4（1mol/L），$NaHCO_3$（1mol/L）。

三、实验原理

碱金属和碱土金属分别是元素周期表中ⅠA，ⅡA 族金属元素，它们的化学性质活泼，除 Be 外，都可与水反应，其中碱金属与水反应十分剧烈。

碱金属的氢氧化物可溶于水，它们的溶解度从 Li 到 Cs 依次递增。碱土金属的氢氧化物溶解度较低，其变化趋势从 Be 到 Ba 依次递增，其中 $Be(OH)_2$ 和 $Mg(OH)_2$ 难溶于水。除 $Be(OH)_2$ 显两性外，其他氢氧化物属中强碱或强碱。

碱金属的绝大部分盐类易溶于水，只有与易变形的大阴离子作用生成的盐才不能溶于水。例如高氯酸钾 $KClO_4$（白色）、钴亚硝酸钠钾 $K_2Na[Co(NO_2)_6]$（亮黄）、醋酸铀酰锌钠 $NaZn(UO_2)_3 \cdot (CH_3COO)_9 \cdot 9H_2O$（黄绿色）。

碱土金属盐类的溶解度较碱金属盐类低，其中钙、锶、钡的硫酸盐和铬酸盐难溶于水，其溶解度按 Ca—Sr—Ba 的顺序减小。碱土金属的碳酸盐、磷酸盐和草酸盐也难溶于水，利用这些盐类溶解度性质可以进行沉淀分离和离子检验。

碱金属和钙、锶、钡的挥发性化合物在高温焰色反应中可使火焰呈现特征颜色。锂使火焰呈红色，钠呈黄色，钾、铷和铯呈紫色，钙、锶、钡火焰分别呈橙红、洋红和绿色。所以也可以用焰色反应鉴定这些离子。

Mg 是ⅡA 族元素，在周期表中处于 Li^+ 的右下方，Mg^{2+} 的电荷数比 Li^+ 高，而半径又小于 Na^+，导致离子极化率与 Li^+ 相近，使 Mg^{2+} 性质与 Li^+ 相似。如锂与镁的氟化物、碳酸盐、磷酸盐均难溶，氢氧化物都属中强碱，不易溶于水。

四、实验步骤

1. 碱金属、碱土金属活泼性的比较

① 将一小块金属钠用滤纸吸干表面的煤油，放在表面皿中，加热，观察现象。产物冷却后，用玻璃棒轻轻捣碎产物，加入少量水令其溶解、冷却，观察有无气体放出，检验溶液pH，写出化学反应方程式。

② 用小块金属钾代替钠，继续重复实验，观察现象，写出化学反应方程式。

③ 取一小段金属镁条，用砂纸除去表面氧化层，点燃，观察现象，加入少量水令反应物溶解、检验反应后溶液的酸碱性，写出化学反应方程式。

注意：用过的吸干钠、钾表面煤油的滤纸不能乱扔，集中后处理（统一烧掉）。

2. 钠、钾、镁与水的作用

① 分别取一小块金属钠及金属钾，用滤纸吸干表面煤油后放入两个盛有水的烧杯中，用表面皿盖好烧杯，观察现象，检验反应后溶液的酸碱性，写出化学反应方程式。

② 取两小段镁条，除去表面氧化膜后分别投入盛有冷水和热水的两支试管中，对比两者反应的不同，写出化学反应方程式。

3. 碱土金属氢氧化物溶解性比较

利用 $MgCl_2$ 溶液、$CaCl_2$ 溶液、$BaCl_2$ 溶液、NaOH 溶液、氨水等化学试剂，设计系列实验，比较碱土金属氢氧化物溶解度的大小。

4. 碱金属难溶盐

① 取少量 1.0mol/L LiCl 溶液分别与 1mol/L NaF、Na_2CO_3 及 Na_2HPO_4 溶液反应，观察现象，写出化学反应方程式。（必要时将试管微热）

② 在 1.0mol/L NaCl 溶液中加入少量饱和 $K[Sb(OH)_6]$ 溶液，放置数分钟，观察现象，写出化学反应方程式。（如无晶体析出，可用玻璃棒摩擦试管内壁）

③ 在 1.0mol/L KCl 溶液中加入少量饱和酒石酸氢钠（$NaHC_4H_4O_6$）溶液，观察现象，写出化学反应方程式。

5. 碱土金属难溶盐

① 在两支试管中分别加入 1mol/L $MgCl_2$ 和 $BaCl_2$ 溶液，再滴加 1mol/L Na_2CO_3 溶液，制得的沉淀经离心分离后分别与 2.0mol/L HAc 及 HCl 反应，观察沉淀是否溶解。另分别取少量 $MgCl_2$、$CaCl_2$、$BaCl_2$ 溶液，加入 2 滴 2.0mol/L NH_4Cl 溶液、2 滴 1.0mol/L 氨水、2 滴 0.5mol/L $(NH_4)_2CO_3$ 溶液，观察是否有沉淀生成，写出化学反应方程式。

② 分别向 1mol/L $MgCl_2$、$CaCl_2$、$BaCl_2$ 溶液中滴加饱和 $(NH_4)_2C_2O_4$ 溶液，沉淀经离心分离后再分别与 2.0mol/L HAc 及 HCl 反应，观察现象，写出化学反应方程式。

③ 分别向 1.0mol/L $CaCl_2$、$SrCl_2$、$BaCl_2$ 溶液中滴加 1.0mol/L K_2CrO_4 溶液，观察是否有沉淀生成。沉淀经离心分离后再分别与 2.0mol/L HAc 及 HCl 反应，观察现象，写出化学反应方程式。

④ 分别向 1.0mol/L $CaCl_2$、$MgCl_2$、$BaCl_2$ 溶液中滴加 1.0mol/L Na_2SO_4 溶液，观察是否有沉淀生成。沉淀经离心分离后再试验其在饱和 $(NH_4)_2SO_4$ 溶液中及浓 HNO_3 中的溶解性。写出化学反应方程式并比较溶解度的大小。

6. 锂盐和镁盐的相似性

① 在两支试管中分别加入 1.0mol/L LiCl 和 $MgCl_2$ 溶液，然后滴加少量 1.0mol/L NaF 溶液，观察现象，写出化学反应方程式。

② 在 1.0mol/L LiCl 溶液中滴加少量 0.1mol/L Na_2CO_3 溶液，在 0.5mol/L $MgCl_2$ 溶液中滴加少量 1mol/L $NaHCO_3$ 溶液，观察现象，写出化学反应方程式。

③ 分别往 1.0mol/L LiCl 溶液和 0.5mol/L $MgCl_2$ 溶液中滴加 0.5mol/L Na_3PO_4 溶液，观察现象，写出化学反应方程式。

由以上实验说明锂、镁盐的相似性并给予解释。

7. 焰色反应

取一根镍丝，反复蘸取浓盐酸溶液后在氧化焰中烧至近于无色。在点滴板上分别滴入 1～2 滴 1.0mol/L LiCl、NaCl、KCl、$CaCl_2$、$SrCl_2$、$BaCl_2$ 溶液，用洁净的镍丝蘸取溶液后在氧化焰中灼烧，分别观察火焰颜色。(钾离子的焰色反应可通过钴玻璃片观察)

五、思考题

① 为什么在比较 $Mg(OH)_2$、$Ca(OH)_2$、$Ba(OH)_2$ 的溶解度时所用的 NaOH 溶液必须是新配制的？如何配制不含 CO_3^{2-} 的 NaOH 溶液？

② 如何分离 Ca^{2+}、Ba^{2+}？是否可用硫酸分离 Ca^{2+}、Ba^{2+}？为什么？

③ $Mg(OH)_2$ 与 $MgCO_3$ 为什么都可溶于饱和 NH_4Cl 溶液中？

④ 对 Ca^{2+}、Ba^{2+} 与 K^+、Na^+、Mg^{2+} 进行分离时，为何要加过量的 NH_4Cl 和 $NH_3 \cdot H_2O$?

实验 33 锡、铅、锑、铋性质实验

一、实验目的

① 了解锡、铅、锑、铋的氢氧化物的酸碱性。

② 了解锡(Ⅱ)、锑(Ⅲ)、铋(Ⅲ) 盐的水解性。

③ 掌握锡(Ⅱ) 的还原性和铅(Ⅳ)、铋(Ⅴ) 的氧化性。

④ 掌握锡、铅、锑、铋的硫化物的溶解性。

二、实验用品

离心机，试管，点滴板，pH 试纸，淀粉-碘化钾试纸。

K_2CrO_4(0.2mol/L)，$SnCl_2$(0.2mol/L)，$SnCl_4$(0.2mol/L)，$HgCl_2$(0.2mol/L)，$Pb(NO_3)_2$(0.2mol/L)，$MnSO_4$(0.1mol/L)，Na_2SO_4(0.2mol/L)，Na_2S(0.1mol/L，1mol/L)，HAc(2mol/L)，$NH_3 \cdot H_2O$(2mol/L)，NH_4Ac(饱和)，硫代乙酰胺溶液，$NaHCO_3$(1mol/L)，稀硫酸，HCl(2mol/L，6mol/L)，HNO_3(6mol/L)，NaOH(2mol/L，6mol/L)，氯水，碘水，PbO_2(s)，锡片，$SbCl_3$(s)，$Bi(NO_3)_3 \cdot 5H_2O$(s)，$NaBiO_3$，$SnCl_2 \cdot H_2O$(s)。

三、实验原理

锡、铅是ⅣA 族元素，其原子的价电子构型为 ns^2np^2，能形成氧化值为+2 和+4 的化合物。

锑、铋是ⅤA 族元素，其原子的价电子构型为 ns^2np^3，能形成氧化值为+3 和+5 的化合物。Sn(Ⅱ) 的化合物具有较强的还原性。

$Sn(OH)_2$、$Pb(OH)_2$、$Sb(OH)_3$ 是两性化合物，$Bi(OH)_3$ 呈碱性，α-H_2SnO_3 能溶于酸，也能溶于碱，β-H_2SnO_3 不溶于酸，也不溶于碱。Sn^{2+}、Sb^{3+}、Bi^{3+} 在水溶液中发生显著的水解反应，加入相应的酸可以抑制它们的水解。

Pb(Ⅳ) 和 Bi(Ⅴ) 的化合物都具有强氧化性。PbO_2 和 $NaBiO_3$ 都是强氧化剂，在酸性溶液中它们都能将 Mn^{2+} 氧化为 MnO_4^-。

$$5PbO_2+2MnSO_4+6HNO_3 \longrightarrow 3Pb(NO_3)_2+2PbSO_4\downarrow+2HMnO_4+2H_2O$$

Sb^{3+} 可以被 Sn 还原为单质 Sb。SnS、SnS_2、PbS、Sb_2S_3、Bi_2S_3 都难溶于水和稀盐酸，但能溶于较浓的盐酸。SnS_2 和 Sb_2S_3 还能溶于 NaOH 溶液或 Na_2S 溶液。Sn(Ⅳ) 和 Sb(Ⅲ) 的硫代硫酸盐遇酸分解为 H_2S 和相应的硫化物沉淀。

铅的许多盐难溶于水，Pb^{2+} 和 CrO_4^{2-} 反应生成黄色的 $PbCrO_4$ 沉淀物，$PbCl_2$ 能溶于热水中。

四、实验步骤

1. 锡、铅、锑、铋的氢氧化物的生成及其酸碱性

① 在三支试管中加入少量 $SnCl_2$ 溶液，然后各加入少量 2.0mol/L $NH_3 \cdot H_2O$，观察 $Sn(OH)_2$ 沉淀的生成。离心分离后分别试验沉淀和稀盐酸、稀 NaOH 溶液、过量的 $NH_3 \cdot$

H_2O 的反应，观察现象，写出反应式。用 $Pb(NO_3)_2$ 溶液重复实验。写出反应方程式。

② 把 0.46g $SbCl_3$ 和 0.96g $Bi(NO_3)_3 \cdot 5H_2O$ 固体放在小烧杯中，分别加入盐酸和硝酸，配制 0.2mol/L $SbCl_3$ 和 0.2mol/L $Bi(NO_3)_3$ 溶液各 10mL。取少量 $SbCl_3$ 溶液，滴加少量 2mol/L NaOH 溶液，观察白色沉淀的生成。然后分别试验沉淀是否溶于 6mol/L NaOH 和 6mol/L HCl 溶液，写出反应方程式。用少量 $Bi(NO_3)_3$ 溶液重复进行实验。由以上实验总结锡和铅的氢氧化物的共性。由实验结果比较三价锑和铋的氢氧化物的酸碱性及变化规律。

2. Sn（Ⅱ）、Sb（Ⅲ）、Bi（Ⅲ）的水解性

① 取少量 $SnCl_2 \cdot H_2O$ 固体于试管中，加 2mL 蒸馏水，观察实验现象，写出水解反应方程式。

② 取少量 $SbCl_3$ 固体于试管中，加入少量蒸馏水，观察白色沉淀的生成，检验溶液的 pH。滴加 6mol/L HCl 溶液至沉淀刚好溶解为止。再加水稀释又有什么变化？写出水解反应方程式。

③ 取少量 $Bi(NO_3)_3 \cdot 5H_2O$ 固体于试管中，加入蒸馏水，观察白色沉淀的生成。再滴加浓 HNO_3 并微热之，至沉淀刚好溶解，再将其倒入盛水的小烧杯中，是否又有沉淀生成？写出水解反应式，用平衡移动原理对水解反应加以解释。

3. 锡、铅、锑、铋化合物的氧化还原性

（1）二价锡的还原性　在试管中加入少量 $HgCl_2$ 溶液，缓慢滴加 $SnCl_2$ 溶液并搅拌，观察沉淀的生成和颜色变化，写出反应方程式。

（2）PbO_2 的氧化性　取少量 PbO_2 于两支试管中，在其中的一支试管中滴加浓 HCl（在通风橱中进行），观察现象，并检验气体产物。另一支试管中加入 6mol/L HNO_3 和 2 滴 $MnSO_4$ 溶液，水浴加热，观察实验现象，写出反应方程式。

（3）Sb(Ⅲ) 的还原性和氧化性　在点滴板上放置光亮的锡片，加入 1 滴 $SbCl_3$ 溶液，观察锡表面现象，写出反应方程式。

取少量 $SbCl_3$ 溶液，用 $NaHCO_3$ 溶液调 pH 为 8～9，加入碘水，观察实验现象，再用浓 HCl 酸化，有何变化？写出反应方程式。

（4）Bi(Ⅴ) 的强氧化性　在少量 $Bi(NO_3)_3$ 溶液中加入足量的 6.0mol/L NaOH 溶液，再滴加氯水并水浴加热，观察沉淀的颜色，写出反应方程式。在少量 $NaBiO_3$ 溶液中加入浓 HCl，检查 Cl_2 气体的生成，写出反应方程式。在少量 $NaBiO_3$ 溶液中加入稀 H_2SO_4 酸化后，加 1 滴 $MnSO_4$ 溶液，观察现象。根据实验现象判断所生成的产物，写出反应方程式。

4. 锡、铅、锑、铋的硫化物的生成和溶解

① 在试管中加入少量 0.2mol/L $SnCl_2$ 溶液，然后加入几滴硫代乙酰胺溶液（或 H_2S），微热，观察沉淀的颜色，离心分离，水洗沉淀。分别试验沉淀与 6mol/L HCl（在通风橱中进行）、6mol/L NaOH、0.1mol/L Na_2S 溶液的反应，观察实验现象，写出反应方程式。以 $SnCl_4$ 代替 $SnCl_2$ 进行实验，观察实验现象，写出反应方程式。通过实验能得出什么结论？

② 在试管中加入少量 0.2mol/L $Pb(NO_3)_2$ 溶液，然后加入几滴硫代乙酰胺溶液（或 H_2S），微热，观察沉淀的颜色（若沉淀颜色不对，可加一滴 NaOH 溶液）。分别试验沉淀与 6mol/L HCl（在通风橱中进行）、6mol/L NaOH 及 1mol/L Na_2S、浓 HNO_3 溶液的反

应，写出反应方程式。比较 SnS 和 PbS 性质有何不同。

③ 在试管中分别加入少量 $SbCl_3$、$Bi(NO_3)_3$ 溶液，然后加入几滴硫代乙酰胺溶液（或 H_2S），水浴加热，观察沉淀的颜色。分别试验自制的 Sb_2S_3 在 6mol/L HCl 及 6mol/L NaOH 溶液中的溶解情况，写出反应方程式。由实验结果比较锑、铋硫化物的酸、碱性。

5. 铅（Ⅱ）的难溶盐的生成和溶解

① 在试管中加入少量 0.2mol/L $Pb(NO_3)_2$ 溶液，然后滴加 2mol/L HCl 溶液，观察产物的颜色和状态。将试管加热，冷却，有什么变化？说明 $PbCl_2$ 的溶解度与温度的关系。用 KI 溶液代替 HCl 溶液重复实验。

② 在试管中加入少量 0.2mol/L $Pb(NO_3)_2$ 溶液，然后滴加 0.2mol/L Na_2SO_4 溶液，观察沉淀的生成，试验沉淀是否溶于 6mol/L HNO_3 和饱和 NH_4Ac 溶液，写出反应方程式。

③ 在少量 0.2mol/L $Pb(NO_3)_2$ 溶液中滴加 0.2mol/L K_2CrO_4 溶液，观察沉淀的颜色，试验沉淀在 6mol/L HNO_3、2mol/L HAc 和 6mol/L NaOH 溶液中的溶解情况，写出反应方程式。

五、思考题

① 实验室配制 $SnCl_2$ 溶液时，为什么既要加盐酸又要加锡粒？

② 结合实验说明锡、铅氧化还原性变化不同的原因。

③ PbO_2 将 Mn^{2+} 氧化为 MnO_4^- 时，溶液酸化可选用 HNO_3 和 H_2SO_4，哪个更好？为什么？

④ 指出下列反应能否发生并说明原因。

$Na_3SbO_4 + MnSO_4 + H_2SO_4 \longrightarrow$

$NaBiO_3 + MnSO_4 + H_2SO_4 \longrightarrow$

实验 34 铬、锰、铁、钴、镍性质实验

一、实验目的

① 掌握铬、锰、铁、钴、镍的氢氧化物的酸碱性和氧化还原稳定性。

② 掌握铬、锰的不同氧化态之间的转化及其条件。

③ 掌握铬、铁、钴、镍的配合物的生成和性质及在离子鉴定中的应用。

④ 掌握锰、铁、钴、镍的硫化物的生成和溶解性。

二、实验用品

pH 试纸，$Pb(Ac)_2$ 试纸，淀粉-KI 试纸，试管，长滴管等。

饱和 $K_2Cr_2O_7$(0.1mol/L)，$Cr_2(SO_4)_3$(0.1mol/L)，饱和 Na_2S(0.1mol/L)，NaOH (2mol/L、6mol/L)，HCl(6mol/L、2mol/L)，$KMnO_4$(0.1mol/L)，H_2SO_4(2mol/L)，$MnSO_4$(s，0.1mol/L、0.5mol/L)，HNO_3(6mol/L)，$CoCl_2$(0.1mol/L、0.5mol/L)，$FeSO_4$ (0.1mol/L)，$NiSO_4$(0.1mol/L、0.5mol/L)，H_2O_2(3%)，$K_4[Fe(CN)_6]$(0.1mol/L)，$K_3[Fe(CN)_6]$(0.1mol/L)，KSCN(晶体)，$NH_3 \cdot H_2O$(2mol/L、6mol/L)，$CrCl_3$ (0.1mol/L)，$FeCl_3$(0.1mol/L)，$SnCl_2$(0.1mol/L)，$FeSO_4 \cdot 7H_2O$，$Fe(OH)_3$ 溶液，戊醇（或乙醚），溴水，丙酮，淀粉溶液。

三、实验原理

铬、锰、铁、钴、镍是第四周期第Ⅵ～Ⅷ族元素，能形成多种氧化值的化合物。铬的氧化值主要为+3 和+6；锰的氧化值主要为+2、+4、+6 和+7；铁、钴、镍的氧化值主要为+2 和+3。

$Cr(OH)_3$ 是两性氢氧化物，$Mn(OH)_2$ 和 $Co(OH)_2$ 具有还原性，易被空气中的 O_2 氧化。$Co(OH)_3$ 和 $Ni(OH)_3$ 分别由 Co(Ⅱ) 和 Ni(Ⅱ) 盐在碱性条件下用强氧化剂氧化得到。Co^{3+}、Ni^{3+} 具有强氧化性，$Co(OH)_3$ 和 $Ni(OH)_3$ 与浓 HCl 溶液反应有 Cl_2 生成，自身被还原分别生成 Co(Ⅱ) 和 Ni(Ⅱ)。

Fe^{3+} 具有氧化性，能与强还原剂反应生成 Fe^{2+}。Fe^{2+}、Mn^{2+} 在酸性溶液中是稳定的，但在碱性溶液中的稳定性较差。在酸性溶液中，Cr^{3+}、Mn^{2+} 还原性都较弱，只有用强氧化剂才能将它们氧化为 $Cr_2O_7^{2-}$ 和 MnO_4^-。在碱性溶液中，$[Cr(OH)_4]^-$ 能被 H_2O_2 氧化为 CrO_4^{2-}，在酸性条件下 CrO_4^{2-} 转化为 $Cr_2O_7^{2-}$。在含 $Cr_2O_7^{2-}$ 溶液中，加入 Ag^+、Ba^{2+}、Pb^{2+} 生成相应的铬酸盐。Cr^{3+} 和 Fe^{3+} 易发生水解反应。

在酸性介质中，$Cr_2O_7^{2-}$ 是强氧化剂，但在碱性介质中，CrO_4^{2-} 的氧化性要弱很多。$Cr_2O_7^{2-}$ 和 MnO_4^- 具有强氧化性，$Cr_2O_7^{2-}$ 能被还原为 Cr^{3+}；MnO_4^- 在酸性、中性、强碱性溶液中的还原产物分别为 Mn^{2+}、MnO_2、MnO_4^{2-}。强碱性溶液中，MnO_4^{2-} 会发生歧化反应。酸性溶液中，MnO_4^{2-} 歧化为 MnO_4^- 与 MnO_2；MnO_2 具有强氧化性。

$$MnO_2 + 4HCl \longrightarrow MnCl_2 + Cl_2\uparrow + 2H_2O$$

MnS、FeS、CoS、NiS 都能溶于稀酸，MnS 还能溶于 HAc 溶液，这些硫化物需要在弱碱性溶液中制得。

四、实验步骤

1. 铬、锰、铁、钴、镍的氢氧化物的生成和性质

① 在 $CrCl_3$ 溶液中滴加 6mol/L NaOH 溶液，观察生成的沉淀和颜色。分别滴加 NaOH 溶液和 HCl 溶液，观察现象。写出有关反应方程式。

② 在三支试管中加入少量 $MnSO_4$ 溶液，滴加 2mol/L NaOH 溶液（均先加热除氧），观察现象。检测其中两支试管的酸碱性，振荡第三支试管，观察现象。写出有关反应方程式。

③ 用极稀的 H_2SO_4 溶液将少量 $FeSO_4 \cdot 7H_2O$ 溶解，用长滴管将 2mol/L NaOH 溶液（先加热除氧）从底部挤出，观察现象。振荡后分为三份，取两份检验酸碱性，振荡第三支试管，观察现象。写出有关反应方程式。

④ 在三支试管中加入少量 $CoCl_2$ 溶液，滴加 2mol/L NaOH 溶液，观察现象。离心分离，检测其中两支试管中沉淀的酸碱性，振荡第三支试管，观察现象。写出有关反应方程式。

⑤ 在三支试管中加入少量 $NiSO_4$ 溶液，滴加 2mol/L NaOH 溶液，观察现象。离心分离，检测其中两支试管中沉淀的酸碱性，振荡第三支试管，观察现象。写出有关反应方程式。

通过实验③～⑤，比较 $Fe(OH)_2$、$Co(OH)_2$、$Ni(OH)_2$ 还原性的强弱。

⑥ 在试管中加入少量 $Fe(OH)_3$ 溶液，观察其颜色和状态，检验其酸碱性。写出化学反应方程式。

⑦ 在两支试管中加入少量 0.5mol/L $CoCl_2$ 溶液和 $NiSO_4$ 溶液，滴加几滴溴水，再加入 2mol/L NaOH 溶液，观察现象。离心分离，在沉淀中滴加浓 HCl，用淀粉-KI 试纸检验逸出的气体，写出有关反应方程式。通过实验⑥～⑦比较 Fe(Ⅲ)、Co(Ⅲ)、Ni(Ⅲ) 氧化性的强弱。

2. Cr(Ⅲ)的还原性和鉴定

在试管中加入少量 0.1mol/L $CrCl_3$ 溶液，然后滴加 6.0mol/L NaOH 溶液至生成的沉淀全部溶解，滴加少量 3.0% H_2O_2 溶液和戊醇（或乙醚），再慢慢滴加入 6.0mol/L HNO_3。观察实验现象，写出有关反应方程式。

3. $Cr_2O_7^{2-}$ 和 CrO_4^{2-} 的相互转化

在试管中加入少量 0.1mol/L $K_2Cr_2O_7$ 溶液，然后加入几滴 2mol/L H_2SO_4 溶液，观察实验现象。再滴加 2mol/L NaOH 溶液，观察溶液颜色的变化，写出有关反应方程式。

4. $Cr_2O_7^{2-}$、MnO_4^-、Fe^{3+} 的氧化性与 Fe^{2+} 的还原性

① 在试管中加入少量 0.1mol/L $K_2Cr_2O_7$ 溶液，然后滴加饱和 Na_2S 溶液。观察实验现象，写出有关反应方程式。

② 在试管中加入少量 $KMnO_4$ 溶液，然后加入几滴 2mol/L H_2SO_4，再滴加 0.1mol/L $FeSO_4$ 溶液。观察实验现象，写出有关反应方程式。

③ 在试管中加入少量 0.1mol/L $FeCl_3$ 溶液，然后滴加 0.1mol/L $SnCl_2$ 溶液。观察实验现象，写出有关反应方程式。

④ 在试管中加入 2.0mL 0.1mol/L $KMnO_4$ 溶液，然后滴加 0.5mol/L $MnSO_4$ 溶液。观察实验现象，写出有关反应方程式。

5. 铬、锰、铁、钴、镍的硫化物的性质

① 在试管中加入少量 0.1mol/L $Cr_2(SO_4)_3$ 溶液，然后加入 0.1mol/L Na_2S 溶液。观察实验现象，检验逸出的气体。写出有关反应方程式。

② 在试管中加入少量 0.1mol/L $MnSO_4$ 溶液，然后加入 H_2S 溶液，观察有无沉淀生成。用长滴管将 2mol/L $NH_3 \cdot H_2O$ 溶液从底部挤出，观察实验现象，写出有关反应方程式。

③ 在三支试管中分别加入少量 0.1mol/L $FeSO_4$ 溶液、0.1mol/L $CoCl_2$ 溶液、0.1mol/L $NiSO_4$ 溶液，分别滴加 H_2S 溶液，观察有无沉淀生成。再加入 2mol/L $NH_3 \cdot H_2O$，观察实验现象。离心分离，在沉淀中加入 2mol/L HCl 溶液，观察实验现象，写出有关反应方程式。

④ 向 5 滴 0.1mol/L $FeCl_3$ 溶液中加入 H_2S 溶液。观察实验现象，写出有关反应方程式。

6. 铁、钴、镍的配合物

① 在试管中加入 2 滴 0.1mol/L $K_4[Fe(CN)_6]$ 溶液，然后滴加 0.1mol/L $FeCl_3$ 溶液；取 2 滴 0.1mol/L $K_3[Fe(CN)_6]$ 溶液，加入 0.1mol/L $FeSO_4$ 溶液。观察实验现象，写出有关反应方程式。

② 在试管中加入少量 0.1mol/L $CoCl_2$ 溶液，然后加入几滴 NH_4Cl 溶液。再加入 6mol/L $NH_3 \cdot H_2O$，观察实验现象。振荡后在空气中放置，观察现象。写出有关反应方程式。

③ 在试管中加入少量 0.1mol/L $CoCl_2$ 溶液，然后加入少量 KSCN 晶体。再加入几滴丙酮，观察实验现象，写出有关反应方程式。

④ 在试管中加入少量 0.1mol/L $NiSO_4$ 溶液，再加入 2mol/L $NH_3 \cdot H_2O$，观察实验现象。再加入几滴丙酮，观察实验现象，写出有关反应方程式。

五、思考题

① 如何鉴别并去除 $(NH_4)_2Fe(SO_4)_2$ 溶液中的 Fe^{3+}？

② 设计实验，说明 Na_2S 溶液与 $CrCl_3$ 溶液反应生成的沉淀物是 Cr_2S_3 还是 $Cr(OH)_3$。

③ Cr(Ⅲ) 与 Cr(Ⅵ) 在什么条件下可以实现相互转化？

④ 设计实验，分离混合溶液中 Fe^{3+}、Co^{2+}、Ni^{2+}。

⑤ 设计实验，分离混合溶液中 Cr^{3+}、Mn^{2+}。

实验 35　钒、钛性质实验

一、实验目的

① 掌握 Ti(Ⅳ) 和 V(Ⅴ) 的氧化物及含氧酸盐的生成和性质。

② 了解低氧化值的钛和钒化合物的生成和性质。

③ 观察各种氧化值的钛和钒的化合物颜色。

二、实验用品

pH 试纸、淀粉-KI 试纸、试管、烧杯、离心机、坩埚、酒精灯等。

浓 HCl (6mol/L)、浓 H_2SO_4 (2mol/L)、NaOH (2mol/L、6mol/L、40%)、$TiCl_4$ (0.1mol/L)、$TiOSO_4$ (0.1mol/L)、VO_2Cl (0.5mol/L)、$FeSO_4$ (0.1mol/L)、H_2O_2 (3%)、NH_4VO_3(s)、锌粒、TiO_2(s)。

三、实验原理

1. 钛及其化合物性质

TiO_2 不溶于水，也不溶于稀酸和稀碱，但在热的浓硫酸中缓慢溶解，生成硫酸钛或硫酸氧钛。

$$TiO_2+2H_2SO_4 \longrightarrow Ti(SO_4)_2+2H_2O$$
$$TiO_2+H_2SO_4 \longrightarrow TiOSO_4+H_2O$$

此溶液加热煮沸会发生水解反应，生成β-钛酸，它在酸性和碱性溶液中都不溶解。

$$TiOSO_4+(x+1)H_2O \longrightarrow TiO_2 \cdot xH_2O+H_2SO_4$$

若加碱于新配制的酸性钛盐中，则生成α-钛酸，它在酸性和碱性溶液中都能溶解。

$$TiOSO_4+2NaOH+H_2O \longrightarrow Ti(OH)_4+Na_2SO_4$$
$$Ti(OH)_4+H_2SO_4 \longrightarrow TiOSO_4+3H_2O$$
$$Ti(OH)_4+2NaOH \longrightarrow Na_2TiO_3+3H_2O$$

在 TiO^{2+} 溶液中加入过氧化氢，呈现出特征颜色：在强酸性溶液中显红色，在稀酸或中性溶液中显橙黄色。利用这一反应可以进行比色分析。

$$TiO^{2+}+H_2O_2 \longrightarrow [TiO(H_2O_2)]^{2+}\text{（过氧钛酰离子）}$$

$TiCl_4$ 是共价占优势的化合物，常温下为无色液体，有臭味，易水解，暴露在空气中会发烟：

$$TiCl_4+2H_2O \longrightarrow TiO_2+4HCl$$

酸性溶液中用锌还原钛氧离子 TiO^{2+}，得到紫色的 $[Ti(H_2O)_6]^{3+}$：

$$2TiO^{2+}+Zn+10H_2O+4H^+ \longrightarrow 2[Ti(H_2O)_6]^{3+}+Zn^{2+}$$

Ti^{3+} 易水解：　$Ti^{3+}+H_2O \longrightarrow Ti(OH)^{2+}+H^+$

向 Ti^{3+} 溶液中加入可溶性碳酸盐，有 $Ti(OH)_3$ 沉淀生成。

$$2Ti^{3+}+3CO_3^{2-}+3H_2O \longrightarrow 2Ti(OH)_3(s)+3CO_2(g)$$

在酸性溶液中，Ti^{3+} 还原性强，能被 Cu^{2+}、Fe^{3+} 或空气氧化成 TiO^{2+}。

2. 钒及其化合物性质

V_2O_5 是橙黄色或砖红色晶体，有毒，微溶于水而呈淡黄色，具有两性，但酸性占优势，在弱碱溶液中生成偏钒酸盐，在强碱性溶液中生成正钒酸盐。

$$V_2O_5 + 2NaOH \longrightarrow 2NaVO_3 + H_2O$$

$$V_2O_5 + 6NaOH \longrightarrow 2Na_3VO_4 + 3H_2O$$

V_2O_5 具有强氧化性，能将盐酸中 Cl^- 氧化为 Cl_2，自身被还原为蓝色的 VO^{2+}。在酸性介质中，VO_2^+ 是一种较强的氧化剂，可被 Fe^{2+} 或 $H_2C_2O_4$ 还原为 VO^{2+}，此反应可用于鉴定钒。

在 V(Ⅴ) 的酸性介质中加入 H_2O_2，可生成红色的 $[V(O_2)]^{3+}$。

在酸性溶液中，V(Ⅴ) 可被锌还原为 V(Ⅳ)、V(Ⅲ)、V(Ⅱ)，溶液颜色变化为蓝→暗绿→紫红。

$$2VO_2Cl + Zn + 4HCl \longrightarrow \underset{\text{(蓝色)}}{2VOCl_2} + ZnCl_2 + 2H_2O$$

$$2VOCl_2 + Zn + 4HCl \longrightarrow \underset{\text{(暗绿色)}}{2VCl_3} + ZnCl_2 + 2H_2O$$

$$2VCl_3 + Zn \longrightarrow \underset{\text{(紫红色)}}{2VCl_2} + ZnCl_2$$

四、实验步骤

1. 钛化合物的生成与性质

（1）TiO_2 的性质　在四支试管中分别加入少量 TiO_2(s)，再分别加入 2.0mol/L H_2SO_4 溶液、2.0mol/L NaOH 溶液、浓 H_2SO_4、40.0%NaOH 溶液，振荡试管，观察 TiO_2(s) 是否溶解。如能溶解，写出反应方程式。

（2）α-钛酸的性质　加 2.0mol/L NaOH 溶液于实验(1) 新配制的酸性钛盐中至有大量沉淀生成为止，观察沉淀颜色。离心分离，将沉淀分成三份，第一份加过量 6.0mol/L NaOH 溶液，第二份加过量 6.0mol/L HCl 溶液，第三份供实验(3) 用。

（3）β-钛酸的性质　取实验(2) 中的 α-钛酸加热煮沸，将沉淀分成两份，分别加入 6.0mol/L NaOH 溶液和 6.0mol/L HCl 溶液，观察沉淀是否溶解。如能溶解，写出反应方程式。

（4）过氧钛酰离子的生成　在试管中加入 2.0mL 0.1mol/L $TiOSO_4$ 溶液，然后滴加 3%H_2O_2 溶液，观察实验现象，写出化学反应方程式。

（5）$TiCl_4$ 的水解特性　将 $TiCl_4$ 试剂瓶盖打开，观察实验现象。在试管中加入 2.0mL 水，然后滴加 $TiCl_4$，观察实验现象，写出化学反应方程式。再滴加几滴浓盐酸，观察有无变化。

2. 钒化合物的生成与性质

（1）V_2O_5 的生成和性质　在坩埚中加入少量 NH_4VO_3(s)，加热并搅拌至产物呈橙红色，冷却后分别加入四支试管中。在试管 1 中加入 2.0mL 水并煮沸，观察实验现象，冷却后用 pH 试纸测量溶液 pH；在试管 2 中加入 2.0mL 6.0mol/L H_2SO_4 溶液，观察沉淀是否溶解；在试管 3 中加入 2.0mL 6.0mol/L NaOH 溶液，加热，观察沉淀是否溶解；在试管 4 中加入 2.0mL 0.1mol/L $FeSO_4$ 溶液，加热，观察实验现象，写出化学反应方程式。

（2）各种氧化态的钒化合物颜色　在 5.0mL 0.5mol/L VO_2Cl 溶液中加入两颗锌粒，观察实验过程中的颜色变化，到溶液变为暗绿色为止，写出化学反应方程式。

五、思考题

① 如何控制 $TiCl_4$ 水解反应速率？

② 如何得到过氧钛酰离子？

③ V(Ⅳ)、V(Ⅲ)、V(Ⅱ) 溶液各为什么颜色？有何化学特性？

④ 实验室如何制备 V_2O_5？其化学性质如何？

实验 36 铜、银、锌、镉、汞性质实验

一、实验目的

① 掌握铜、银、锌、镉、汞的氧化物及其氢氧化物的生成和性质。

② 掌握 Cu(Ⅰ) 和 Cu(Ⅱ)、Hg(Ⅰ) 和 Hg(Ⅱ) 化合物的性质及相互转化条件。

③ 了解铜(Ⅰ)、银、汞的卤化物的溶解性。

④ 掌握铜、银、锌、镉、汞的硫化物的生成及其溶解性。

⑤ 掌握铜、银、锌、镉、汞的配合物的形成和性质。

二、实验用品

试管、去离子水、HCl(6mol/L)、H_2SO_4(2mol/L)、HNO_3(2mol/L)、NaOH(2mol/L，6mol/L)、H_2S(饱和)、NH_4Cl(0.2mol/L)、$NH_3 \cdot H_2O$(2mol/L、6mol/L)、$Cu(NO_3)_2$(0.2mol/L)、$Zn(NO_3)_2$(0.2mol/L)、$CuCl_2$(0.5mol/L)、$Hg(NO_3)_2$(0.2mol/L)、$Hg_2(NO_3)_2$(0.2mol/L)、$HgCl_2$(0.2mol/L)、$AgNO_3$(0.2mol/L)、$CuSO_4$(0.2mol/L)、$CdSO_4$(0.2mol/L)、KI(0.2mol/L)、淀粉溶液、铜屑、葡萄糖溶液(10%)。

三、实验原理

铜和银是第ⅠB元素，价层电子构型分别为 $3d^{10}4s^1$ 和 $4d^{10}5s^1$。铜氧化值主要为+1和+2，银的氧化值为+1。

锌、镉、汞是第ⅡB元素，价层电子构型分别为 $(n-1)d^{10}ns^2$，都能形成氧化值为+2的化合物。汞还能形成氧化值主要为+1的化合物。

$Zn(OH)_2$ 呈两性；$Cu(OH)_2$ 两性偏碱，在加热时易脱水而分解为黑色的 CuO 和 H_2O；$Cd(OH)_2$ 显碱性；AgOH 在常温下极易脱水而转化为棕色的 Ag_2O。$Hg(OH)_2$ 易脱水转变为黄色的 HgO 和黑色的 Hg_2O。Hg_2O 不稳定，易歧化生成 HgO 和 Hg。

Cu(Ⅱ)、Ag(Ⅰ)、Hg(Ⅱ) 具有氧化性，Cu^{2+} 能与 I^- 反应生成白色 CuI 沉淀。$[Cu(OH)_4]^{2-}$ 和 $[Ag(NH_3)_2]^+$ 都能被醛类和某些糖类还原，分别生成 Cu_2O 和 Ag。

水溶液中的 Cu^+ 不稳定，易歧化为 Cu 和 Cu^{2+}，Cu(Ⅰ) 的卤化物难溶于水，可通过加合反应生成配位离子。

$$CuCl(s)+Cl^- \longrightarrow [CuCl_2]^-\text{(黄褐色)}$$

将 $CuCl_2$ 溶液与铜屑混合，加入浓盐酸，加热可得 $[CuCl_2]^-$ 溶液，溶液稀释后得白色 CuCl 沉淀。Cu^{2+} 和 $[Fe(CN)_6]^{4-}$ 反应生成红棕色的 $Cu_2[Fe(CN)_6]$ 沉淀：

$$[Fe(CN)_6]^{4-}+2Cu^{2+} \longrightarrow Cu_2[Fe(CN)_6]$$

AgCl 难溶于水，但溶于 $NH_3 \cdot H_2O$ 生成 $[Ag(NH_3)_2]^+$，加入稀 HNO_3 又生成 AgCl 沉淀。AgCl、AgBr、AgI 通过加合反应分别生成 $[AgCl_2]^-$、$[AgBr_2]^-$、$[AgI_2]^-$ 配位离子。

Cu^{2+}、Ag^+、Zn^{2+}、Cd^{2+}、Hg^{2+} 与 S^{2-} 反应都能生成相应的硫化物。ZnS 溶于稀 HCl，CdS 能溶于浓 HCl，CuS 和 Ag_2S 能溶于浓 HNO_3，HgS 溶于王水。

Cu^{2+}、Cu^{+}、Ag^{+}、Zn^{2+}、Cd^{2+}、Hg^{2+}都能生成氨合物。无色的 $[Cu(NH_3)_2]^+$ 易被空气氧化为深蓝色的 $[Cu(NH_3)_4]^{2+}$。Cu^{2+}、Ag^{+}、Zn^{2+}、Cd^{2+}、Hg^{2+}与适量氨水反应生成氢氧化物、氧化物或碱式盐沉淀，而后溶于过量氨水。

Hg_2^{2+} 在水溶液中较稳定，不易歧化为 Hg^{2+} 和 Hg。但 Hg_2^{2+} 与氨水、H_2S 或 KI 溶液反应生成 Hg(Ⅰ) 化合物，都能歧化为 Hg(Ⅱ) 化合物和 Hg。

四、实验步骤

1. 铜、银、锌、镉、汞的氧化物及氢氧化物的生成和性质

分别在五支试管中加入少量 0.2mol/L $Cu(NO_3)_2$ 溶液、0.2mol/L $AgNO_3$ 溶液、0.2mol/L $Zn(NO_3)_2$ 溶液、0.2mol/L $CdSO_4$ 溶液、0.2mol/L $Hg(NO_3)_2$ 溶液，然后滴加 2mol/L NaOH 溶液，观察现象。将每种沉淀分成两份，检测其酸碱性，写出有关反应方程式。

2. Cu(Ⅰ)化合物的生成和性质

① 在试管中加入几滴 0.2mol/L $CuSO_4$ 溶液，滴加 6.0mol/L NaOH 溶液至过量；再加入 10.0%葡萄糖溶液，加热煮沸几分钟，观察现象。固液离心分离，将沉淀分成两份，一份加 2.0mol/L H_2SO_4 溶液，另一份加 6.0mol/L NaOH 溶液，观察现象，写出有关反应方程式。

② 在试管中加入少量 0.5mol/L $CuCl_2$ 溶液，滴加 1.0mL 浓 HCl 和少量铜屑，加热至溶液呈黄色，将溶液倒入另一支装有去离子水的试管（铜屑水洗后回收），观察现象。离心分离后沉淀分为两份，一份加浓 HCl，另一份加 2mol/L $NH_3 \cdot H_2O$ 溶液，观察现象。写出有关反应方程式。

③ 在试管中加入少量 0.2mol/L $CuSO_4$ 溶液，滴加 0.2mol/L KI 溶液，观察现象。离心分离，在清液中加入 1 滴淀粉溶液，观察现象。将沉淀洗涤两次，滴加 2.0mol/L KI 溶液，观察现象，再将溶液加水稀释，观察现象。写出反应方程式。

3. 银化合物的生成与转化

在试管中加入少量 0.2mol/L $AgNO_3$ 溶液，选择适当的化学试剂，依次生成 AgCl(s)、$[Ag(NH_3)_2]^+$、AgBr(s)、$[Ag(S_2O_3)_2]^{3-}$、AgI(s)、$[AgI_2]^-$，最后到 Ag_2S 的转化，观察现象。写出有关反应方程式。

4. 银镜反应

分别在六支试管中加入少量 0.2mol/L $AgNO_3$ 溶液，滴加 2.0mol/L $NH_3 \cdot H_2O$ 溶液至生成的沉淀刚好溶解，再加 2.0mL 10%葡萄糖溶液，在水浴锅中加热，观察现象。然后倒掉溶液，加入 2.0mol/L HNO_3 溶液使银溶解。写出有关反应方程式。

5. 铜、银、锌、镉、汞的硫化物的生成和性质

分别在六支试管中加入几滴 0.2mol/L $Cu(NO_3)_2$ 溶液、0.2mol/L $AgNO_3$ 溶液、0.2mol/L $Zn(NO_3)_2$ 溶液、0.2mol/L $CdSO_4$ 溶液、0.2mol/L $Hg(NO_3)_2$ 溶液，再分别滴加饱和 H_2S 溶液，观察沉淀的颜色（若沉淀生成得较慢可微热），写出有关反应方程式。离心分离，分别试验沉淀在 6.0mol/L HCl、浓 HNO_3、王水中的溶解性。

6. 铜、银、锌、镉、汞的氨配合物的形成

分别取几滴 0.2mol/L $Cu(NO_3)_2$ 溶液、0.2mol/L $AgNO_3$ 溶液、0.2mol/L $Zn(NO_3)_2$ 溶液、0.2mol/L $CdSO_4$ 溶液、0.2mol/L $HgCl_2$ 溶液、0.2mol/L $Hg_2(NO_3)_2$ 溶液和 0.2mol/L $Hg(NO_3)_2$ 溶液，再分别滴加 6.0mol/L $NH_3 \cdot H_2O$ 溶液至过量，观察现象。写出有关反应方程式。

7. 汞盐与 KI 的反应

① 取少量 0.2mol/L $Hg(NO_3)_2$ 溶液，滴加 0.2mol/L KI 溶液至过量，观察现象。然后再加几滴 6.0mol/L NaOH 溶液和 1 滴 NH_4Cl 溶液，观察现象。写出有关反应方程式。

② 取少量 0.2mol/L $Hg_2(NO_3)_2$ 溶液，滴加 0.2mol/L KI 溶液至过量，观察现象。写出有关反应方程式。

五、思考题

① Cu(Ⅰ) 和 Cu(Ⅱ) 相互转化的条件是什么?

② 在 $AgNO_3$ 中加入 NaOH 为什么得不到 AgOH?

③ 在 $Hg_2(NO_3)_2$ 溶液中通入 H_2S 气体会生成什么沉淀?

④ 在制银镜时为何把 Ag^+ 变成 $[Ag(NH_3)_4]^{2+}$? 镀在试管上的银镜如何洗掉?

⑤ 在 $CuCl_2$ 和 NaCl 混合溶液中滴加 Na_2SO_3 或 $NaHSO_3$ 时能否析出 CuCl 沉淀?

⑥ 锌盐与汞盐生成氨配合物的条件有何不同?

实验 37 阴离子混合液的定性分析

一、实验目的

① 熟悉常见阴离子的性质及个别阴离子的鉴定方法。

② 掌握常见阴离子的分离方法及混合阴离子的鉴定方案。

③ 培养综合应用基础知识的能力。

二、实验用品

pH 试纸，$Pb(Ac)_2$ 试纸，淀粉-KI 试纸。

HCl(6mol/L)、浓 H_2SO_4 (2mol/L)、浓 HNO_3 (2mol/L)、NaOH(2mol/L)、HAc(6mol/L)、Na_2S(0.5mol/L)、$Na_2S_2O_3$ (0.5mol/L)、$NH_3 \cdot H_2O$(2mol/L)、$KMnO_4$ (0.2mol/L)，$NaNO_3$ (0.5mol/L)、$NaNO_2$ (0.5mol/L)、KBr(0.5mol/L)、KI(0.5mol/L)、$K_4[Fe(CN)_6]$ (0.1mol/L)、$Na_2S_2O_3$ (0.5mol/L)、NaCl(0.5mol/L)、Na_2CO_3 (0.5mol/L)、$AgNO_3$(0.2mol/L)、$NaBiO_3$(s)、$(NH_4)_2MoO_4$(0.5mol/L)、溴水、H_2O_2(3%)、氯水(饱和)、CCl_4、$BaCl_2$(0.5mol/L)、$CaCl_2$(s)、$FeSO_4$(s)、碘水、淀粉溶液。

三、实验原理

常见的阴离子有以下 13 种：Cl^-、Br^-、I^-、SO_4^{2-}、SiO_3^{2-}、PO_4^{3-}、CO_3^{2-}、SO_3^{2-}、$S_2O_3^{2-}$、S^{2-}、NO_3^-、NO_2^-、Ac^-。在阴离子中，有的遇酸易分解，有的彼此氧化还原而不能共存。故阴离子的分析有以下两个特点：

① 阴离子在分析过程中容易起变化，不易于进行步骤繁多的系统分析；

② 阴离子彼此共存的机会少，且可利用的特效反应多，有可能进行分别分析。

在阴离子的分析中，主要采用分别分析方法，即利用阴离子的分析特性先对试液进行一系列的初步实验，分析并初步确定可能存在的阴离子，然后根据离子性质的差异和特征反应进行鉴定。分析中，并不是针对所研究的全部离子逐一进行检验，而是先通过初步实验，用消去法排除肯定不存在的阴离子，然后对可能存在的阴离子逐个加以确定。

四、实验步骤

先对阴离子混合溶液进行初步实验，主要包括沉淀实验、挥发性实验、氧化还原实验等。具体内容及步骤见表 7-1。然后根据初步实验结果，推断可能存在的阴离子，最后做阴离子的个别鉴定，对可能存在的阴离子逐个加以确定。

表 7-1 初步实验数据结果

阴离子试剂	稀 H_2SO_4	$BaCl_2$(中性)	$AgNO_3$(稀 HNO_3)	I_2-淀粉(稀 H_2SO_4)	$KMnO_4$(稀 H_2SO_4)	KI-淀粉(稀 H_2SO_4)
Cl^-						
Br^-						
I^-						
SO_4^{2-}						
SO_3^{2-}						

续表

阴离子试剂	稀 H_2SO_4	$BaCl_2$(中性)	$AgNO_3$(稀 HNO_3)	I_2-淀粉(稀 H_2SO_4)	$KMnO_4$(稀 H_2SO_4)	KI-淀粉(稀 H_2SO_4)
S^{2-}						
$S_2O_3^{2-}$						
NO_3^-						
NO_2^-						
CO_3^{2-}						
SiO_3^{2-}						
PO_4^{3-}						
Ac^-						

五、思考题

① 某混合溶液中含有 Ba^{2+} 及 Ag^+，可能存在哪些阴离子?

② 在氧化性和还原性实验中，稀 HNO_3、稀 HCl 和浓 H_2SO_4 是否可以代替稀 H_2SO_4 酸化试液，为什么?

③ 鉴定 SO_4^{2-} 时，如何去除 SO_3^{2-}、$S_2O_3^{2-}$、CO_3^{2-} 的干扰?

④ 鉴定 NO_3^- 时，如何去除 NO_2^-、Br^-、I^- 的干扰?

实验 38 常见阳离子未知混合液的定性分析

一、实验目的

① 掌握两酸两碱分组的组试剂及分离操作方法。

② 了解硫化氢系统分析方法。

③ 掌握阳离子混合液的分离与鉴定方法。

④ 练习分离与鉴定的基本操作技术。

二、实验用品

pH 试纸，$Pb(Ac)_2$ 试纸，淀粉-KI 试纸。

浓 HCl(2mol/L)、H_2SO_4(2mol/L)、浓 HNO_3(2mol/L)、NaOH(2mol/L，6mol/L)、HAc(6mol/L)、H_2S(饱和)、$NH_3 \cdot H_2O$(2mol/L，6mol/L)、KSCN(0.2mol/L)、$Cu(NO_3)_2$(s)、$Zn(NO_3)_2$(s)、$Cd(NO_3)_2$(s)、$Hg(NO_3)_2$(s)、$Hg_2(NO_3)_2$(s)、$Fe(NO_3)_2$(s)、$Co(NO_3)_2$(s)、$Ni(NO_3)_2$(s)、$Ba(NO_3)_2$(s)、$HgCl_2$(s)、$SnCl_2$(s)、$AgNO_3$(s)、Na_2S(0.1mol/L)、KBr(0.2mol/L)、KI(0.2mol/L，2mol/L)、$K_4[Fe(CN)_6]$(0.1mol/L)、$Na_2S_2O_3$(0.5mol/L)、NaCl(0.2mol/L，s)、$K_2Cr_2O_7$(0.1mol/L，饱和)、$Pb(NO_3)_2$(0.1mol/L)、$(NH_4)_2Cr_2O_7$(s)、$Cr_2(SO_4)_3$(0.1mol/L)、Na_2S(0.1mol/L)、$KMnO_4$(0.2mol/L)、$Mn(NO_3)_2$(0.1mol/L，0.2mol/L)、$NaBiO_3$(s)、$(NH_4)_2Fe(SO_4)_2$(s)、溴水、H_2O_2(3%)、KI(0.1mol/L)、CCl_4、$K_4[Fe(CN)_6]$(0.1mol/L)、$K_3[Fe(CN)_6]$(0.1mol/L)、KCl(s)、$MgCl_2$(s)、NH_4Cl(s)、$BaCl_2$(s)、$CaCl_2$(s)、戊醇(或乙醚)、溴水、碘水、丙酮、丁二酮肟。

三、实验原理

常见的阳离子有 20 多种，没有足够的特效鉴定反应可利用。当多种阳离子共存时，阳离子的定性分析多采用系统分析法。首先利用它们的某些共性，按照一定顺序加入若干种试剂，将离子一组一组地分批沉淀出来，分成若干组，然后在各组内根据它们的差异性进一步分离和鉴定。阳离子的系统分析方案应用比较广泛，比较成熟的是硫化氢系统分析法和两酸两碱系统分析法。

硫化氢系统分析法依据的主要是各离子的硫化物以及它们的氯化物、碳酸盐和氢氧化物的溶解度不同，采用不同的组试剂将阳离子分成五个组，然后在各组内根据它们的差异性进一步分离和鉴定。基本思路是：利用各离子硫化物溶解度的不同，将溶液初步分离；然后利用各离子硫化物性质与不同种类酸液反应进行进一步分离；最后利用各离子的氯化物、碳酸盐和氢氧化物的溶解度不同，分离后进行单一离子鉴定。

两酸两碱系统分析法以两酸（盐酸、硫酸）、两碱（氨水、氢氧化钠）作组试剂，根据各离子氯化物、硫酸盐、氢氧化物的溶解度不同，将阳离子分为五个组，然后在各组内根据它们的差异性进一步分离和鉴定（沉淀物的转化）。基本思路是：先用 HCl 溶液将能形成氯化物沉淀的 Ag^+、Pb^{2+}、Ca^{2+} 分离出去，再利用 H_2SO_4 溶液将能形成硫酸盐的 Ba^{2+}、Pb^{2+}、Ca^{2+} 分离出去，然后利用 $NH_3 \cdot H_2O$ 和 NaOH 溶液将其他离子进一步分离，分离后进行单一离子鉴定。

四、实验步骤

① 溶液中碱金属和碱土金属离子的分离和检出，如图 7-1 所示。

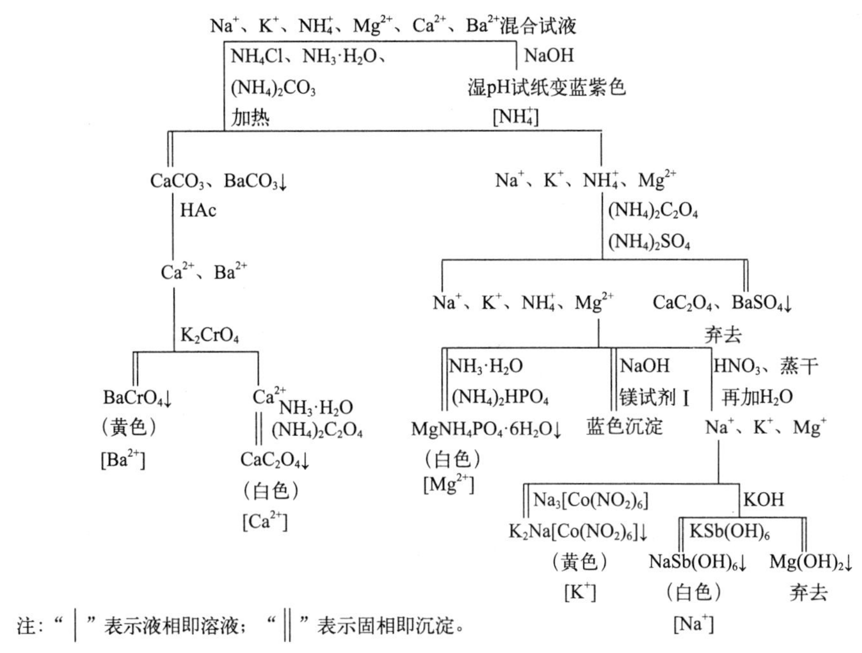

图 7-1　碱金属和碱土金属离子混合液的分离和检出

② Ag^+、Pb^{2+}、Hg^{2+}、Cu^{2+}、Bi^{3+}和Zn^{2+}等离子的分离和检出，如图 7-2 所示。

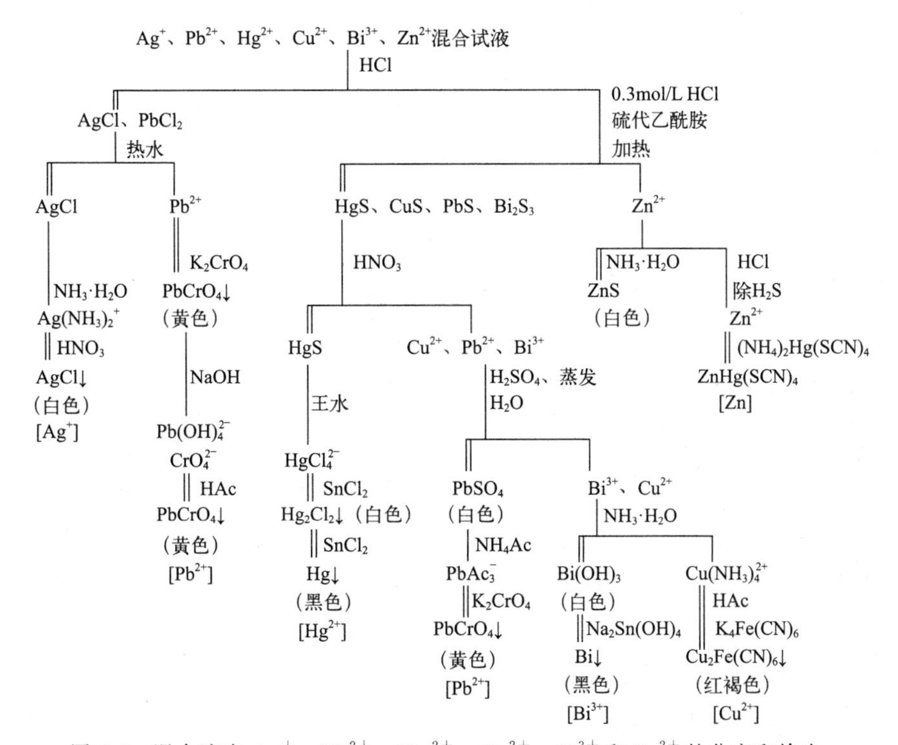

图 7-2　混合液中 Ag^+、Pb^{2+}、Hg^{2+}、Cu^{2+}、Bi^{3+}和Zn^{2+}的分离和检出

③ Fe^{3+}、Co^{2+}、Ni^{2+}、Mn^{2+}、Al^{3+}、Cr^{3+}和Zn^{2+}等离子的分离和检出，如图 7-3 所示。

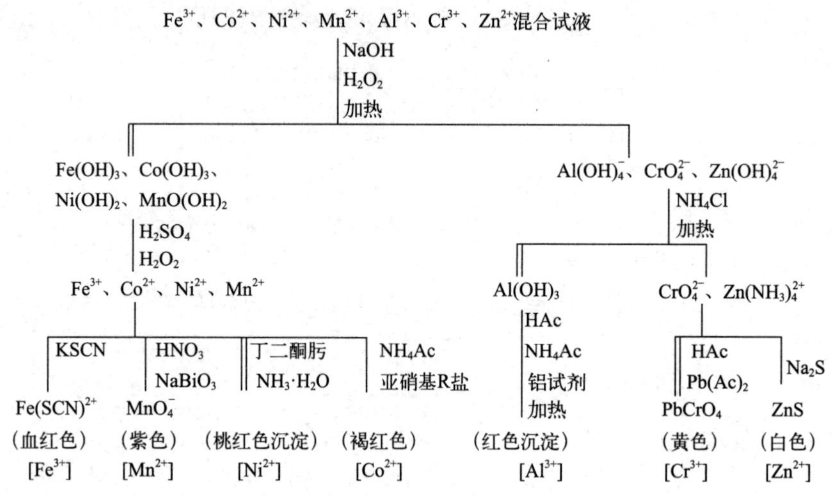

图 7-3　混合液中 Fe^{3+}、Co^{2+}、Ni^{2+}、Mn^{2+}、Al^{3+}、Cr^{3+}和Zn^{2+}的分离和检出

④ 某混合溶液中可能含有 Ag^{+}、Ba^{2+}、Fe^{3+}、Cu^{2+}、K^{+}，采用两酸两碱系统分析法分离并鉴定离子种类。

⑤ 某混合溶液中可能含有 Sn^{4+}、Hg^{2+}、Co^{2+}、Pb^{2+}、Na^{+}，采用硫化氢系统分析法分离并鉴定离子种类。

五、思考题

① 洗涤沉淀时为什么要用热的水溶液？

② 如果溶液呈碱性，哪些阳离子不存在？为什么？

③ 硫化氢系统分析法和两酸两碱系统分析法采用了哪些基本化学原理？

第八章
综合性、设计性实验及趣味实验

实验 39 硫酸亚铁铵的制备及 Fe^{3+} 限量分析

硫酸亚铁铵俗称莫尔盐，是一种含有结晶水的无机复盐，化学式为 $(NH_4)_2Fe(SO_4)_2 \cdot 6H_2O$，纯净产品为蓝绿色，在水中易溶解，不溶于乙醇。在空气中比硫酸亚铁稳定，有还原性。可用于医药、冶金、电镀等行业，在定量分析中常作为标准物质标定重铬酸钾、高锰酸钾等。

一、实验目的

① 学会利用溶解度的差异制备硫酸亚铁铵。

② 掌握硫酸亚铁、硫酸亚铁铵的性质。

③ 熟悉用目测比色法检验产品质量的方法。

④ 掌握加热、过滤、蒸发、结晶等基本操作。

二、实验用品

电子天平，量筒，烧杯，玻璃棒，锥形瓶，铁架台，铁圈，蒸发皿，酒精灯，水浴锅，陶土网，药匙，胶头滴管，抽滤瓶，布氏漏斗，紫外-可见分光光度计。

铁屑，1mol/L Na_2CO_3 溶液，3mol/L H_2SO_4 溶液，硫酸铵固体，饱和 KSCN 溶液，3mol/L HCl 溶液，100μg/mL 的铁标准溶液，10%盐酸羟胺溶液，0.12%邻二氮菲溶液，HAc-NaAc 缓冲溶液（pH=5.0）。

三、实验原理

本实验采用铁屑与硫酸反应的方法制备硫酸亚铁：

$$Fe(s)+H_2SO_4 \longrightarrow FeSO_4+H_2(g)$$

用所得的硫酸亚铁作为原料之一，硫酸铵为原料之二，制备硫酸亚铁铵。与硫酸亚铁和硫酸铵两种原料物质相比，硫酸亚铁铵在水中的溶解度较小，因此在所得的硫酸亚铁溶液中加入与 $FeSO_4$ 相等物质的量（以 mol 计）的硫酸铵，搅拌均匀得到混合溶液，加入适量酸，使溶液维持足够的酸性，抑制 Fe^{2+} 的水解。然后对所得溶液进行蒸发浓缩，便可得到浅绿色的硫酸亚铁铵晶体，反应式如下：

$$FeSO_4+(NH_4)_2SO_4+6H_2O(l) \longrightarrow (NH_4)_2SO_4 \cdot FeSO_4 \cdot 6H_2O(s)$$

产品中所含杂质 Fe^{3+} 的量可用目测比色法估计。操作方法是将制备的硫酸亚铁铵的晶体加入 KSCN 溶液，溶液呈现红色，将所得红色溶液与含一定量 Fe^{3+} 的系列标准 $[Fe(SCN)]^{2+}$ 溶液进行颜色比较，便可得到待测溶液中杂质 Fe^{3+} 的含量，进而可以确定产品的等级。

用邻二氮菲（phen）作为显色剂可以测定本实验产品中的 Fe^{2+} 含量。在 pH＝2～9 的溶液中，试剂与 Fe^{2+} 生成稳定的红色配合物。其 $\lg K=21.3$，摩尔吸光系数 $\varepsilon=1.1\times10^{4}$ mol/L，其反应式为 $Fe^{2+}+3\,(phen)\longrightarrow[Fe(phen)_3]^{2+}$。红色配合物的最大吸收峰在 510nm 波长处。当铁为＋3 价时，可用盐酸羟胺还原，本方法的选择性高，相当于含铁量 40 倍的 Sn^{2+}、Al^{3+}、Mg^{2+}、Zn^{2+}，20 倍的 Cr^{3+}、Mn^{2+}、PO_4^{3-}，5 倍的 Co^{2+}、Cu^{2+} 等均不干扰测定。

四、实验步骤

1. 硫酸亚铁溶液制备

（1）称量及纯化铁屑　称取铁屑 2.0g，加到锥形瓶中，然后向锥形瓶中加入浓度为 1mol/L 的 Na_2CO_3 溶液 20mL，水浴加热 10min，去除铁屑表面的油污。将液体用倾析法倒出，所得铁屑用蒸馏水冲洗干净，干燥后称其质量，记为 m_1，备用。

（2）制备硫酸亚铁溶液　将纯化后的铁屑加到锥形瓶中，接着加入浓度为 3mol/L 的 H_2SO_4 溶液 15mL。水浴加热使硫酸与铁屑反应制备硫酸亚铁，实验过程中不断补充被蒸发掉的水。反应所得溶液趁热抽滤，滤液转移至蒸发皿中，然后向滤液中补加 3mol/L 的硫酸溶液 1～2mL，以防止亚铁离子在 pH 相对过高的情况下发生氧化。滤渣用蒸馏水洗净并在干燥后称量其质量，记为 m_2。

（3）制备硫酸亚铁铵晶体　根据滤液中所含 $FeSO_4$ 的量，计算所需的硫酸铵的量。称取硫酸铵（其质量记为 m_3）并加到 $FeSO_4$ 溶液中，搅拌均匀后蒸发浓缩至溶液表面出现晶膜，静置使其自然冷却，析出硫酸亚铁铵晶体，减压抽滤去除液体，产物晶体用少量酒精洗涤表面水分，观察产品的形状和颜色，称其质量 m_4，计算产率。该实验中硫酸亚铁过量，以硫酸铵计算产率。

2. 比色法测定 Fe^{3+} 含量

（1）配制 Fe^{3+} 标准溶液　分别取含有 0.05mg、0.10mg、0.20mg 的 Fe^{3+} 溶液放在不同的 25mL 比色管中，分别加入 15.0mL 无氧蒸馏水振荡溶解，再加入 2.0mL 浓度为 3mol/L 的 HCl 溶液和 1.0mL 饱和 KSCN 溶液，继续加不含氧的蒸馏水至 25.00mL 刻度线，摇匀。

（2）微量铁(Ⅲ）的分析　称取 1.0g 样品放置在 25mL 比色管中，加入 15.0mL 不含氧的蒸馏水，振荡溶解，再加入 2.0mL 浓度为 3mol/L 的 HCl 溶液和 1.0mL 饱和 KSCN 溶液，继续加不含氧的蒸馏水至 25.00mL 刻度线，摇匀，与标准溶液进行目视比色，确定产品等级。

3. 邻二氮菲测定 Fe^{2+} 含量

（1）标准曲线的绘制　分别取浓度为 100μg/mL 的铁标准溶液 0.00mL、1.00mL、2.00mL、3.00mL、4.00mL 和 5.00mL 放于 6 个 50mL 容量瓶中，分别加入 1.00mL 浓度为 10％的盐酸羟胺溶液，摇匀后静置 2min，然后分别加入 HAc-NaAc 缓冲溶液 5.00mL，浓度为 0.12％的邻二氮菲溶液 2.00mL，用水稀释摇匀。以试剂空白为参比，测定各溶液在 510nm 条件下的吸光度，然后绘制标准曲线，其中横坐标为铁的浓度，纵坐标为对应溶液的吸光度。

（2）试液中铁含量的测定　取 10.00mL 样品溶液放在 50mL 容量瓶中，按照与配制标准溶液相同的方法配制未知溶液，并测定其吸光度。根据标准曲线求出样品溶液中的铁含量，并计算出产品中的铁含量。

注意事项

1. 为了缩短铁屑与硫酸溶液的反应时间，最好选用生铁碎铁屑，避免使用锈蚀程度过大的铁屑。

2. 蒸发浓缩过程中发现晶膜后要停止搅拌，以便冷却后得到大颗粒晶体。溶液不能蒸干，因为莫尔盐中含有较多结晶水，如果蒸干，就得不到浅绿色的莫尔盐晶体。

3. 先加盐酸羟胺溶液，再加缓冲溶液，顺序不能颠倒，否则还原反应不完全。

4. 测定标准曲线时，各标准溶液按从稀到浓的顺序进行测定，从而减少测量误差。

5. 要确保光路垂直进入样品池，以免产生光程误差。

6. 为加快过滤速率，抽干产品，使用减压（抽气）过滤，注意操作的规范性。

① 安装仪器时各部件的连接要紧密；布氏漏斗下口尖端要远离抽滤瓶抽气嘴。

② 修剪滤纸，大小要合适，润湿并贴紧。滤纸要略小于布氏漏斗，但要把布氏漏斗的孔全部盖住。滴加蒸馏水润湿滤纸，打开抽气泵减压，使滤纸贴紧漏斗。

③ 打开抽气泵开关，倒入固液混合物，开始抽滤。尽量使要过滤的物质处在布氏漏斗中央，防止其未经过滤，直接通过漏斗和滤纸之间的缝隙流下。

④ 过滤完之后，先拔掉抽滤瓶接管，后关抽气泵。

⑤ 从漏斗中取出固体时，应将漏斗从抽滤瓶上取下，左手握漏斗管，倒转，用右手拍击左手，使固体连同滤纸一起落入洁净的纸片或表面皿上。揭去滤纸，再对固体进行干燥处理。抽滤瓶中的溶液应从上口倒出。

五、数据记录与结果处理

① 初始干净干燥铁屑质量 m_1：________。

② 制备硫酸亚铁溶液后剩余滤渣质量 m_2：________。

③ 添加硫酸铵的质量 m_3：________。

④ 硫酸亚铁铵产品质量 m_4：________。

⑤ 硫酸亚铁铵产率：________；产品颜色：________；形状：________。

⑥ Fe^{3+} 限量：________。

⑦ Fe^{2+} 含量：________。

六、思考题

① 制备硫酸亚铁时，为什么必须保持溶液呈酸性？

② 在制备硫酸亚铁铵的蒸发结晶步骤中应注意哪些事项？

③ 在配制硫酸亚铁铵溶液时为什么必须用不含氧的蒸馏水？

④ 拓展学习：在中国期刊网中搜索硫酸亚铁铵制备的实验研究，增加对本实验的理解。

实验 40 碱式碳酸铜的制备

我国考古工作者在三星堆遗址出土大量铜器，铜器表面有一层绿色铜锈，其主要成分为碱式碳酸铜，由铜与氧气、二氧化碳和水蒸气等物质反应产生。

碱式碳酸铜呈暗绿色或淡蓝绿色，又名铜锈、铜绿，俗称孔雀绿，为天然孔雀石的主要成分，常见分子式是 $CuCO_3 \cdot Cu(OH)_2$，分子量为 221.12。碱式碳酸铜溶液显弱碱性，易溶于酸和氨水，难溶于水，水溶液受热易分解，固体产品分解温度为 220℃，生成氧化铜、水和二氧化碳。

碱式碳酸铜可用于制造催化剂、烟火、农药、颜料、饲料、杀菌剂，还可用于电镀、防腐、分析等行业。在农业上，碱式碳酸铜可用于防治植物黑穗病，可用作杀虫剂、磷毒的解毒剂及种子的杀菌剂；与沥青混合可防止牲畜及野鼠啃树苗；在饲料中可用作铜的添加剂。

一、实验目的

① 熟悉碱式碳酸铜的性质。

② 理解碱式碳酸铜的制备原理及主要影响因素。

③ 巩固水浴加热、减压过滤、离心分离等基本操作。

④ 培养自主学习精神、独立设计实验的能力和创新意识。

二、实验用品

分组自行设计具体实验方案，给出所需的实验用品清单，经实验课老师审核完善后，即可开展实验。

可溶性铜盐［如 $CuSO_4$、$Cu(Ac)_2$、$Cu(NO_3)_2$ 等］、可溶性碳酸盐（如 Na_2CO_3、$NaHCO_3$、NH_4HCO_3）作为反应原料。可选择水浴锅、试管、移液管、量筒、pH 试纸等作为实验仪器、材料。

三、实验原理

$Cu_2(OH)_2CO_3$ 产品中存在 Cu^{2+}、CO_3^{2-}、OH^-，CO_3^{2-} 易水解可得到 OH^-，而且 $Cu(OH)_2$、$CuCO_3$、$Cu(OH)_2 \cdot CuCO_3$ 三者溶解度相近，且都难溶于水，因此硫酸铜与碳酸钠反应时，可生成碱式碳酸铜。

选择不同原料，制碱式碳酸铜的主要反应如下：

$$2CuSO_4 + 2Na_2CO_3 + H_2O \longrightarrow Cu_2(OH)_2CO_3 \downarrow + 2Na_2SO_4 + CO_2 \uparrow$$

$$2Cu(Ac)_2 + 4NaHCO_3 \longrightarrow Cu_2(OH)_2CO_3 \downarrow + 4NaAc + 3CO_2 \uparrow + H_2O$$

$$2Cu(NO_3)_2 + 2Na_2CO_3 + H_2O \longrightarrow Cu_2(OH)_2CO_3 \downarrow + 4NaNO_3 + CO_2 \uparrow$$

$$2CuSO_4 + 4NH_4HCO_3 \longrightarrow Cu_2(OH)_2CO_3 \downarrow + 2(NH_4)_2SO_4 + 3CO_2 \uparrow + H_2O$$

据此，可推测得知影响制备反应的主要因素有原料的种类、原料配比、反应温度、pH、加料方式等；同时可通过热分解法、EDTA 返滴定法来测定产物质量；残留在试管中的碱式碳酸铜可通过稀硫酸、稀盐酸等洗涤干净。

四、实验步骤

以硫酸铜与碳酸钠为原料制备 $Cu_2(OH)_2CO_3$ 的实验步骤如下。

1. 配制反应物溶液

配制100mL浓度为0.5mol/L的$CuSO_4$溶液和100mL浓度为0.5mol/L的Na_2CO_3溶液各一份。

2. 探索制备条件

（1）$CuSO_4$和Na_2CO_3两种原料的配比　在四支试管中分别加入2.0mL $CuSO_4$原料溶液，在另外的四支试管中分别加入1.6mL、2.0mL、2.4mL、2.8mL Na_2CO_3原料溶液。将装有两种原料液的八支试管在75℃水浴中加热数分钟，然后将$CuSO_4$溶液对应倒入Na_2CO_3溶液，振荡试管，比较四支试管中沉淀的生成速度、生成量及颜色，得出最佳原料配比。

（2）加料方式　在三支试管中分别加入2.0mL $CuSO_4$原料溶液，在另外三支试管中，分别加入实验（1）优化量的Na_2CO_3原料溶液。两组试管分别按以下三种方法混合两种原料：①正加法，即$CuSO_4$溶液倒入Na_2CO_3溶液；②逆加法，即Na_2CO_3溶液倒入$CuSO_4$溶液；③滴加法，即$CuSO_4$溶液逐滴加到Na_2CO_3溶液。正加法和逆加法中，加料后振荡试管；滴加法中，边滴加边振荡试管。比较三个试管中沉淀的生成速度、生成量及颜色，得出最佳的加料方式。

（3）反应温度　取三支试管，分别加入2.0mL $CuSO_4$原料溶液，另取三支试管，分别加入实验（1）优化量的Na_2CO_3原料溶液。从两组试管中各取一支组成一组，得到三组试管，三组试管分别置于室温、50℃、100℃的恒温水浴中加热数分钟，然后将$CuSO_4$溶液倒入Na_2CO_3溶液中，振荡试管，观察现象，确定最佳反应温度。

3. 在优化的条件下制备碱式碳酸铜

取60mL $CuSO_4$溶液，根据实验2确定的最佳原料比例、最佳温度及加料方式制备碱式碳酸铜。待沉淀完全后，用蒸馏水洗涤沉淀数次，直至沉淀中不含SO_4^{2-}为止，吸干固体上的水分。

将所得产品放于烘箱中，在100℃烘干，冷却至室温后称量，计算产率。

注意事项

1. 注意控制反应温度（不超过100℃），反应时要恒温且不断搅拌，否则会出现部分颜色变黑的现象。

2. 反应pH对产物质量影响较大，本反应要求在弱碱性条件下进行。

3. 洗涤沉淀要干净。产品抽滤时，如滤液pH<7时要不断洗涤，直到pH为8左右，否则会出现大量硫酸铜和未反应的溶液包裹着沉淀，影响产品质量。

4. 反应后若观察不到暗绿色或淡蓝绿色沉淀，可将反应物静置一定时间。

5. 产物最好控制在80℃左右，烘干3h，这样既能避免产物高温分解变黑，又能实现充分干燥。否则会出现产率超过100%现象。

五、数据记录与结果处理

① 最佳$n(CuSO_4)$ ∶$n(Na_2CO_3)$：________。

② 最佳加料方式：________。

③ 最佳反应温度：________℃。

④ 优化条件下制备碱式碳酸铜的收率：________；产品颜色：________；形状：________。

六、思考题

① 各个实验所得产物的颜色为什么会不同？什么颜色的产物中碱式碳酸铜的含量最高？

② 为什么反应温度过高或过低均不利于产物的生成？

③ 加料顺序对反应有何影响？

④ 溶液 pH 对反应有何影响？

⑤ 碱式碳酸铜有哪些用途？这些用途与其结构、性质有何联系？

⑥ 产品质量如何检测？产物中铜离子含量如何测定？

⑦ 对 $Cu_2(OH)_2CO_3$ 的不同制备工艺（如原理部分提供的 4 条合成反应路线）进行评价，这些制备工艺各有什么特点？

实验 41　三草酸合铁（Ⅲ）酸钾的制备及组成分析

三草酸合铁(Ⅲ) 酸钾（以下简称三草酸合铁酸钾）为翠绿色单斜晶体，其化学式为 $K_3[Fe(C_2O_4)_3]\cdot 3H_2O$，分子量为 491.26，溶于水，难溶于乙醇。在水中的溶解度受温度影响较大，0℃时的溶解度为 4.7g，100℃时的溶解度为 117.7g。三草酸合铁酸钾在 110℃下失去三分子结晶水，变为 $K_3[Fe(C_2O_4)_3]$，230℃时则发生分解。三草酸合铁酸钾在日光直射或强光下分解生成的草酸亚铁 FeC_2O_4，遇到六氰合铁酸钾 $K_3[Fe(CN)_6]$ 生成滕氏蓝：

$$2K_3[Fe(C_2O_4)_3]\cdot 3H_2O \longrightarrow 3K_2C_2O_4+2FeC_2O_4+2CO_2\uparrow+6H_2O$$

$$FeC_2O_4+K_3[Fe(CN)_6] \longrightarrow KFe[Fe(CN)_6]+K_2C_2O_4$$

因此，三草酸合铁酸钾在实验室中可制感光纸，进行感光实验。另外，由于它的光化学活性，能定量进行光化学反应，常用作化学光量计。

一、实验目的

① 了解三草酸合铁酸钾的性质及应用。

② 掌握以硫酸亚铁铵为原料制备三草酸合铁酸钾的方法。

③ 掌握 $C_2O_4^{2-}$ 及 Fe^{3+} 的含量测定方法。

④ 巩固加热、过滤、结晶、滴定等基本操作。

二、实验用品

电子天平，烧杯，恒温水浴锅，量筒，表面皿，布氏漏斗，抽滤瓶，循环水真空泵，鼓风干燥箱，滴定管，锥形瓶。

$(NH_4)_2Fe(SO_4)_2\cdot 6H_2O$，$H_2SO_4$ 溶液（6mol/L），饱和 $K_2C_2O_4$ 溶液，饱和 $H_2C_2O_4$ 溶液，5% H_2O_2 溶液，95%乙醇，锌粉，高锰酸钾标准溶液。

三、实验原理

三草酸合铁酸钾的合成工艺有多种，可以铁为原料先制备硫酸亚铁铵，然后加草酸制备草酸亚铁，再经氧化制备三草酸合铁酸钾；也可以硫酸铁与草酸钾为原料直接合成三草酸合铁酸钾；还可以氯化铁与草酸钾为原料直接合成三草酸合铁酸钾。本实验采用上述列举的第一种工艺路线制备三草酸合铁酸钾：

$$(NH_4)_2Fe(SO_4)_2\cdot 6H_2O+H_2C_2O_4 \longrightarrow FeC_2O_4\cdot 2H_2O\downarrow+(NH_4)_2SO_4+H_2SO_4+4H_2O$$

$$2FeC_2O_4\cdot 2H_2O+H_2O_2+3K_2C_2O_4+H_2C_2O_4 \longrightarrow 2K_3[Fe(C_2O_4)_3]\cdot 3H_2O$$

三草酸合铁酸钾中结晶水的含量可以通过重量分析法测定，即将一定量产物在 110℃下干燥，根据干燥前后的质量差异便可计算出结晶水的含量。

三草酸合铁酸钾中 $C_2O_4^{2-}$ 的含量可以用 $KMnO_4$ 滴定法测定。在酸性介质中，用 $KMnO_4$ 标准溶液滴定待测液，根据 $KMnO_4$ 消耗量可以计算出 $C_2O_4^{2-}$ 的含量，滴定反应方程式为：

$$5C_2O_4^{2-}+2MnO_4^-+16H^+ \longrightarrow 10CO_2+2Mn^{2+}+8H_2O$$

三草酸合铁酸钾中 Fe^{3+} 的含量也可以用 $KMnO_4$ 滴定法测定。先用过量锌粉将 Fe^{3+} 还原为 Fe^{2+}，然后在酸性介质中，用 $KMnO_4$ 标准溶液滴定试液中的 Fe^{2+}，根据 $KMnO_4$ 溶液的消耗量可以计算出 Fe^{3+} 的含量，其滴定反应方程式为：

$$5Fe^{2+} + MnO_4^- + 8H^+ \longrightarrow 5Fe^{3+} + Mn^{2+} + 4H_2O$$

三草酸合铁酸钾中钾的含量可以根据配合物中结晶水、$C_2O_4^{2-}$、Fe^{3+}的含量计算得出。

四、实验步骤

1. 三草酸合铁酸钾的制备

① 称量5g$(NH_4)_2Fe(SO_4)_2 \cdot 6H_2O$，加20mL去离子水溶解，加入5滴浓度为6mol/L的H_2SO_4进行酸化，再加入25mL饱和$H_2C_2O_4$溶液，将体系加热至沸，静置，待黄色的FeC_2O_4沉淀完全沉降后，用倾析法分去上层清液，所得沉淀用去离子水洗涤2～3次。

② 在沉淀中加入饱和$K_2C_2O_4$溶液10mL，在40℃水浴中加热，用滴管缓慢地滴加5%H_2O_2溶液12mL，边滴加边搅拌并使反应温度维持在40℃左右，滴加完后，将溶液加热至沸，先加入5mL饱和$H_2C_2O_4$溶液，然后慢慢滴加3mL饱和$H_2C_2O_4$溶液，这时体系应该变成亮绿色透明溶液。如果体系混浊，则趁热过滤，然后在滤液中加入95%乙醇10mL，这时溶液如果混浊，微热使其变清。

③ 将所得溶液放置在暗处，静置冷却结晶，抽滤，用50%的乙醇溶液洗涤所得晶体，抽干，在空气中干燥，称量质量，计算产率。产物应避光保存。

2. 三草酸合铁酸钾组成分析

（1）结晶水含量的测定　称量0.3g三草酸合铁酸钾于烧杯中，在110℃下烘1h，冷却，称量质量，计算结晶水的含量。

（2）草酸根含量的测定　用分析天平称量0.2～0.3g三草酸合铁酸钾，放入250mL锥形瓶中，加入50mL水和5mL 6mol/L的H_2SO_4，从滴定管放出已标定的高锰酸钾溶液约10mL到锥形瓶中，加热至70～85℃，不超过85℃，直到紫红色褪去，然后继续用高锰酸钾溶液滴定热溶液，直至微红色在30s内不消失，根据高锰酸钾溶液的消耗量，计算三草酸合铁酸钾中草酸根的含量。滴定后的溶液保留待用。

（3）铁含量测定　向通过滴定测定完草酸根含量的溶液中加入还原剂锌粉，直到黄色消失，然后将溶液加热2min以上，使Fe^{3+}还原为Fe^{2+}，过滤出剩余锌粉，洗涤锌粉，滤液放入另一个干净的锥形瓶中，再用高锰酸钾标准溶液进行滴定，直至微红色在30s内不消失，计算铁含量。滴定时要保持足够的酸度，从而抑制Fe^{2+}的水解。

（4）钾含量确定　由测得的结晶水含量、草酸根含量、铁含量计算钾的含量。

注意事项

1. 草酸亚铁氧化时要保持反应温度40℃，不能过高，也不能过低。

2. 草酸亚铁氧化时要慢慢滴加双氧水，并不断搅拌。

3. 三草酸合铁酸钾产品要避光保存。

4. 测定草酸根含量时，要先从滴定管放出一部分高锰酸钾溶液至锥形瓶中，加热，使紫红色消失，然后进行滴定。

五、数据记录与结果处理

硫酸亚铁铵的质量m_1：________；

三草酸合铁酸钾的质量 m_2：________；

三草酸合铁酸钾的产率：________；

组成分析时所取的三草酸合铁酸钾的质量 m_3：________；

结晶水的质量 m_4：________；

结晶水的含量：________；

草酸根含量：________；

铁含量：________；

钾含量：________。

六、思考题

① 合成过程中，滴完双氧水后为什么还要煮沸溶液？

② 在合成三草酸合铁酸钾的最后步骤中，加入95%的乙醇的作用是什么？能否用将溶液蒸干的方法提高产率？为什么？

③ 若合成三草酸合铁酸钾的最后一步中的溶液不是翠绿色，应该如何处理？

④ 拓展学习：在中国期刊网中搜索三草酸合铁酸钾的实验研究，增加对本实验的理解。

实验 42 茶叶中 Ca^{2+}、Mg^{2+} 和微量元素铁含量的综合测定

茶叶起源于中国，从三国时期起人们便开始有喝茶的习惯。已知茶叶中含有 500 多种化学成分，茶叶不仅是一种人们生活中常见的饮品，根据《神农本草》及《本草拾遗》等书的记载，茶叶更是一种常见的中草药，属于药食同源类物质。茶叶中钙、镁、铁等微量元素与其药用价值和功效密不可分，本实验以江西省九江市本地的庐山云雾茶为实验对象，对茶叶中钙、镁、铁三种元素进行定性、定量的综合测定。

一、实验目的

① 熟悉并掌握鉴定茶叶中 Ca、Mg、Fe 元素的方法。

② 熟悉并掌握利用滴定法测定茶叶中 Ca、Mg 元素含量的方法及原理。

③ 熟悉利用分光光度法测定茶叶中 Fe 元素含量的方法及原理。

二、实验用品

电子分析天平，烘箱，马弗炉，坩埚，坩埚钳，研钵，蒸发皿，称量瓶，电子分析天平，中速定量滤纸，长颈漏斗，容量瓶(250mL、50mL)，锥形瓶(250mL)，烧杯(150mL)，酸式滴定管(50mL)，比色皿(1mL)，吸量管(5mL、10mL)，胶头滴管，塑料离心管(1.5mL)，试管(15mm×150mm)，722 型分光光度计。

铬黑 T(1%)，HCl(6mol/L)，HAc(2mol/L)，NaOH(6mol/L)，$NH_3 \cdot H_2O$(6mol/L)，$(NH_4)_2C_2O_4$(0.25mol/L)，EDTA 标准溶液（约 0.01mol/L，准确浓度已标定），KSCN 饱和溶液，Fe^{2+} 标准溶液（约 0.010mg/L，准确浓度已标定），镁试剂，$NH_3 \cdot H_2O\text{-}NH_4Cl$ 缓冲溶液(pH=10)，HAc-NaAc 缓冲溶液(pH=4.6)，邻二氮菲水溶液(0.1%)，$NH_2OH \cdot HCl$(0.1%)，25%三乙醇胺水溶液。

三、实验原理

茶叶的化学成分由 95%左右的有机化合物和 5%左右的无机盐组成。茶叶中的无机成分是指茶叶经过高温完全灼烧“灰化”后残留下来的物质，也被称为灰分，占干物质的 4%～7%，茶叶中灰分一般含有 Fe、Mn、Al、K、Ca、Mg、P、S、Cl 等元素，其含量与茶叶品质有密切的关系。$Ca(OH)_2$、$Mg(OH)_2$、$Fe(OH)_3$ 三种氢氧化物完全沉淀的 pH 如表 8-1 所示。

表 8-1 Ca^{2+}、Mg^{2+}、Fe^{3+} 的氢氧化物完全沉淀的 pH

氢氧化物	$Fe(OH)_3$	$Mg(OH)_2$	$Ca(OH)_2$
pH	≥4.1	>11	>13

需要注意的是，茶叶中含有少量的 Al^{3+}，可能会影响 Fe^{3+} 的鉴定。$Al(OH)_3$ 完全沉淀的 pH 约为 5.1，当 pH 大于 9 时，$Al(OH)_3$ 将溶解生成 $[Al(OH)_4]^-$。可以利用 Al^{3+} 的酸碱两性，加入过量的氢氧化钠溶液使 $Fe(OH)_3$ 完全沉淀且 Al^{3+} 转化为 $[Al(OH)_4]^-$，消除对 Fe^{3+} 的干扰。而 Ca^{2+}、Mg^{2+} 互不干扰，可以直接进行鉴定。鉴定 Fe^{3+}、Ca^{2+}、Mg^{2+} 时涉及的特征反应式如下所示：

$$Fe^{3+} + nKSCN(饱和) \longrightarrow Fe(SCN)_n^{3-n}(血红色) + nK^+$$

$$Ca^{2+} + C_2O_4^{2-} \longrightarrow CaC_2O_4(白色沉淀)$$

$$MgCl_2 + 2NaOH \longrightarrow 2NaCl + Mg(OH)_2(加入镁试剂为天蓝色沉淀)$$

利用上述三种离子的特征反应，可以分别鉴定茶叶中含有 Ca、Mg、Fe 元素。

以铬黑 T（EBT）作为指示剂，采用络合滴定的方法测定茶叶中 Ca^{2+}、Mg^{2+} 的含量。将溶液 pH 控制在 10 左右，EDTA 作为标准溶液，EBT 为指示剂进行滴定，可以得到茶叶中 Ca、Mg 元素的总含量。如果想要得到 Ca、Mg 元素各自的含量，则需要将溶液 pH 调节至大于 12.5，此时溶液中的 Mg^{2+} 完全转化为氢氧化镁沉淀。利用 EDTA 标准溶液、钙指示剂进行滴定，得到茶叶中 Ca 元素的含量，然后利用差减法得到 Mg 元素的含量。

用分光光度法测定茶叶中 Fe 元素的含量，需要先用 $NH_2OH \cdot HCl$ 将 Fe^{3+} 还原为 Fe^{2+}，然后利用金属螯合剂邻二氮菲测定 Fe 元素的含量。pH 在 2～9 的范围内，Fe^{2+} 与邻二氮菲生成稳定的红色螯合物，吸收波长为 510nm。$NH_2OH \cdot HCl$ 与 Fe^{3+}，Fe^{2+} 与邻二氮菲的反应式如下：

$$4Fe^{3+} + 2NH_2OH \cdot HCl \longrightarrow 4Fe^{2+} + N_2O + 6H^+ + H_2O + 2Cl^-$$

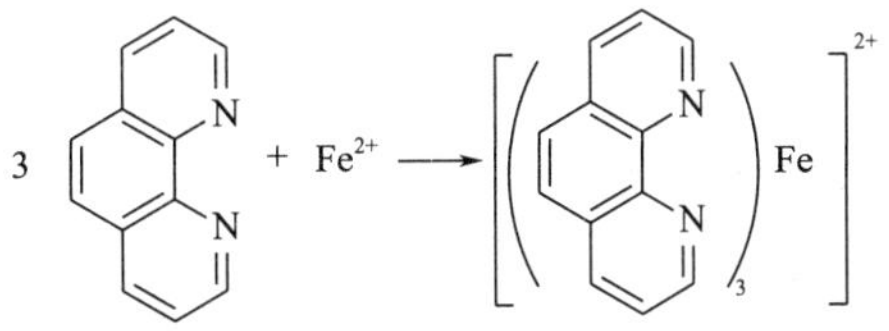

由于茶叶中 Fe^{3+}、Al^{3+} 的存在会对 Ca^{2+}、Mg^{2+} 含量的测定产生影响，因此一般用三乙醇胺做掩蔽剂来掩蔽可能存在的 Fe^{3+}、Al^{3+}。

四、实验步骤

1. 茶叶的灰化和溶液的制备

称取 8g 左右已在 100～105℃烘箱中烘干的庐山云雾茶，置于研钵中研成粉末，然后转移至称量瓶中，使用电子分析天平，利用差减法准确称取并记录粉末的重量。接着将茶叶粉末完全转移到坩埚中，将其放入马弗炉中并设定好温度使其彻底灰化，一般设定为 550℃。灰化完全，待温度冷却至室温，用坩埚钳将其取出。为了提高效率，可以在实验前一天进行此步操作，实验当天可直接使用。

向茶叶灰化得到的粉末中加入 10mL 浓度为 6mol/L 的 HCl 溶液，将得到的溶液完全转移至 150mL 的烧杯中。加入 20mL 蒸馏水，用浓度为 6mol/L 的氨水调节 pH 为 6～7，此时会有沉淀生成。将得到的悬浮液置于沸水浴中加热 30min，冷却至室温过滤，用蒸馏水洗涤烧杯和滤纸 2～3 次。滤液和洗涤液全部倒入 250mL 的容量瓶中，加蒸馏水稀释至刻度，摇匀并贴上标签，标明该溶液为 Ca^{2+}、Mg^{2+} 检测试液(A)，放置待测。

用 10mL 浓度为 6mol/L 的 HCl 溶液重新溶解滤纸上的沉淀，并用蒸馏水洗涤 2～3 次，将得到的溶液转移至另一 250mL 的容量瓶中，加蒸馏水稀释至刻度，摇匀并贴上标签，标明该溶液为 Fe^{3+} 检测试液（B），放置待测。

2. Ca、Mg、Fe 元素的鉴定

用吸量管从 A 溶液的容量瓶中取 1mL 溶液于一洁净的试管中，然后用胶头滴管从试管

中取液2滴于1.5mL塑料离心管中，滴加1滴镁试剂Ⅱ，再逐滴加入6mol/L NaOH溶液碱化，观察是否有天蓝色沉淀生成，以此判断溶液中是否含有Mg^{2+}。

从上述试管中取2～3滴A溶液于另一塑料离心管中，先加入1～2滴浓度为2mol/L的HAc酸化，然后加入2滴浓度为0.25mol/L的$(NH_4)_2C_2O_4$溶液，观察是否有白色沉淀生成，以此判断溶液中是否含有Ca^{2+}。

同样方法从B溶液的容量瓶中取出1mL于一洁净试管中，然后用胶头滴管从试管中取液2滴于1.5mL塑料离心管中，滴加1滴饱和KSCN溶液，观察是否有红色配合物生成，以此判断溶液中是否含有Fe^{3+}。

3. 茶叶中Ca^{2+}、Mg^{2+}总含量的测定

用吸量管从A容量瓶中准确量取25.00mL溶液置于250mL的锥形瓶中，加入5mL质量分数为25%的三乙醇胺水溶液，再加入10mL pH为10的$NH_3 \cdot H_2O$-NH_4Cl缓冲溶液，摇匀后加入适量EBT指示剂。用EDTA标准溶液滴定至锥形瓶的溶液由紫红色恰好变为蓝色，即达到滴定终点，最后根据EDTA的用量，可算出茶叶中Ca^{2+}、Mg^{2+}的总含量，以MgO的质量分数表示。

4. 茶叶中Ca^{2+}、Mg^{2+}含量的测定（选做）

可根据原理，自行设计实验，分别测得茶叶中Ca^{2+}、Mg^{2+}的含量。

5. 茶叶中Fe^{3+}含量的测定

（1）绘制邻二氮菲亚铁吸收曲线　用吸量管分别吸取Fe^{2+}标准溶液4.0mL于50mL容量瓶中，依次加入5mL质量分数为0.1%的$NH_2OH \cdot HCl$溶液、5mL pH为4.6的HAc-NaAc缓冲溶液、5mL质量分数为0.1%的邻二氮菲水溶液，最后加蒸馏水稀释至刻度，摇匀后静置10min。向1cm的石英比色皿中加入试剂空白溶液作为参比溶液，使用722型分光光度计测定Fe^{2+}标准溶液的吸光度，扫描波长范围为420～600nm。根据所得结果，以波长为横坐标，吸光度为纵坐标，即可绘制邻二氮菲亚铁的吸收曲线，以此来确定其最大吸收峰波长，此波长即为定量测量波长。

（2）绘制邻二氮菲亚铁标准曲线　用吸量管分别吸取Fe^{2+}标准溶液0、1.0mL、2.0mL、3.0mL、4.0mL、5.0mL、6.0mL于7只50mL容量瓶中，依次加入5mL质量分数为0.1%的$NH_2OH \cdot HCl$溶液、5mL pH为4.6的HAc-NaAc缓冲溶液、5mL质量分数为0.1%的邻二氮菲水溶液，最后加蒸馏水稀释至刻度，摇匀后静置10min。向1cm的石英比色皿中加入试剂空白溶液作为参比溶液，分别测定7个不同浓度的Fe^{2+}标准溶液在测量波长下的吸光度。根据所得结果，以50mL溶液中铁含量为横坐标，对应的吸光度为纵坐标，即可绘制邻二氮菲亚铁的标准曲线。

（3）测定茶叶中Fe^{3+}含量　用吸量管从B容量瓶中准确量取2.5mL溶液置于50mL容量瓶中，依次加入5mL质量分数为0.1%的$NH_2OH \cdot HCl$溶液、5mL pH为4.6的HAc-NaAc缓冲溶液、5mL质量分数为0.1%的邻二氮菲水溶液，最后加蒸馏水稀释至刻度，摇匀后静置10min。同样用空白溶液作为参比溶液，在测量波长处测其吸光度。根据所得数据，从标准曲线上求出50mL容量瓶中铁元素的含量，并换算成茶叶中Fe^{3+}的含量，以Fe_2O_3质量分数表示。

注意事项

1. 烘干后的茶叶需在研钵中尽量捣碎，研成粉末，更有利于灰化。

2. 注意灰化温度和时间的选择，一定要使茶叶完全灰化。若灰化后加酸溶解时发现未灰化完全，需进行定量过滤，重新灰化后再溶解。

3. 加酸溶解时可以适度加热辅助溶解，但是一定要等溶液冷却至室温后再进行转移。

五、数据记录与结果处理

1. 元素鉴定结果

Ca^{2+}的鉴定：________________。

Mg^{2+}的鉴定：________________。

Fe^{3+}的鉴定：________________。

2. Ca^{2+}、Mg^{2+}总含量的测定

实验数据填入表 8-2。

表 8-2　Ca^{2+}、Mg^{2+}总含量的测定

项目	1	2	3
$V_{EDTA始}$/mL			
$V_{EDTA末}$/mL			

三次平行实验，取平均值得到 EDTA 的用量 $V_{EDTA平均}=(V_{EDTA1}+V_{EDTA2}+V_{EDTA3})/3$，已知 EDTA 标准溶液的准确浓度，则可得 $n(Ca^{2+}+Mg^{2+})=n_{EDTA}=c_{EDTA}V_{EDTA平均}$。计算得到以 MgO 的质量表示 Ca^{2+}、Mg^{2+}总含量 m_{MgO}，最后即可得到茶叶中 Ca^{2+}、Mg^{2+}总的质量分数。

3. Fe^{3+}含量的测定

根据实验结果绘制邻二氮菲亚铁吸收曲线、标准曲线，最后求出 Fe^{3+}的含量。

六、思考题

① 茶叶灰化的温度该如何选择?

② 为何不能用滴定法检测茶叶中 Fe^{3+}的含量?

③ 为什么 pH=6～7 时，能将 Fe^{3+}、Al^{3+}与 Ca^{2+}、Mg^{2+}分离完全。

实验 43 纸色谱法分离鉴定蛋氨酸和甘氨酸

色谱（chromatography）是一种分离技术，随着现代化学技术的发展应运而生。20 世纪初在俄国的波兰植物化学家茨维特首先将植物提取物放入装有碳酸钙的玻璃管中，植物提取液由于在碳酸钙中的流速不同，分布不同，因此在玻璃管中呈现出不同的颜色，这样就可以对各种不同的植物提取液进行有效的成分分离。1907 年，茨维特的论文用俄文公开发表，他把这种方法命名为 chromatography，即中文的色谱，这就是现代色谱这一名词的来源。

20 世纪 20 年代，许多植物化学家开始采用色谱方法对植物提取物进行分离，色谱方法才被广泛地应用。自 20 世纪 40 年代以来，以 Martin 为首的化学家建立了一整套色谱基础理论，开辟了色谱分析技术发展的广阔空间。

一、实验目的

① 了解色谱的含义及种类。

② 了解纸色谱在分离中的应用。

③ 掌握纸色谱的操作技术和比移值的测定方法。

二、实验用品

中速层析滤纸（20cm×6cm），毛细管（或微量注射器），层析缸，烘箱（或电炉）。

0.2%蛋氨酸，0.2%甘氨酸，未知氨基酸混合样溶液，茚三酮，正丁醇，冰醋酸，水，乙醇，扩展剂。

三、实验原理

纸色谱法，是指以纸为载体，以纸上所含水分或其他物质为固定相，用展开剂进行展开的分配色谱。物质被分离后在纸层析图谱上的位置用比移值（R_f）来表示：

$$R_f=\frac{\text{原点到层析点中心的距离}}{\text{原点到溶剂前沿的距离}}$$

一定条件下，某物质的 R_f 值是常数。R_f 值的大小与物质的结构、性质、溶剂系统、层析滤纸的质量和层析温度等因素有关。

蛋氨酸［$CH_3SCH_2CH_2CH(NH_2)COOH$］和甘氨酸（$NH_2CH_2COOH$）虽然结构相似，但碳链长短不同，故其在滤纸上结合水形成氢键的能力不同。甘氨酸极性大于蛋氨酸，在滤纸上移行速度较慢，因而甘氨酸的 R_f 值小于蛋氨酸的 R_f 值。基于此，本实验利用纸色谱法分离蛋氨酸和甘氨酸。以正丁醇-冰醋酸-水-乙醇为流动相，用上行法展开分离蛋氨酸、甘氨酸。展开后，在 60℃下与茚三酮发生显色反应，层析纸上出现红紫色斑点。

四、实验步骤

1. 准备

将 20mL 正丁醇和 5mL 冰醋酸放入分液漏斗中，与 5mL 水和 10mL 乙醇混合，充分振荡，静置后分层，放出下层水层。取漏斗内的扩展剂约 5mL 置于小烧杯中做平衡溶剂，其余的倒入培养皿中备用。取一张层析滤纸（长 20cm、宽 8cm），在纸的一端（距底边 2cm）用铅笔轻划一条直线，用作起始线，在此直线以 2cm 为间距作 3 个“×”号标记。

2. 点样

在层析滤纸的点样点上用毛细管（或微量注射器）点上蛋氨酸、甘氨酸、未知氨基酸混合样溶液，干后再点3～4次，每点直径约2mm（最大不超过3mm），晾干（或用冷风吹干）。

3. 扩展

用线将层析滤纸缝成筒状，纸的两边不能接触。在干燥的层析缸中加入30mL扩展剂，把点样后的滤纸垂直悬挂于层析缸内（点样的一端在下，扩展剂的液面需低于点样线0.5～1cm），盖上缸盖，待溶剂上升15～20cm时取出层析滤纸，并用铅笔画下溶剂前沿的位置，自然干燥（或用吹风机热风吹干）。

4. 显色

用喷雾器均匀喷上茚三酮显色剂（0.15g茚三酮，溶于30mL冰醋酸和50mL丙酮），将层析滤纸置于60℃烘箱内烘烤5min（或用电炉小心加热），即可显出红紫色斑点，计算R_f值。

注意事项

1. 茚三酮显色剂应现用现配，不可久置。

2. 因茚三酮对体液能显色，故应拿滤纸的顶端或边缘，防止滤纸上有杂斑。

3. 滤纸在层析缸内扩展时，勿使溶剂浸过起始线，更不可将滤纸全部浸入扩展剂内。

五、数据记录与结果处理

展开剂前进距离（cm）：________；

甘氨酸前进距离（cm）：________；

甘氨酸的R_f：________；

蛋氨酸前进距离（cm）：________；

蛋氨酸的R_f：________；

未知混合样中是否含有甘氨酸：________；

未知混合样中是否含有蛋氨酸：________。

六、思考题

① 影响R_f值的因素有哪些？

② 在色谱实验中为何常采用标准品对照？

实验 44　水中花园实验——硅酸盐的性质

花园是以植物观赏为主要特点的绿地，是园林中最为常见的一种类型。不栽树、不种花，用硅酸盐也可以在水中构建出美丽的“花园”。硅酸盐含有硅、氧及其他化学元素，例如铝、铁、钙、镁、钾、钠等，不同的硅酸盐因所含有的其他元素的不同而呈现不同的颜色，从而为水中花园的构建提供了可行性。硅酸盐在地壳中分布极广，是构成多数岩石和土壤的主要成分，例如花岗岩和黏土就是主要由硅酸盐构成。

一、实验目的

① 了解硅酸盐在地球结构中的作用及硅酸盐矿物的类型。

② 理解水中花园的形成机理。

③ 巩固硅酸盐的性质。

二、实验用品

烧杯等常规仪器。

20%的 Na_2SiO_3 溶液，氯化钙，硝酸钴，硫酸锌，硫酸铜，硫酸镍，硫酸亚铁，硫酸锰，三氯化铁，细砂。

三、实验原理

金属硅酸盐大多难溶于水，且能呈现各种美丽的颜色。基于此，人们设计了非常有趣的“水中花园”实验。在硅酸钠溶液中，加入氯化钙、硝酸钴、硫酸锌、硫酸铜、硫酸镍、硫酸亚铁、硫酸锰、三氯化铁等固体，溶液中将生成五颜六色的向上生长的化学树，俗称水中花园。其反应方程式如下所示：

$$Na_2SiO_3 + CaCl_2 \longrightarrow 2NaCl + \underset{\text{(白色)}}{CaSiO_3}$$

$$Na_2SiO_3 + Co(NO_3)_2 \longrightarrow 2NaNO_3 + \underset{\text{(紫色)}}{CoSiO_3}$$

$$Na_2SiO_3 + NiSO_4 \longrightarrow Na_2SO_4 + \underset{\text{(翠绿色)}}{NiSiO_3}$$

$$Na_2SiO_3 + ZnSO_4 \longrightarrow Na_2SO_4 + \underset{\text{(白色)}}{ZnSiO_3}$$

$$Na_2SiO_3 + MnSO_4 \longrightarrow Na_2SO_4 + \underset{\text{(肉红色)}}{MnSiO_3}$$

$$Na_2SiO_3 + FeSO_4 \longrightarrow Na_2SO_4 + \underset{\text{(淡绿色)}}{FeSiO_3}$$

$$3Na_2SiO_3 + Fe_2(SO_4)_3 \longrightarrow 3Na_2SO_4 + \underset{\text{(棕褐色)}}{Fe_2(SiO_3)_3}$$

以加入 $Co(NO_3)_2$ 为例解释形成水中花园的原因如下：把 $Co(NO_3)_2$ 固体颗粒加入 Na_2SiO_3 溶液中后，$Co(NO_3)_2$ 晶体表面会发生溶解，形成包围 $Co(NO_3)_2$ 晶体的盐溶液，溶液中的 Co^{2+} 与 SiO_3^{2-} 反应，就会在晶体的周围形成硅酸钴薄膜，这些硅酸盐薄膜具有半透性，在半透膜内是 $Co(NO_3)_2$ 的浓溶液，半透膜外则是 Na_2SiO_3 溶液，由于渗透作用，薄膜外的水不断地通过半透膜进入半透膜内，于是产生渗透压，半透膜内的压力在任何点都是一样的，但由于外液的水压在膜的上部比较小，所以水压小的上部半透膜破裂，在破裂的地方金属盐溶液逸出，与薄膜外的 Na_2SiO_3 溶液接触，发生反应，于是在上部又形成新的半透膜，如此半透膜反复破裂，又反复形成，使得 $CoSiO_3$ 不断向上生长，直至溶液液面。各种硅酸盐产物都按同样的机理生长，最后就会在水中形成水中花园。

四、实验步骤

① 配制 70mL 20%的硅酸钠溶液，俗称水玻璃。

② 在 100mL 的小烧杯的底部铺一层约 1cm 厚的洗净的细砂，再向容器中加入浓度为 20%的硅酸钠溶液约 50mL。

③ 用镊子取直径为 3～5mm 的硫酸镍、硫酸铜、硫酸锰、硫酸锌、硫酸亚铁、硝酸钴、氯化钙、三氯化铁固体颗粒各一小粒投入烧杯内，同时使各固体颗粒保持一定间隔。

④ 静置观察“花草”的生长。放置一段时间后可以看到投入的盐的晶体逐渐生出蓝白色、肉色、紫红色、白色、黄色、绿色的芽状或树状的“花草”，鲜艳美丽，故有“水中花园”之称。

注意事项

1. 水玻璃应现用现配，不可久置。
2. 实验结束后，应立即过滤回收溶液并洗净烧杯等仪器。

五、数据记录与结果处理

①“花草”颜色：________；

②“花草”形态：________。

六、思考题

① 影响“水中花园”生长速度的因素有哪些？

② 影响“水中花园”生长高度的因素有哪些？

③ 能否在试管中进行“水中花园”实验？

实验 45　聚合硫酸铝的制备及净水性质实验

目前应用较多的污水处理方法之一是混凝沉淀处理，常用的高分子混凝剂有聚合铝、聚合铁以及聚合铝铁等。

聚合硫酸铝（PAS），分子式$[Al_2(OH)_n(SO_4)_{(3-n/2)}]_m$（其中，$n<5$，$m$ 为聚合度），是复合型的高分子聚合物，元素组成简单但分子结构复杂，吸附能力强，净水效果优于传统的无机净水剂。其投入水后形成的絮凝体大，生成沉淀速度快，活性高，过滤性强。聚合硫酸铝的适用范围广，且对水的 pH 影响非常小（pH 在 4～11），不论原水浊度高低、废水污染物浓度大小，其净化效果显著。

一、实验目的

① 熟悉并掌握聚合硫酸铝的制备及净水知识。

② 了解聚合硫酸铝的净水原理。

二、实验用品

电子天平，恒温水浴锅，烧杯，玻璃棒，722 型分光光度计，酸度计，移液管，试管，磁力搅拌器。

$Al_2(SO_4)_3$，$Ca(OH)_2$，浓 H_3PO_4，柠檬酸，硫酸肼（$N_2H_4 \cdot H_2SO_4$），蒸馏水，乌洛托品。

三、实验原理

以 $Al_2(SO_4)_3$ 为原料，$Ca(OH)_2$ 为碱化剂，采用中和法合成絮凝剂 PAS。并利用所合成的 PAS 对某湖水进行净水实验。

利用 $Al_2(SO_4)_3$ 和 $Ca(OH)_2$ 反应生成聚合硫酸铝的反应式如下：

$$2n[Al_2(SO_4)_3] \cdot 4H_2O + 3nCa(OH)_2 + xH_2O \xrightarrow{\text{磷酸}} 2[Al_2(OH)_3(SO_4)_{1.5}]_n + 3nCaSO_4 \downarrow + yH_2O$$

污水中的混浊物大多是带负电的胶体，处理污水过程中，加入的聚合硫酸铝能提供大量的络合离子，可以强烈吸附胶体微粒，通过吸附、架桥、交联作用，从而使胶体凝聚。同时还发生物理化学变化，中和胶体微粒及悬浮物表面的电荷，降低 δ 电位，使胶体微粒由原来的相斥变为相吸，破坏胶团稳定性，使胶体微粒相互碰撞，沉淀的表面积可达 200～1000m^2/g，具有极强的吸附能力，形成絮状混凝沉淀，从而达到净水的效果。

四、实验步骤

1. 制备 PAS

称取一定量 $Al_2(SO_4)_3$ 加入盛有一定量蒸馏水的 500mL 烧杯中，玻璃棒搅拌至溶解完全后，将烧杯放入预热到 85℃左右的恒温水浴中。向烧杯中分批缓慢加入定量 $Ca(OH)_2$ 碱化剂，利用磁力搅拌器快速搅拌，设置搅拌器速度为 60r/min。向反应液中加入适量浓 H_3PO_4 作为催化剂，继续搅拌反应约 1h。反应物真空过滤，滤液加入熟化池进行熟化约 24h 后，进行压滤即可得到 PAS 的液体产品。PAS 的稳定性较差，因此可以加入少量柠檬酸作为稳定剂提高其稳定性，延长保存时间。

2. PAS 净水性能实验

（1）绘制浊度-吸光度曲线　在一定温度下，硫酸肼与乌洛托品聚合，形成白色的高分子聚合物，其反应液可作为浊度标准液。

称取 1.00g $N_2H_4 \cdot H_2SO_4$ 溶于无浊度水中，转移至 100mL 的容量瓶，加无浊度水至刻度线，摇匀后静置得到硫酸肼溶液。

称取 10.00g 乌洛托品 [$(CH_2)_6N_4$] 溶于无浊度水中，转移至 100mL 的容量瓶，加无浊度水至刻度线，摇匀后静置得到乌洛托品溶液。

用吸量管分别吸取 5mL 硫酸肼溶液和 5mL 乌洛托品溶液于 100mL 的容量瓶中，摇匀，于 25℃环境下静置反应 24h，加无浊度水至刻度线，摇匀后静置得到浊度标准溶液。

吸取浊度标准液 0、0.50mL、1.25mL、2.50mL、5.00mL、10.00mL 和 12.50mL，置于 50mL 比色管中，加无浊度水至标线。摇匀后即得浊度为 0、4、10、20、40、80、100 的标准浊度液，在 420nm 波长测定吸光度，根据所得结果绘制浊度-吸光度标准曲线。

（2）PAS 净水性能研究　在小烧杯中加入一定量的原水，测试未加 PAS 的吸光度 A_1。再滴加 PAS，搅拌静止，测定吸光度 A_2，分别比较标准曲线可得到原水和 PAS 处理后水样对应的浊度 a_1 和 a_2，经过计算得到所制备 PAS 的浊度去除率。

注意事项

PAS 的制备受反应温度影响，如果条件控制不好，将直接影响产品的性能和质量。

五、数据记录与结果处理

$$\text{PAS 的浊度去除率}(\%) = (a_1 - a_2) \times 100 / a_1$$

式中，a_1 为原水样的浊度，NTU；a_2 为处理后水样的浊度，NTU。

实验 46　食盐中碘含量的测定

碘缺乏病是由于自然环境缺碘，使机体因摄入碘不足而产生的一系列损害，常见的有地方性甲状腺肿和地方性克汀病两种典型的碘缺乏病。为解决广泛存在的碘缺乏问题，WHO 呼吁全民食盐加碘。从 1995 年起，我国开始实施全民食盐加碘。我国 2011 年公布的食品安全国家标准《食用盐碘含量》规定：每公斤食用盐产品中碘含量的平均水平（以碘元素计）为 20～30mg。碘过量也会对机体的健康造成影响，因此要科学地食用碘盐，以提高碘的利用率。

一、实验目的

① 了解碘元素对人体的作用。

② 熟悉日常食用的碘盐中碘元素的存在形式及其含量范围。

③ 熟悉并掌握滴定法测定碘元素含量的操作。

④ 熟悉并掌握 $Na_2S_2O_3$ 溶液的配制和标定。

二、实验用品

电子天平，酸式滴定管，锥形瓶(250mL)，容量瓶(250mL)，移液管(25mL)，称量瓶，滴定管夹，托盘天平，滤纸，药匙，铁架台，小烧杯，量筒(5mL、10mL)，恒温箱。

加碘食用盐，蒸馏水，2mol/L HCl 溶液，质量分数为 10%的 KI 溶液，0.003mol/L $Na_2S_2O_3$ 溶液，1%淀粉试液，KIO_3，HCOONa 溶液(10%)，饱和溴水。

三、实验原理

日常生活中加碘食盐的碘元素，绝大部分是以碘酸根离子(IO_3^-）形式存在，少量的是以碘负离子(I^-）形式存在。本实验对加碘食盐中碘元素可能存在的两种离子形式进行定性和定量测定。

碘酸根离子的定性检测：在酸性条件下，碘酸根离子(IO_3^-）容易被硫代硫酸钠($Na_2S_2O_3$）还原成碘单质，碘单质遇淀粉呈现蓝紫色。当硫代硫酸钠浓度过高时，生成的碘单质与多余的硫代硫酸钠反应，被还原为碘负离子而使蓝色消失。因此实验中要将硫代硫酸钠的酸度控制在合适范围内。研究表明，每克食盐含 30μg 碘酸钾立即显浅蓝色，含 50μg 显蓝色，含碘越多则颜色越深。

碘离子的定性检测：亚硝酸钠($NaNO_2$）在酸性条件下可将碘离子氧化成碘单质，碘单质遇淀粉呈蓝紫色，从而检验碘离子的存在。

食盐中碘元素的定量检测：碘负离子在酸性介质中能被饱和溴水氧化成碘酸根离子，样品中原有及氧化生成的碘酸根离子在酸性条件下与碘负离子生成的碘单质，用硫代硫酸钠标准溶液滴定，淀粉做指示剂，滴定至溶液的蓝色刚好消失为终点，从而求得加碘盐中的碘含量。主要反应如下：

$$I^- + 3Br_2 + 3H_2O \rightleftharpoons IO_3^- + 6H^+ + 6Br^-$$

$$IO_3^- + 5I^- + 6H^+ \rightleftharpoons 3I_2 + 3H_2O$$

$$I_2 + 2S_2O_3^{2-} \rightleftharpoons 2I^- + S_4O_6^{2-}$$

即 $IO_3^- \sim I^- \sim 3I_2 \sim 6Na_2S_2O_3$ 及 $I^- \sim IO_3^- \sim 3I_2 \sim 6Na_2S_2O_3$。

四、实验步骤

1. KIO_3 标准溶液的配制

用称量瓶在电子天平上称取 0.06g KIO_3 于锥形瓶中，加入 30mL 蒸馏水搅拌至完全溶解，冷却至室温，转入 250mL 容量瓶中，加水至刻度，摇匀后静置，得到 KIO_3 标准溶液。

2. $Na_2S_2O_3$ 溶液的标定

用移液管准确移取 25.00mL KIO_3 标准溶液于 250mL 的锥形瓶中，加入蒸馏水 50mL，2mol/L 的 HCl 溶液 2mL，质量分数为 10%的 KI 溶液 3mL。摇匀后立即用 $Na_2S_2O_3$ 溶液滴定至浅黄色，再加入质量分数为 1%的淀粉溶液 2mL，继续滴定至蓝色恰好消失为止，记录消耗 $Na_2S_2O_3$ 溶液的体积。平行滴定三次，取平均值，即可得到 $Na_2S_2O_3$ 溶液的浓度。

3. 加碘食盐中碘含量的测定

称取 20.0g 加碘食盐，置于 250mL 锥形瓶中，加入 100mL 蒸馏水，使溶解完全。用 $Na_2S_2O_3$ 溶液润洗酸式滴定管 2～3 次后装满，固定在滴定管夹上。除去尖嘴部分气泡，调整液面至零刻度或零刻度以下。向锥形瓶加入 2mol/L 的 HCl 溶液 2mL，质量分数为 10%的 KI 溶液 1mL，摇匀后静置 1min，然后边摇晃锥形瓶边加入质量分数为 10%的 HCOONa 溶液 3mL。静置 3min 后加入质量分数为 10%的 KI 溶液 5mL，摇晃均匀后，溶液静置 5min。用 $Na_2S_2O_3$ 溶液进行滴定，至锥形瓶中溶液呈浅黄色时，再加入质量分数为 1%的淀粉溶液 2mL，继续滴定至蓝色恰好消失为止，记录消耗 $Na_2S_2O_3$ 溶液的体积。平行滴定三次，求平均值，即可得到食盐中碘的含量。

注意事项

1. 结晶硫代硫酸钠含有杂质，不能采用直接法配制标准溶液，且 $Na_2S_2O_3$ 溶液不稳定易分解。

2. 引起硫代硫酸钠分解的原因如下。

① 溶液酸度：在中性和碱性溶液中 SO_3^{2-} 较稳定，在酸性溶液中不稳定，可能发生的反应为

$$Na_2S_2O_3 + 2H^+ \longrightarrow H_2S\uparrow + SO_3\uparrow + 2Na^+$$

② 水中的二氧化碳：可促使 $Na_2S_2O_3$ 分解，故在配制溶液时加入 0.02% Na_2CO_3 溶液，使溶液中的 pH＝9～10，可抑制 $Na_2S_2O_3$ 分解。

$$Na_2S_2O_3 + CO_2 + H_2O \longrightarrow NaHCO_3 + NaHSO_3 + S\downarrow$$

③ 空气的氧化：

$$2Na_2S_2O_3 + O_2 \longrightarrow 2Na_2SO_4 + 2S\downarrow$$

④ 微生物：空气和水中含有能使 $Na_2S_2O_3$ 分解的微生物。

$$Na_2S_2O_3 \longrightarrow Na_2SO_3 + S\downarrow$$

基于以上原因，制备溶液的水必须是新煮沸且放冷的蒸馏水，并加入 0.02% Na_2CO_3 溶液，以杀死微生物，除去 CO_2。

日光能使 $Na_2S_2O_3$ 分解，所以溶液宜保存于棕色试剂瓶中，放置一周以上，待溶液浓度稳定后再标定。

五、数据记录与结果处理

1. 硫代硫酸钠的浓度计算

由 $KIO_3 \sim I^- \sim 3I_2 \sim 6Na_2S_2O_3$，有

$$c_{Na_2S_2O_3}=\frac{6m_{KIO_3}}{M_{KIO_3}V_{Na_2S_2O_3}}\times 1000$$

式中，$M_{KIO_3}=214g/mol$。数据填入表 8-3。

表 8-3 硫代硫酸钠的浓度数据记录

项目	测定次数		
	第一次	第二次	第三次
m_{KIO_3}/g			
$V_{Na_2S_2O_3}$ 终读数/mL			
$V_{Na_2S_2O_3}$ 初读数/mL			
$V_{Na_2S_2O_3}$/mL			
$c_{Na_2S_2O_3}$/(mol/L)			
$c_{Na_2S_2O_3}$ 均值/(mol/L)			
相对偏差			
平均相对偏差			

2. 食盐中碘含量的计算

由 $I^- \sim KIO_3 \sim 3I_2 \sim 6Na_2S_2O_3$ 有 $m_I(g)=[c_{Na_2S_2O_3} \cdot V_{Na_2S_2O_3}/(6\times 1000)]\times M_I$，$m_I$ 表示食盐中碘元素的质量，单位为 g，$c_{Na_2S_2O_3}$、$V_{Na_2S_2O_3}$ 分别表示 $Na_2S_2O_3$ 的浓度(mol/L)和体积(mL)，M_I 表示碘元素的摩尔质量，为 127g/mol。食盐中碘元素的含量表示为 $m_I=m_I\times 10^3/W_{样品}$。数据填入表 8-4。

表 8-4 食盐中碘含量的数据记录

项目	测定次数		
	第一次	第二次	第三次
样品质量/g			
$c_{Na_2S_2O_3}$/(mol/L)			
$V_{Na_2S_2O_3}$ 终读数/mL			
$V_{Na_2S_2O_3}$ 初读数/mL			
$V_{Na_2S_2O_3}$/mL			
m_I/(μg/kg)			
m_I 均值/(μg/kg)			
相对偏差			
平均相对偏差			

实验 47　生活用水的水质分析——氯含量的测定

自然界的水会受到各种微生物的污染，因此生活用水要经过消毒才能进入千家万户。我国自来水厂主要采用的消毒方式是加氯消毒法。游离氯，是消毒剂除去在水中被消耗掉的部分外，残存在水中的 HClO、ClO^- 或溶解的 Cl_2。当出厂水中游离氯浓度达到 0.3mg/L 以上时，对肠道致病菌、钩端螺旋体等均有杀灭作用。为保证饮用水安全，我国《生活饮用水卫生标准》（GB 5749—2022）要求游离氯：出厂水限值≤2mg/L，出厂水余量≥0.3mg/L 且管网末梢水余量≥0.05mg/L。

一、实验目的

① 了解我国生活用水中氯含量的标准。

② 了解并掌握莫尔法测定生活用水中氯含量的原理和方法。

二、实验用品

电子天平，酸式滴定管，棕色试剂瓶，容量瓶（250mL、100mL），移液管，量筒，锥形瓶（250mL），称量瓶，玻璃棒，小烧杯。

$AgNO_3$，NaCl，K_2CrO_4 指示剂。

三、实验原理

硝酸银滴定法（又称莫尔法）是测定可溶性氯化物中氯含量常用的方法。在中性或弱碱性溶液中，K_2CrO_4 为指示剂，用 $AgNO_3$ 标准溶液滴定含 Cl^- 的溶液，由于 AgCl 沉淀的溶解度小于 Ag_2CrO_4 的溶解度，溶液中会先析出白色 AgCl 沉淀，一段时间后，溶液中过量的 Ag^+ 与 CrO_4^{2-} 生成砖红色 Ag_2CrO_4 沉淀，说明到达滴定终点。主要反应如下：

$$Ag^+ + Cl^- \longrightarrow AgCl\downarrow（白色）\quad K_{sp}=1.8\times10^{-10}$$

$$2Ag^+ + CrO_4^{2-} \longrightarrow Ag_2CrO_4\downarrow（砖红色）\quad K_{sp}=1.12\times10^{-12}$$

四、实验步骤

1. $AgNO_3$ 标准溶液的配制

用称量瓶在分析天平上准确称取 8.5g $AgNO_3$，溶于 500mL 不含 Cl^- 的蒸馏水中，储存于棕色试剂瓶中，摇匀后静置待用。

2. $AgNO_3$ 标准溶液的标定

用称量瓶在分析天平上准确称取 0.12g NaCl 于锥形瓶中，加入 50mL 不含 Cl^- 的蒸馏水，加入 1mL K_2CrO_4 指示剂，摇匀静置 1min 后在不断摇动下，用 $AgNO_3$ 标准溶液滴定，直到沉淀由黄色变为淡橙色到达滴定终点。平行滴定三次，取平均值，即可得到 $AgNO_3$ 标准溶液的浓度。

3. 水中氯含量的测定

用移液管准确量取 100mL 样品水于锥形瓶中，加入 1mL K_2CrO_4 指示剂，摇匀静置 1min 后在不断摇动下，用 $AgNO_3$ 标准溶液滴定，直到沉淀由黄色变为淡橙色到达滴定终点。平行滴定三次，取平均值，即可得到样品水中 Cl^- 的浓度。

注意事项

1. 实验需使用棕色的酸式滴定管，因为 $AgNO_3$ 见光分解且是氧化性溶液。

2. 需控制 K_2CrO_4 用量，过多时 CrO_4^- 多，Ag_2CrO_4 沉淀析出偏早，测得水中 Cl^- 的含量偏低，且 Ag_2CrO_4 的黄色会干扰颜色观察。

五、数据记录与结果处理

实验数据与结果处理数据填入表 8-5、表 8-6。

表 8-5 $AgNO_3$ 标准溶液的标定

项目	测定次数		
	第一次	第二次	第三次
$m(NaCl)/g$			
标定用 $V_{(AgNO_3)}/mL$			
$c_{(AgNO_3)}/(mol/L)$			
平均 $c_{(AgNO_3)}/(mol/L)$			
相对偏差			

表 8-6 水中氯含量的测定

项目	测定次数		
	第一次	第二次	第三次
$m_{(NaCl)}/g$			
滴定用 $V_{(AgNO_3)}/mL$			
$\rho_{(Cl^-)}/(mg/L)$			
平均 $\rho_{(Cl^-)}/(mg/L)$			
相对偏差			

计算公式如下：

$$c(AgNO_3)=\frac{m(NaCl)\times 1000}{[V_{(AgNO_3)}-V_0]M(NaCl)}$$

$$\rho(Cl^-)=\frac{c(AgNO_3)V(AgNO_3)M(Cl^-)}{V_{水样}}\times 1000$$

六、思考题

① 为什么要控制溶液的 pH 在中性或者弱碱性范围（pH=6.5～10.5）？

② 为什么一边滴定一边剧烈摇晃锥形瓶？

实验 48　碳酸饮料中柠檬酸含量的测定

柠檬酸（citric acid）也叫枸橼酸，是柑橘类水果中产生的一种天然防腐剂，也是食物和饮料中常见的酸味添加剂，同时还是人体代谢糖类、蛋白质、脂肪过程中的重要化合物。碳酸饮料、果汁饮料、乳酸饮料等都添加了柠檬酸。摄入适量的柠檬酸可促进食欲。长期食用含柠檬酸的食品，有可能导致低钙血症，并且会增加患十二指肠癌的概率。当人体过量摄入柠檬酸时，会对健康造成影响：儿童表现有神经系统不稳定、易兴奋、植物神经紊乱；大人则为手足抽搐、肌肉痉挛，感觉异常，瘙痒及消化道症状等。

一、实验目的

① 了解过量食用碳酸饮料的危害。

② 熟悉并掌握测定柠檬酸含量的原理及方法。

二、实验用品

电子天平，碱式滴定管，锥形瓶（250mL），容量瓶（250mL），电炉，烧杯，称量瓶。

邻苯二甲酸氢钾、NaOH、酚酞、碳酸饮料 1 瓶。

三、实验原理

碳酸饮料中主要的酸性物质为碳酸和柠檬酸，在测定时需将碳酸除去，再对柠檬酸含量进行测定。用碱标准溶液滴定样品中的柠檬酸含量，以酚酞为指示剂。当滴定至终点，溶液由无色变为浅红色，且 30s 不褪色时，根据滴定时消耗的 NaOH 标准溶液的体积，可算出样品中柠檬酸的总酸度。反应式如下：

$$HO-C(CH_2COOH)_2-COOH + 3NaOH \longrightarrow HO-C(CH_2COONa)_2-COONa + 3H_2O$$

需注意的是测定柠檬酸含量所用的 NaOH 标准溶液的精确浓度不是 0.1mol/L，因此必须要用邻苯二甲酸氢钾作为基准物质标定 NaOH 标准溶液准确浓度。同样选用酚酞作指示剂，滴定终点为溶液由无色变为浅红色。邻苯二甲酸氢钾与 NaOH 的反应式为：

$$C_6H_4(COOH)(COOK) + NaOH \longrightarrow C_6H_4(COONa)(COOK) + H_2O$$

四、实验步骤

1. NaOH 标准溶液的标定

在电子天平上准确称取 2.0g NaOH 固体于烧杯中，加入 20mL 蒸馏水搅拌溶解，转移至 250mL 容量瓶中加水稀释至刻度，摇匀后静置，待标定。

在电子天平上准确称取 0.4g 邻苯二甲酸氢钾于 250mL 的锥形瓶中，加 25mL 蒸馏水，适度加热并搅拌溶解，待溶液冷却至室温后加 1～2 滴酚酞。用所配制的 NaOH 标准溶液滴定至溶液由无色变为淡红色，且 30s 不褪色，到达滴定终点。记录消耗邻苯二甲酸氢钾溶液的体积，平行滴定三次，取平均值，即可得到 NaOH 标准溶液的浓度。

2. 柠檬酸含量的测定

取 150mL 待测的碳酸汽水于 250mL 烧杯中，置于 50℃热水浴中加热半小时，除去碳酸饮料中的 CO_2，所得溶液冷却至室温待测。用移液管准确吸取 25mL 处理后的碳酸饮料溶液于锥形瓶中，加入一定量的蒸馏水稀释。再加 2 滴酚酞，用 NaOH 标准溶液滴定至溶液由无色变为淡红色，且 30s 不褪色，到达滴定终点。记录消耗 NaOH 标准溶液的体积，平行滴定三次，取平均值，即可得到碳酸饮料中柠檬酸的含量。

注意事项

NaOH 的腐蚀性强，称取时须注意避免沾到皮肤上，使用称量瓶快速称取，不可使用称量纸。

五、数据记录与结果处理

实验数据与结果处理数据填入表 8-7、表 8-8。

表 8-7 NaOH 标准溶液的标定

项目	1	2	3
$m_{邻苯二甲酸氢钾}$/g			
$V_{NaOH初读数}$/mL			
$V_{NaOH终读数}$/mL			
V_{NaOH}/mL			
c_{NaOH}/(mol/L)			
平均 c_{NaOH}/(mol/L)			
绝对偏差			
相对平均偏差/%			

氢氧化钠的物质的量浓度（mol/L）计算公式：

$$c_{NaOH}=\frac{m_{邻苯二甲酸氢钾}/M_{邻苯二甲酸氢钾}}{V_{NaOH}}\times 1000$$

表 8-8 柠檬酸含量的测定

项目	1	2	3
$V_{NaOH终读数}$/mL			
$V_{NaOH初读数}$/mL			
V_{NaOH}/mL			
$\rho_{柠檬酸}$/(g/L)			
平均 $\rho_{柠檬酸}$/(g/L)			
绝对偏差			
相对平均偏差/%			

柠檬酸的含量（g/L）计算公式为：

$$\rho_{柠檬酸}=\frac{\frac{1}{3}c_{NaOH}V_{NaOH}\times\frac{192.14}{1000}}{V_{柠檬酸}}\times1000$$

六、思考题

① 柠檬酸多元解离能否被分别滴定，为什么？

② 为什么选用酚酞作为指示剂？

第九章

创新拓展类实验

实验 49　杂多酸的制备和性质

一、实验目的

① 了解杂多酸的结构、性质和应用。

② 掌握杂多酸的制备方法，进一步练习萃取分离操作。

二、实验用品

烘箱，红外光谱仪，磁力加热搅拌器，恒温水浴锅，量筒（50mL），烧杯（250mL、100mL），循环水真空泵，蒸发皿，表面皿，称量瓶，滤纸，玻璃棒，分液漏斗，滴液漏斗，布氏漏斗，抽滤瓶。

$Na_2MoO_4 \cdot 2H_2O$，$Na_2HPO_4 \cdot 12H_2O$，浓盐酸，浓硫酸，溴水，3% H_2O_2。

三、实验原理

杂多酸是由杂原子（如 P、Si、Fe、Co 等）和多原子（如 Mo、W、V、Nb、Ta 等）按一定的空间结构、借助氧原子桥联成的一类含氧多元酸，是强度均匀的质子酸，并具有优良的氧化还原能力，而且对环境无污染，是一类应用前景十分广阔的绿色催化剂，可用于脱烷基反应和芳烃烷基化、酯化反应、氧化还原反应、脱水/化合反应以及缩合、开环、加成等多类有机反应。

$$12Na_2MoO_4 + Na_2HPO_4 + 26HCl \longrightarrow H_3PMo_{12}O_{40} \cdot nH_2O + 26NaCl + (12-n)H_2O$$

本实验采用酸化-乙醚萃取法制备 $H_3PMo_{12}O_{40}$（磷钼酸），即将两种原料盐溶液混合后加热，再经酸化生成杂多酸，溶液始终保持酸性以使反应完全。为了将杂多酸从混合溶液中分离，向溶液中加入乙醚，并加酸酸化，萃取后溶液分成三层：最上层是溶有少量杂多酸的醚层，中层是少数无机酸盐的水溶液层，最下层是杂多酸和乙醚反应生成的不稳定油层。所以，分离出下层后，再经加热蒸发，得到杂多酸。

四、实验步骤

① 称取 24.20g $Na_2MoO_4 \cdot 2H_2O$ 和适量 $Na_2HPO_4 \cdot 12H_2O$ 溶于 100mL 热水中，并将溶液置于磁力搅拌器上加热搅拌。

② 待加热至沸后，向其中以 1～2 滴/s 的速率滴加浓 HCl 直至溶液 pH 约为 2，并保持 30min 左右，溶液冷却至室温。

③ 将溶液转移到分液漏斗中（可分次萃取），并加入乙醚（约为混合物液体体积的 1/2），再分三次向其中加入 10mL 体积比为 1∶1 的硫酸，充分振荡，使其混合均匀。

④ 溶液静置后，分为三层，将最下层油状醚合物分离置于蒸发皿中，加入 4mL 蒸馏水，再经水浴蒸发、结晶、抽滤，即可得到产品（也可先风干，再干燥，得到产品）。

⑤ 产品称重，并用红外光谱仪进行表征。

五、结果与讨论

① 滴加浓 HCl 时，若滴加过急会出现黄色沉淀，摇匀后又成白色浑浊液，原因可能是浓 HCl 局部浓度过大，故须控制浓 HCl 滴加速度。

② 在萃取过程中，由于加入的乙醚易挥发，振荡时，必须注意及时排气，否则分液漏斗内的气压过高，会发生事故或将液体带出。

③ 考虑到乙醚的燃点、沸点都较低，且挥发性强，使用时注意安全。

④ 由水浴加热制得的磷钼酸大部分为白色粉末状，若将加水后的醚合物溶液静置风干 7～10d，将制得无色透明的磷钼酸晶体。

⑤ 产品的红外光谱图中，主要出峰（谷）位置在：$1067cm^{-1}$，$964cm^{-1}$，$870cm^{-1}$，$810\sim785cm^{-1}$。

实验 50 热致变色材料四氯合铜二乙基铵盐的制备

一、实验目的

① 了解热致变色材料的制备。

② 了解热致变色的机理及影响因素。

二、实验用品

电子天平，锥形瓶(100mL)，烧杯(250mL)，量筒(10mL)，循环水真空泵，布氏漏斗，抽滤瓶，试管，橡胶筋，温度计，水浴锅，玻璃棒。

$(CH_3CH_2)_2NH \cdot HCl$，异丙醇，$CuCl_2 \cdot 2H_2O$，活化后的 3A 分子筛。

三、实验原理

热致变色，指某些物质的颜色随温度变化而发生改变的现象。热致变色有些属于可逆化学变化，即当温度升至一定范围，物质颜色改变后，降低温度又可恢复原来颜色；有些属于不可逆化学变化，即物质随温度变化只能发生一次颜色变化。热致变色的机理较为复杂，可概括为结构变化、热分解和反应平衡移动三种。能引起颜色变化的分子间化学反应有酸碱反应、电荷转移、质子传递和螯合反应等。具有热致变色性的物质称为热致变色材料。20 世纪 80 年代以来，可逆热致变色材料作为一类能记忆颜色变化的功能材料已广泛用于日常生活的各个领域，如热敏染料、变色瓷釉、防伪材料等。随着新型热致变色材料的开发，其应用也逐步扩展到分析、传感器等高新科技领域。

四氯合铜二乙基铵盐$[(CH_3CH_2)_2NH_2]_2CuCl_4$ 在低温条件下，由于 Cl^- 与二乙基铵离子中的 H 之间较强的氢键作用和晶体场稳定化作用，形成扭曲的平面正方形结构。升高温度时，分子内振动加剧，其结构逐渐转变为扭曲的正四面体，对应的颜色由绿变黄（如图 9-1）。

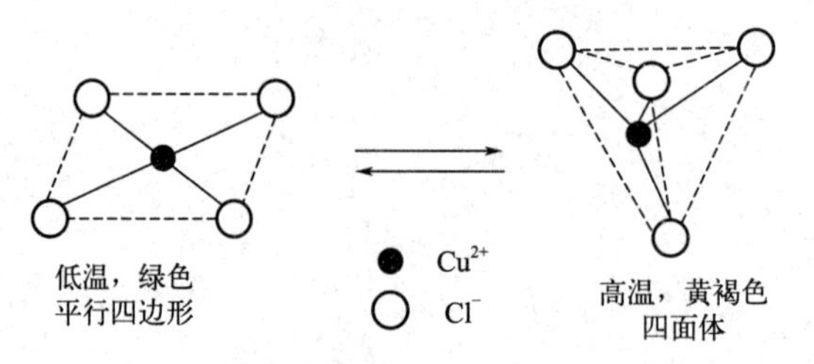

图 9-1 四氯合铜二乙基铵盐的空间构型

本实验以 $CuCl_2$ 与二乙基铵盐酸盐反应制备目标产物反应方程式如下：

$$CuCl_2 + 2(CH_3CH_2)_2NH \cdot HCl \longrightarrow [(CH_3CH_2)_2NH_2]_2CuCl_4$$

四氯合铜二乙基铵盐易溶于乙醇，而在异丙醇中溶解度较小，易吸湿。

四、实验步骤

① 称取 1.60g $(CH_3CH_2)_2NH \cdot HCl$ 和 1.70g $CuCl_2 \cdot 2H_2O$，迅速转移至 100mL 锥形瓶中并塞紧塞子，可以观察到二者接触的部分呈现黄绿色，再量取 8mL 的异丙醇于上述锥形瓶中，观察到液体转变为棕黄色的悬浊液。

② 将锥形瓶放在 50℃水浴锅中加热，加热过程中须及时打开瓶塞放气，防止异丙醇挥

发，使锥形瓶内气压骤升，导致爆裂，待晶体全部溶解后，溶液变成棕黄色。

③ 加入10粒活化后的3A分子筛，以促进晶体的生成，并将锥形瓶及时置于盛有冰水的250mL烧杯中，也可以加快晶体的析出，随后可以看到锥形瓶中逐渐有亮绿色针状晶体。

④ 再经减压抽滤，在布氏漏斗上可以明显看到晶体出现，使用玻璃棒将其转移至小试管中，并用试管塞封住试管口，防止晶体吸水自溶。

⑤ 为了更清晰地观察热致变色现象，先用橡胶筋将装有样品的小试管与温度计绑定在一起，要求样品部位靠近温度计水银球泡，再将其整体放入装有150mL水的烧杯中，缓慢加热，当温度升高至45～50℃时，样品变色至黄褐色。此时停止加热，并将温度计和小试管整体放入冷水中，可以慢慢观察到样品变成绿色针状晶体。

注意事项

1. 在称取药品时，动作要迅速，但是不能太着急，避免药品撒落，造成浪费。

2. 实验过程中如果晶体无法析出，可向其他已经析出晶体的同学借用一些，可以极大地加快自己晶体的析出。

3. 在将晶体从布氏漏斗中用玻璃棒挑放到小试管中时速度要快，不然晶体会迅速吸水自溶。

五、思考题

① 制备过程中，加入3A分子筛的作用是什么？

② 在制备四氯合铜二乙基铵盐时要注意什么？

③ 热致变色的最主要因素是什么？

实验 51 锂电池正极材料磷酸铁锂的合成与表征

一、实验目的

① 了解锂电池的组成和应用。

② 了解正极材料磷酸铁锂的制备方法。

③ 熟悉固体材料表征方法。

二、实验用品

管式炉，研钵，药匙，量筒(5mL)，电子天平。

Li_2CO_3，$FeC_2O_4 \cdot 2H_2O$，$NH_4H_2PO_4$，聚乙烯醇，C_2H_5OH，N_2，无水乙醇。

三、实验原理

锂电池以其突出的高储能密度和轻巧便携的体积优势成为目前最有前途的储能元件，现已大量应用到工业和生活中，如手机充电器、电动车等，锂电池工作原理图如图 9-2 所示。锂电池主要由锂合金金属氧化物作为正极材料，石墨为负极材料，非水电解质以及隔膜组成。锂电池的正极材料大多选择相对锂元素的电极电位高的过渡金属氧化物，如 $LiCoO_2$、$LiMn_2O_4$、$LiNiO_2$、$LiFePO_4$ 等，其中，$LiFePO_4$ 因为其良好的安全性、较低的成本和较长的使用寿命，在市场被大规模应用，本实验采用碳热还原法制备 $LiFePO_4$。

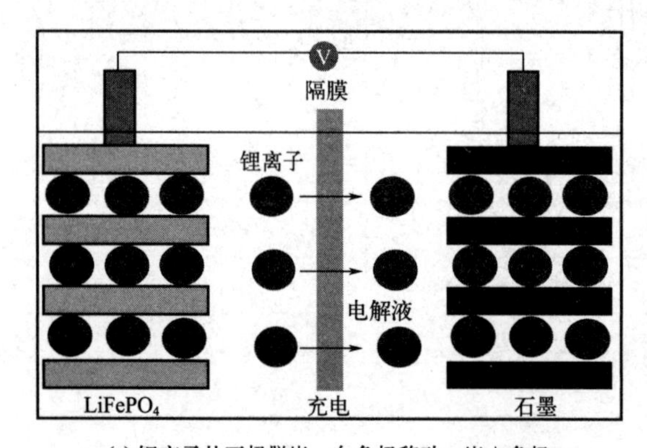

(a) 锂离子从正极脱嵌，向负极移动，嵌入负极

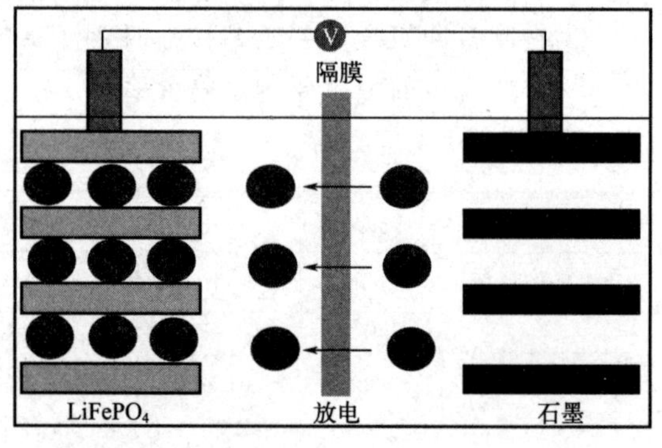

(b) 锂离子从负极脱嵌，向正极移动，嵌入正极

图 9-2 锂电池工作原理图

为了得到正极材料的结构、组成等信息，需要对其进行表征，主要包括 XRD（X 射线衍射）、SEM（扫描电子显微镜）、电化学性能测试等。

四、实验步骤

① 分别称取 0.74g Li_2CO_3、3.60g $FeC_2O_4 \cdot 2H_2O$、2.30g $NH_4H_2PO_4$ 于玛瑙研钵中，再加入 1.30g 聚乙烯醇，研磨混合均匀。

② 在研钵中滴加 5.0mL 无水乙醇，搅拌均匀，待干燥后转移至管式炉中，在 N_2 气氛中，于 600℃下进行焙烧。

③ 自然冷却至室温后，研磨制成 $LiFePO_4$ 正极材料。

④ 将产物进行 XRD 分析，得到产物中固相的结晶度、是否含有杂质等信息；通过 SEM 表征，得到产物的分布形态、有无烧结等信息；通过电化学性能测试来检测正极材料的放电比容量。

1. 加入 C_2H_5OH 后，样品只能通过风干干燥，千万不能加热，因为酒精挥发到空气中，遇明火可能会燃烧爆炸。

2. 管式炉升温速率应在 5～10℃/min，否则会影响产物的产量。

五、思考题

① 焙烧的目的是什么？

② 焙烧温度是否越高越好？

实验 52 纳米氧化锌的制备及质量分析

纳米氧化锌又称锌白、锌氧粉，晶体为六方构型，由于其粒径小（1～100nm）、比表面积大而产生了块状氧化锌所不具备的特殊性质，呈现表面效应、量子尺寸效应及高透明度、高分散性等特点。近年来，发现纳米氧化锌在光学、磁学、电学、催化方面展现出诸多特殊功能，在化工、电子、医药、生物等领域具有重要的应用价值，并已经在紫外光掩蔽材料、医用抗菌剂、生物荧光材料、高效光催化材料、防晒化妆品上得到实际应用。

本实验采用实验条件较温和的草酸沉淀法制备纳米氧化锌。

一、实验目的

① 了解纳米氧化锌的基本性质及主要应用。

② 了解纳米氧化锌的制备方法，并通过本实验掌握沉淀法制备纳米氧化锌。

③ 通过本实验掌握 EDTA 溶液的配制和配位滴定法操作。

二、实验用品

电子天平、玻璃棒、磁力搅拌器、布氏漏斗、抽滤瓶、真空泵、滤纸、温度计、电热套、烧杯、pH 试纸、蒸发皿、陶土网、烘箱、高温马弗炉、容量瓶(250mL)、锥形瓶、移液管(25mL)、滴定管。

氯化锌($ZnCl_2$)、草酸($H_2C_2O_4$)、氨水(25%～28%)、铬黑 T 指示剂(EBT)、EDTA 标准溶液、NH_3-NH_4Cl 缓冲溶液(pH≈10)、稀 HCl 溶液(0.1mol/L)、蒸馏水。

三、实验原理

以 $ZnCl_2$ 和 $H_2C_2O_4$ 为原料，两者反应生成草酸锌沉淀($ZnC_2O_4 \cdot 2H_2O$)，沉淀经高温焙烧后得到纳米氧化锌，主要反应如下：

$$ZnCl_2 + H_2C_2O_4 + 2H_2O \longrightarrow ZnC_2O_4 \cdot 2H_2O \downarrow + 2HCl \text{(反应阶段)}$$

$$ZnC_2O_4 \cdot 2H_2O + \frac{1}{2}O_2 \longrightarrow ZnO + 2CO_2 \uparrow + 2H_2O \uparrow \text{(空气 400℃焙烧阶段)}$$

采用配位滴定法测定氧化锌含量。用 NH_3-NH_4Cl 缓冲溶液控制溶液 pH 约为 10，以 EBT 为指示剂，用 EDTA 标准溶液进行滴定，主要反应如下：

$$Zn^{2+} + 4NH_3 \rightleftharpoons Zn(NH_3)_4{}^{2+} \text{(在含 } NH_3 \text{ 溶液中)}$$

$$Zn(NH_3)_4^{2+} + \text{EBT(蓝色)} \rightleftharpoons \text{Zn-EBT(酒红色)} + 4NH_3 \text{(加入 EBT 时)}$$

$$Zn(NH_3)_4^{2+} + \text{EDTA} \rightleftharpoons \text{Zn-EDTA} + 4NH_3 \text{(滴定开始—计量点前)}$$

$$\text{Zn-EBT(酒红色)} + \text{EDTA} \rightleftharpoons \text{Zn-EDTA} + \text{EBT(蓝色)(计量点时)}$$

四、实验步骤

1. 纳米氧化锌的制备

用电子天平称取 10g $ZnCl_2$ 置于烧杯中，加入 50mL 蒸馏水溶解，配制成浓度约为 1.5mol/L 的 $ZnCl_2$ 溶液。用电子天平称取 9g $H_2C_2O_4$ 置于烧杯中，加入 40mL 蒸馏水溶解，配制成浓度约为 2.5mol/L 的 $H_2C_2O_4$ 溶液。将上述 $ZnCl_2$ 溶液与 $H_2C_2O_4$ 溶液混合，并在磁力搅拌器上常温搅拌 1.5h，制得白色 $ZnC_2O_4 \cdot 2H_2O$ 沉淀。对沉淀进行减压抽滤，并用蒸馏水洗净、高温烘干，置于高温马弗炉中，400℃焙烧 1.5h，得到白色纳米 ZnO 粉末。

2. 纳米氧化锌的质量分析

用电子天平称取 0.4g 纳米 ZnO 粉末置于烧杯中，用稀盐酸溶解，转移至容量瓶中定容。用 25mL 的移液管移取配制好的 Zn^{2+} 溶液于锥形瓶中，滴加 $NH_3 \cdot H_2O$ 至溶液中刚好出现白色沉淀为止，加入 10mL NH_3-NH_4Cl 缓冲溶液，调节 pH 至 10 左右，振荡并加入 20mL 蒸馏水与少量 EBT 指示剂（3 滴左右），振荡摇匀，用 EDTA 标准溶液滴定。平行标定两次并做空白组对比，计算制备纳米 ZnO 的含量。

注意事项

1. 蒸馏水的质量是否符合要求是配位滴定中十分重要的问题：①若配制溶液的水中含有 Al^{3+}、Cu^{2+} 等，会使指示剂受到封闭，致使终点难以判断；②若水中含有 Ca^{2+}、Mg^{2+}、Pb^{2+}、Sn^{2+} 等，则会消耗 EDTA，不同的情况下会对结果产生不同的影响。因此在配位滴定中，必须对所用的蒸馏水的质量进行检查。为保证质量，经常采用二次蒸馏水和去离子水来配制溶液。

2. EDTA 应贮存在聚乙烯塑料瓶或硬质玻璃瓶中，若贮存在软质玻璃瓶中，会不断溶解玻璃中的 Ca^{2+} 形成 CaY^{2-}，使 EDTA 的浓度不断下降。

3. 金属指示剂往往是有机多元酸或弱碱，兼具 pH 指示剂功能，因此使用时要特别注意选择合适的 pH 范围。

五、思考题

① 沉淀法制备纳米氧化锌有哪些优点？能否使用沉淀法制备其他纳米颗粒？

② 请具体描述实验过程中的现象，如何通过控制实验条件调控纳米氧化锌的颗粒尺寸？

③ 具体有哪些因素影响沉淀法制备纳米氧化锌的过程？

实验 53 溶胶-凝胶法制备纳米二氧化钛

纳米二氧化钛通常是指粒径为 1～100nm 的颗粒粒子。纳米二氧化钛颗粒尺寸细小、比表面积大、分散性好、光吸收性能好，特别是对紫外线具有很强的吸收能力。基于上述特点，纳米二氧化钛常用于污水处理，同时也是乳白色油漆、化妆品的成分或添加剂等。

本实验主要采用溶胶-凝胶法，在低温条件下制备高纯度、粒径分布均匀、分散性好、化学活性大的纳米二氧化钛材料。

一、实验目的

① 了解二氧化钛的基本性质及主要应用。

② 了解并掌握溶胶-凝胶法合成纳米二氧化钛颗粒。

③ 进一步加深对金属醇盐水解反应理论、胶体理论的了解。

二、实验用品

磁力搅拌器、三口烧瓶、恒压漏斗、量筒、烧杯、烘箱、恒温水浴锅、研钵。

钛酸四丁酯[$Ti(O\text{-}C_4H_9)_4$]、无水乙醇(C_2H_5OH)、冰醋酸、盐酸、蒸馏水。

三、实验原理

本实验以钛酸四丁酯为前驱物，无水乙醇为溶剂，冰醋酸为螯合剂并调节体系的酸度防止水解速度过快，减小水解产物团聚，得到颗粒细小均匀的纳米二氧化钛。反应主要由钛酸四丁酯的水解和缩聚反应来实现，具体过程如下：

$$Ti(OR)_n + H_2O \longrightarrow Ti(OH)(OR)_{n-1} + ROH$$

$$Ti(OH)(OR)_{n-1} + H_2O \longrightarrow Ti(OH)_2(OR)_{n-2} + ROH$$

……(水解反应持续进行)

缩聚反应：

$$—Ti—OR + HO—Ti— \longrightarrow —Ti—O—Ti— + ROH$$

$$—Ti—OH + HO—Ti— \longrightarrow —Ti—O—Ti— + H_2O$$

最后获得氧化物的结构和形态依赖于水解和缩聚反应的相对反应程度，当金属-氧桥-聚合物达到一定宏观尺寸时，形成网状结构从而使溶胶失去流动性，即凝胶形成。在随后的热处理过程中，还可控制温度和时间来获得金红石型和锐钛矿型的二氧化钛纳米颗粒。

四、实验步骤

室温下量取 5mL 钛酸四丁酯，缓慢滴入 35mL 无水乙醇中，用磁力搅拌器强力搅拌 10min，混合均匀，形成黄色澄清溶液。将 3mL 冰醋酸和 5mL 蒸馏水加到另外 35mL 无水乙醇中，剧烈搅拌，滴入 2～3 滴盐酸，调节 pH=3。室温水浴下，在剧烈搅拌下将上述两溶液缓慢混合。滴加混合完毕后得浅黄色溶液，40℃水浴搅拌加热，约 1h 后得到白色凝胶(倾斜烧瓶凝胶不流动)。将白色凝胶置于 80℃烘箱中烘干，得黄色晶体，研磨，得到淡黄色粉末。在 600℃下将淡黄色粉末热处理 2h，得到二氧化钛（纯白色）粉末。

注意事项

1. 注意所有玻璃仪器必须干燥，整个反应过程避免有水。

2. 600℃高温处理淡黄色粉末时注意避免烫伤手臂。

五、思考题

① 为什么所有的仪器必须干燥？

② 加入冰醋酸的作用是什么？

③ 为何选用钛酸四丁酯为前驱物，而不选用四氯化钛为前驱物？

④ 为什么凝胶干燥后是淡黄色，高温热处理后是白色粉末？

实验 54 土壤 pH 的测定

一、实验目的

① 了解电位法测定土壤 pH 的原理。

② 掌握酸度计使用的基本操作。

二、实验用品

pH 玻璃电极，酸度计，饱和甘汞电极，玻璃棒，量筒(25mL)，烧杯(50mL)，药匙，电子天平。

1mol/L 氯化钾溶液，pH=4.00(25℃）的标准缓冲溶液，pH=6.86(25℃）的标准缓冲溶液，pH=9.18(25℃）的标准缓冲溶液，蒸馏水。

三、实验原理

本实验采用电位法测定土壤 pH，其原理是以玻璃电极为指示电极，甘汞电极为参比电极，同时插入土壤悬浊液中，构成电池，并在两极间形成了电位差 E，由于参比电极的电位是已知的，所以该电位差 E 的大小取决于 H^+ 的活度，而所求 pH 即对 H^+ 的活度取负对数。

$$E=\varphi_{玻璃}-\varphi_{甘汞(饱和)}$$

$$\varphi_{玻璃}=\varphi^{\ominus}_{玻璃}-\frac{2.303RT}{F}\mathrm{pH}$$

推导出

$$\mathrm{pH}=\frac{\varphi^{\ominus}_{玻璃}-\varphi_{甘汞(饱和)}-E}{2.303RT/F}$$

由于水土比例对 pH 影响较大，所以采用小水土比为宜，本实验采用 1∶1 比例。对于酸性土壤，需同时测定水浸土壤 pH 和盐浸土壤 pH，即以 1mol/L 氯化钾溶液浸取土壤 H^+ 后用电位法测定。

四、实验步骤

称取风干土样 25.00g（粒径小于 2mm)，置于 50mL 烧杯中，向其中加入 25.0mL 蒸馏水并用玻璃棒搅拌 1min，使土样充分分散，静置 30min 后，用酸度计测定溶液的 pH。具体操作如下：

① 接通电源，打开开关，预热 15min，并将开关旋至 pH 挡，斜率按顺时针方向调到底。

② 将酸度计显示温度调至缓冲液与待测液的实际温度，将电极放入 pH 为 6.86 的缓冲溶液中，并使仪器显示 6.86，将电极用蒸馏水冲洗干净后，再放入 pH 为 9.18 或 4.00 的缓冲液中，使仪器显示 9.18 或 4.00，多次重复，直至酸度计显示与缓冲液的 pH 一致。

③ 将洗干净的玻璃电极和甘汞电极插入土壤悬浊液中，此时仪器显示的就是所测 pH，读数并记录。

注意事项

1. 蒸馏水中 CO_2 会使测定结果偏低，应尽量去除。

2. 土壤不能研磨过细，原因是胶体上往往会吸附大量 H^+，研磨过细会破坏土壤中的胶体，影响测定结果。

实验 55 无机颜料（铁黄）的制备

氧化铁颜料由于无毒、化学性质稳定、色彩多样，是无机彩色颜料中生产量和消费量最大的一类颜料。氧化铁根据色泽和成分可以分为氧化铁红、氧化铁黄和氧化铁黑。

氧化铁黄又称羟基氧铁，简称铁黄，其分子式为 $FeO(OH)$ 或 $Fe_2O_3 \cdot H_2O$，粒径均匀整齐呈粉末状，是化学性质比较稳定的碱性化合物，不溶于碱，微溶于酸。本实验采用亚铁盐制备氧化铁黄。

一、实验目的

① 了解用亚铁盐制备氧化铁黄的原理和方法。

② 熟练掌握溶液 pH 的调节、沉淀的洗涤、减压抽滤及结晶的干燥等基本操作。

二、实验用品

电子天平、恒温水浴槽、布氏漏斗、抽滤瓶、真空泵、滤纸、玻璃棒、pH 试纸、量筒。

硫酸亚铁、氯酸钾、氢氧化钠、氯化钡、蒸馏水、2mol/L KOH 溶液。

三、实验原理

氧化阶段的氧化剂为氯酸钾，另外空气中的氧气若参与到氧化反应进程中则必须升温，温度控制在 80～85℃，溶液的 pH 控制在 4～4.5。整个氧化过程的反应方程式如下：

$$4FeSO_4 + O_2 + 6H_2O \longrightarrow 4FeO(OH)\downarrow + 4H_2SO_4$$

$$6FeSO_4 + KClO_3 + 9H_2O \longrightarrow 6FeO(OH)\downarrow + 6H_2SO_4 + KCl$$

氧化过程中，沉淀的颜色变化：灰绿→墨绿→红棕→淡黄。

四、实验步骤

用电子天平称取 1.0g 硫酸亚铁置于烧杯中，加入 20mL 蒸馏水，25℃恒温搅拌 10min 左右，测定 pH。取 0.2g 氯酸钾倒入硫酸亚铁溶液中，均匀搅拌测定 pH 后，升温至 80～85℃开始进行氧化反应。反应 1h 后，逐滴滴加 2mol/L 氢氧化钾溶液（约 5mL），至 pH 在 4～4.5 停止，减压抽滤得到黄色颜料晶体，洗涤多次，对母液用氯化钡溶液测试硫酸根离子是否洗净。将黄色的颜料晶体转移至蒸发皿中，加热焙烧，称重计算产率。整个过程都需要观察记录反应体系的颜色变化。

注意事项

本实验制取铁黄是采用湿法亚铁盐氧化。在晶种的形成过程中，必须形成晶核，晶核长大成为晶种。如果没有晶种的形成，就只能得到稀薄的色浆而非颜料。在硫酸亚铁铵溶液中加入氢氧化钠溶液，会立刻有胶状氢氧化亚铁生成，需要在反应过程中充分搅拌，反应后溶液中要留有硫酸亚铁晶体。

五、思考题

① 如何制备颗粒尺寸较小的铁黄颜料粉末？

② 请简述铁黄制备过程中的实验现象。

附录

附录1 常见无机化合物在水中的溶解度

单位：g/100L

化合物名称	0℃	20℃	40℃	60℃	80℃	100℃
$AgNO_3$	122	216	311	440	585	733
$AlCl_3$	43.9	45.8	47.3	48.1	48.6	49
$Al(NO_3)_3$	60	73.9	88.7	106	132	160
$Al_2(SO_4)_3$	31.2	36.4	45.8	59.2	73	89
$Ba(NO_3)_2$	4.95	9.02	14.1	20.4	27.2	34.4
$CaCl_2$	59.5	74.5	128	137	147	159
$Ca(NO_3)_2$	100.4	130.9	189	356.6	360.8	365.1
$CdCl_2$	89.4	113.7	134.2	137	141	147
$Cd(NO_3)_2$	124.2	147.5	198.5	619.4	657.6	693.6
$CoCl_2$	43.5	52.9	69.5	93.8	97.6	106
$Co(NO_3)_2$	84	97.4	125	174	209.6	—
$CoSO_4$	24.8	35.3	47.7	56	49.7	38.5
$CuCl_2$	68.9	74.2	81.1	89.4	99.6	111.4
$Cu(NO_3)_2$	83.5	125	163	182	208	247
$CuSO_4$	14.1	20	28.5	40.4	57	77
$FeCl_3$	74.5	91.9	296.8	549.3	536.9	553.6
$Fe(NO_3)_3$	112	137.7	175	—	—	—
$FeSO_4$	15.6	26.3	40.4	55	43.7	31.6
$Fe(NH_4)_2 \cdot (SO_4)_2 \cdot 6H_2O$	17.23	36.47	—	—	—	—
KBr	53.8	65.2	75.5	85.5	95.2	102
KCl	28	34.2	40.1	45.8	51.3	56.3
KI	128	144	162	176	192	206
$KMnO_4$	2.82	6.34	12.6	22.2	—	—
KNO_2	280	306	329	348	376	410
KNO_3	13.6	31.6	61.3	106	167	245

续表

化合物名称	0℃	20℃	40℃	60℃	80℃	100℃
KOH	94.9	113.7	137.5	146.9	161.8	182.5
K_2CO_3	105	111	117	127	140	156
K_2CrO_4	58.2	62.9	65.2	68.6	72.1	79.2
$K_2Cr_2O_7$	4.5	12.2	26.3	46.4	70.9	95.7
K_2SO_4	7.4	11.1	14.8	18.2	21.4	24.1
$KAl(SO_4)_2$	3	5.9	11.7	24.8	71	—
$MgCl_2$	52.9	54.6	57.5	61	66.1	73.3
$Mg(NO_3)_2$	62.3	68.9	78.9	91.9	109.2	257.1
$MgSO_4$	22.2	33.7	44.5	54.9	56	49.9
$MnCl_2$	63.1	73.9	88.5	109	113	115
$MnSO_4$	52.9	62.9	60	53.6	45.6	35.3
NH_4Cl	29.4	37.2	45.8	55.3	65.6	77.3
NH_4HCO_3	11.9	21.3	38.7	70.6	138.7	354
NH_4NO_3	117.4	189.8	289.1	420.8	604.2	930.9
$(NH_4)_2SO_4$	70.4	75.1	81	88	95	102
NaBr	79.8	90.8	107	118	120	121.7
NaCl	35.7	35.9	36.4	37.1	38	39.2
NaF	3.65	4.06	4.4	4.68	4.89	5.08
$NaHCO_3$	6.93	9.56	12.52	15.87	19.57	23.61
$NaNO_2$	71.2	80.8	94.9	111	133	160
$NaNO_3$	73	87.6	102	122	148	180
NaOH	42.8	85.2	138	203	284.6	376.2
Na_2CO_3	6.88	21.8	48.8	46.4	45.1	44.7
$Na_2Cr_2O_7$	163	183	215	269	376	415
Na_2S	12.5	18.6	28.4	39.1	49.2	69.5
Na_2SO_3	13.6	26.4	37.6	33	29.5	27.4
Na_2SO_4	4.9	19.2	47.8	44.7	42.9	42.2
$NiCl_2$	53.4	60.8	73.2	81.2	86.6	87.6
$Ni(NO_3)_2$	78.9	93.8	120.3	156.4	190.7	222.6
$PbAc_2$	19.8	44.3	116	—	—	—
$Pb(NO_3)_2$	37.5	54.3	72.1	91.6	111	133
$ZnCl_2$	342	376.2	449.4	488.2	541	614.3
$Zn(NO_3)_2$	91.6	119.3	378.4	700	—	—
$ZnSO_4$	41	53.8	70.3	72.7	66.4	60.2

附录 2　一些弱酸和弱碱的解离常数（298.15K）

1. 常见弱酸的解离常数

弱酸	分子式	$K_a^\ominus$	$pK_a^\ominus$	弱酸	分子式	$K_a^\ominus$	$pK_a^\ominus$
硼酸	H_3BO_3	$5.8\times10^{-10}(K_{a_1})$	9.24	磷酸	H_3PO_4	$7.6\times10^{-3}(K_{a_1})$ $6.3\times10^{-8}(K_{a_2})$ $4.4\times10^{-13}(K_{a_3})$	2.12 7.20 12.36
碳酸	H_2CO_3 (CO_2+H_2O)	$4.4\times10^{-7}(K_{a_1})$ $4.7\times10^{-11}(K_{a_2})$	6.36 10.33				
氢氰酸	HCN	$6.2\times10^{-10}(K_{a_1})$	9.21	亚磷酸	H_3PO_3	$5.0\times10^{-2}(K_{a_1})$	1.30
氢氟酸	HF	$6.6\times10^{-4}(K_{a_1})$	3.18	氢硫酸	H_2S	$1.3\times10^{-7}(K_{a_1})$ $7.1\times10^{-15}(K_{a_2})$	6.88 14.15
硫酸	H_2SO_4	$1.0\times10^{-2}(K_{a_2})$	1.99				
亚硫酸	H_2SO_3 (SO_2+H_2O)	$1.3\times10^{-2}(K_{a_1})$ $6.3\times10^{-8}(K_{a_2})$	1.90 7.20	偏硅酸	H_2SiO_3	$1.7\times10^{-10}(K_{a_1})$ $1.6\times10^{-12}(K_{a_2})$	9.77 11.8

2. 常见弱碱的解离常数

弱碱	分子式	$K_b^\ominus$	$pK_b^\ominus$	弱碱	分子式	$K_b^\ominus$	$pK_b^\ominus$
氨水	$NH_3\cdot H_2O$	1.8×10^{-5}	4.74	乙二胺	$NH_2CH_2CH_2NH_2$	$8.5\times10^{-5}\ (K_{b_1})$ $7.1\times10^{-8}\ (K_{b_2})$	4.07 7.15
吡啶	C_5H_5N	1.7×10^{-9}	8.77				

附录 3　常见难溶电解质的溶度积常数（298.15K）

难溶化合物	K_{sp}	难溶化合物	K_{sp}	难溶化合物	K_{sp}
Ag_3AsO_4	1.0×10^{-22}	AgBr	5.0×10^{-13}	$AgBrO_3$	5.50×10^{-5}
AgCl	1.8×10^{-10}	AgCN	1.2×10^{-16}	Ag_2CO_3	8.1×10^{-12}
$Ag_2C_2O_4$	3.5×10^{-11}	Ag_2CrO_4	1.12×10^{-12}	$Ag_2Cr_2O_7$	2.0×10^{-7}
AgI	8.3×10^{-17}	$AgIO_3$	3.1×10^{-8}	AgOH	2.0×10^{-8}
Ag_2MoO_4	2.8×10^{-12}	Ag_3PO_4	1.4×10^{-16}	Ag_2S	6.3×10^{-50}
AgSCN	1.0×10^{-12}	Ag_2SO_3	1.5×10^{-14}	Ag_2SO_4	1.4×10^{-5}
Ag_2Se	2.0×10^{-64}	Ag_2SeO_3	1.0×10^{-15}	Ag_2SeO_4	5.7×10^{-8}
$AgVO_3$	5.0×10^{-7}	Ag_2WO_4	5.5×10^{-12}	$Al(OH)_3$ ①	4.57×10^{-33}
$AlPO_4$	6.3×10^{-19}	Al_2S_3	2.0×10^{-7}	$Au(OH)_3$	5.5×10^{-46}
$AuCl_3$	3.2×10^{-25}	AuI_3	1.0×10^{-46}	$Ba_3(AsO_4)_2$	8.0×10^{-51}
$BaCO_3$	5.1×10^{-9}	BaC_2O_4	1.6×10^{-7}	$BaCrO_4$	1.2×10^{-10}
$Ba_3(PO_4)_2$	3.4×10^{-23}	$BaSO_4$	1.1×10^{-10}	BaS_2O_3	1.6×10^{-5}
$BaSeO_3$	2.7×10^{-7}	$BaSeO_4$	3.5×10^{-8}	$Be(OH)_2$ ②	1.6×10^{-22}
$BiAsO_4$	4.4×10^{-10}	$Bi_2(C_2O_4)_3$	3.98×10^{-36}	$Bi(OH)_3$	4.0×10^{-31}
$BiPO_4$	1.26×10^{-23}	$CaCO_3$	2.8×10^{-9}	$CaC_2O_4\cdot H_2O$	4.0×10^{-9}
CaF_2	2.7×10^{-11}	$CaMoO_4$	4.17×10^{-8}	$Ca(OH)_2$	5.5×10^{-6}
$Ca_3(PO_4)_2$	2.0×10^{-29}	$CaSO_4$	3.16×10^{-7}	$CaSiO_3$	2.5×10^{-8}

续表

难溶化合物	K_{sp}	难溶化合物	K_{sp}	难溶化合物	K_{sp}
$CaWO_4$	8.7×10^{-9}	$CdCO_3$	5.2×10^{-12}	$CdC_2O_4\cdot3H_2O$	9.1×10^{-8}
$Cd_3(PO_4)_2$	2.5×10^{-33}	CdS	8.0×10^{-27}	CdSe	6.31×10^{-36}
$CdSeO_3$	1.3×10^{-9}	CeF_3	8.0×10^{-16}	$CePO_4$	1.0×10^{-23}
$Co_3(AsO_4)_2$	7.6×10^{-29}	$CoCO_3$	1.4×10^{-13}	CoC_2O_4	6.3×10^{-8}
$Co(OH)_2$(蓝)	6.31×10^{-15}	$CoHPO_4$	2.0×10^{-7}	$Co_3(PO_4)_3$	2.0×10^{-35}
$Co(OH)_2$(粉红,新沉淀)	1.58×10^{-15}	$CrPO_4\cdot4H_2O$(绿)	2.4×10^{-23}	$Cr(OH)_3$	6.3×10^{-31}
$Co(OH)_2$(粉红,陈化)	2.00×10^{-16}	$CrPO_4\cdot4H_2O$(紫)	1.0×10^{-17}	$CrAsO_4$	7.7×10^{-21}
CuBr	5.3×10^{-9}	CuCl	1.2×10^{-6}	CuCN	3.2×10^{-20}
$CuCO_3$	2.34×10^{-10}	CuI	1.1×10^{-12}	$Cu(OH)_2$	4.8×10^{-20}
$Cu_3(PO_4)_2$	1.3×10^{-37}	Cu_2S	2.5×10^{-48}	Cu_2Se	1.58×10^{-61}
CuS	6.3×10^{-36}	CuSe	7.94×10^{-49}	$Dy(OH)_3$	1.4×10^{-22}
$Er(OH)_3$	4.1×10^{-24}	$Eu(OH)_3$	8.9×10^{-24}	$FeAsO_4$	5.7×10^{-21}
$FeCO_3$	3.2×10^{-11}	$Fe(OH)_2$	8.0×10^{-16}	$Fe(OH)_3$	4.0×10^{-38}
$FePO_4$	1.3×10^{-22}	FeS	6.3×10^{-18}	$Ga(OH)_3$	7.0×10^{-36}
$GaPO_4$	1.0×10^{-21}	$Gd(OH)_3$	1.8×10^{-23}	$Hf(OH)_4$	4.0×10^{-26}
Hg_2Br_2	5.6×10^{-23}	Hg_2Cl_2	1.3×10^{-18}	HgC_2O_4	1.0×10^{-7}
Hg_2CO_3	8.9×10^{-17}	$Hg_2(CN)_2$	5.0×10^{-40}	Hg_2CrO_4	2.0×10^{-9}
Hg_2I_2	4.5×10^{-29}	HgI_2	2.82×10^{-29}	$Hg_2(IO_3)_2$	2.0×10^{-14}
$Hg_2(OH)_2$	2.0×10^{-24}	HgSe	1.0×10^{-59}	HgS(红)	4.0×10^{-53}
HgS(黑)	1.6×10^{-52}	Hg_2WO_4	1.1×10^{-17}	$Ho(OH)_3$	5.0×10^{-23}
$In(OH)_3$	1.3×10^{-37}	$InPO_4$	2.3×10^{-22}	In_2S_3	5.7×10^{-74}
$La_2(CO_3)_3$	3.98×10^{-34}	$LaPO_4$	3.98×10^{-23}	$Lu(OH)_3$	1.9×10^{-24}
$Mg_3(AsO_4)_2$	2.1×10^{-20}	$MgCO_3$	3.5×10^{-8}	$MgCO_3\cdot3H_2O$	2.14×10^{-5}
$Mg(OH)_2$	1.8×10^{-11}	$Mg_3(PO_4)_2\cdot8H_2O$	6.31×10^{-26}	$Mn_3(AsO_4)_2$	1.9×10^{-29}
$MnCO_3$	1.8×10^{-11}	$Mn(IO_3)_2$	4.37×10^{-7}	$Mn(OH)_4$	1.9×10^{-13}
MnS(粉红)	2.5×10^{-10}	MnS(绿)	2.5×10^{-13}	$Ni_3(AsO_4)_2$	3.1×10^{-26}
$NiCO_3$	6.6×10^{-9}	NiC_2O_4	4.0×10^{-10}	$Ni(OH)_2$(新)	2.0×10^{-15}
$Ni_3(PO_4)_2$	5.0×10^{-31}	α-NiS	3.2×10^{-19}	β-NiS	1.0×10^{-24}
γ-NiS	2.0×10^{-26}	$Pb_3(AsO_4)_2$	4.0×10^{-36}	$PbBr_2$	4.0×10^{-5}
$PbCl_2$	1.6×10^{-5}	$PbCO_3$	7.4×10^{-14}	$PbCrO_4$	2.8×10^{-13}
PbF_2	2.7×10^{-8}	$PbMoO_4$	1.0×10^{-13}	$Pb(OH)_2$	1.2×10^{-15}
$Pb(OH)_4$	3.2×10^{-66}	$Pb_3(PO_4)_3$	8.0×10^{-43}	PbS	1.0×10^{-28}
$PbSO_4$	1.6×10^{-8}	PbSe	7.94×10^{-43}	$PbSeO_4$	1.4×10^{-7}
$Pd(OH)_2$	1.0×10^{-31}	$Pd(OH)_4$	6.3×10^{-71}	PdS	2.03×10^{-58}
$Pm(OH)_3$	1.0×10^{-21}	$Pr(OH)_3$	6.8×10^{-22}	$Pt(OH)_2$	1.0×10^{-35}
$Pu(OH)_3$	2.0×10^{-20}	$Pu(OH)_4$	1.0×10^{-55}	$RaSO_4$	4.2×10^{-11}

续表

难溶化合物	K_{sp}	难溶化合物	K_{sp}	难溶化合物	K_{sp}
$Rh(OH)_3$	1.0×10^{-23}	$Ru(OH)_3$	1.0×10^{-36}	Sb_2S_3	1.5×10^{-93}
ScF_3	4.2×10^{-18}	$Sc(OH)_3$	8.0×10^{-31}	$Sm(OH)_3$	8.2×10^{-23}
$Sn(OH)_2$	1.4×10^{-28}	$Sn(OH)_4$	1.0×10^{-56}	SnO_2	3.98×10^{-65}
SnS	1.0×10^{-25}	SnSe	3.98×10^{-39}	$Sr_3(AsO_4)_2$	8.1×10^{-19}
$SrCO_3$	1.1×10^{-10}	$SrC_2O_4\cdot H_2O$	1.6×10^{-7}	SrF_2	2.5×10^{-9}
$Sr_3(PO_4)_2$	4.0×10^{-28}	$SrSO_4$	3.2×10^{-7}	$SrWO_4$	1.7×10^{-10}
$Tb(OH)_3$	2.0×10^{-22}	$Te(OH)_4$	3.0×10^{-54}	$Th(C_2O_4)_2$	1.0×10^{-22}
$Th(IO_3)_4$	2.5×10^{-15}	$Th(OH)_4$	4.0×10^{-45}	$Ti(OH)_3$	1.0×10^{-40}
TlBr	3.4×10^{-6}	TlCl	1.7×10^{-4}	Tl_2CrO_4	9.77×10^{-13}
TlI	6.5×10^{-8}	TlN_3	2.2×10^{-4}	Tl_2S	5.0×10^{-21}
$TlSeO_3$	2.0×10^{-39}	$UO_2(OH)_2$	1.1×10^{-22}	$VO(OH)_2$	5.9×10^{-23}
$Y(OH)_3$	8.0×10^{-23}	$Yb(OH)_3$	3.0×10^{-24}	$Zn_3(AsO_4)_2$	1.3×10^{-28}
$ZnCO_3$	1.4×10^{-11}	$Zn(OH)_2$③	2.09×10^{-16}	$Zn_3(PO_4)_2$	9.0×10^{-33}
α-ZnS	1.6×10^{-24}	β-ZnS	2.5×10^{-22}	$ZrO(OH)_2$	6.3×10^{-49}

①～③：形态均为无定形。

附录 4 常见配离子的稳定常数（298.15K）

配离子	$K_f^\ominus$	配离子	$K_f^\ominus$	配离子	$K_f^\ominus$
$[Ag(CN)_2]^-$	5.6×10^{18}	$[Co(EDTA)]^-$	1.0×10^{36}	$[Fe(EDTA)]^{2-}$	2.1×10^{14}
$[Ag(EDTA)]^{3-}$	2.1×10^{7}	$[Co(en)_3]^{3+}$	4.9×10^{48}	$[Fe(CN)_6]^{4-}$	1.0×10^{37}
$[Ag(NH_3)_2]^+$	1.6×10^{7}	$[Co(NH_3)_6]^{3+}$	4.9×10^{33}	$[Hg(EDTA)]^{2-}$	6.3×10^{21}
$[Ag(en)_2]^+$	5.0×10^{7}	$[Co(EDTA)]^{2-}$	2.0×10^{16}	$[HgCl_4]^{2-}$	1.2×10^{15}
$[Ag(S_2O_3)_2]^{3-}$	1.7×10^{13}	$[Co(en)_3]^{2+}$	8.7×10^{13}	$[HgI_4]^{2-}$	6.8×10^{29}
$[Ag(SCN)_2]^-$	2.0×10^{8}	$[Co(NH_3)_6]^{2+}$	1.3×10^{5}	$[Hg(CN)_4]^{2-}$	3.0×10^{41}
$[Al(EDTA)]^-$	1.3×10^{16}	$[Co(NCS)_4]^{2-}$	1.0×10^{3}	$[HgS_2]^{2-}$	3.4×10^{51}
$[Al(OH)_4]^-$	1.1×10^{33}	$[Cr(EDTA)]^-$	1.0×10^{23}	$[Mg(EDTA)]^{2-}$	5.0×10^{8}
$[AlF_6]^{3-}$	6.9×10^{19}	$[Cr(OH)_4]^-$	8.0×10^{29}	$[Ni(EDTA)]^{2-}$	3.6×10^{18}
$[Au(CN)_2]^-$	2.0×10^{38}	$[Cu(EDTA)]^{2-}$	5.0×10^{18}	$[Ni(en)_3]^{2+}$	2.1×10^{18}
$[Ba(EDTA)]^{2-}$	6.0×10^{7}	$[Cu(NH_3)_4]^{2+}$	1.1×10^{13}	$[Ni(NH_3)_6]^{2+}$	5.5×10^{8}
$[Ca(EDTA)]^{2-}$	1.0×10^{11}	$[Cu(en)_2]^{2+}$	1.0×10^{20}	$[Pb(EDTA)]^{2-}$	2.0×10^{18}
$[Cd(EDTA)]^{2-}$	2.5×10^{16}	$[Fe(EDTA)]^-$	1.7×10^{24}	$[Zn(EDTA)]^{2-}$	3.0×10^{16}
$[Cd(en)_2]^{2+}$	1.2×10^{12}	$[Fe(C_2O_4)_3]^{3-}$	2.0×10^{20}	$[Zn(NH_3)_4]^{2+}$	4.1×10^{8}
$[Cd(NH_3)_4]^{2+}$	1.3×10^{7}	$[FeF_6]^{3-}$	1.0×10^{42}	$[Zn(CN)_4]^{2-}$	1.0×10^{18}
$[Cd(CN)_4]^{2-}$	6.0×10^{18}	$[Fe(CN)_6]^{3-}$	1.0×10^{42}	$[Zn(en)_3]^{2+}$	1.3×10^{14}

附录5 常用酸、碱溶液的一般性质

名称	化学式	分子量	沸点/℃	密度/(g/mL)	质量分数/%	物质的量浓度/(mol/L)
盐酸	HCl	36.463	110	1.18～1.19	36～38	约12
硝酸	HNO_3	63.016	122	1.39～1.40	约68	约15
硫酸	H_2SO_4	98.08	338	1.83～1.84	95～98	约18
磷酸	H_3PO_4	98.00	213	1.69	约85	约15
高氯酸	$HClO_4$	100.47	203	1.68	70～72	12
氢氟酸	HF	20.01	120	1.13	40	22.5
乙酸	CH_3COOH	60.054		1.05	99(冰乙酸) 36.2	17.4(冰乙酸) 6.2
氨水	$NH_3 \cdot H_2O$	35.048		0.91	25～28(NH_3)	约15

附录6 pH测定用标准缓冲溶液

标准缓冲溶液名称	标准缓冲溶液配制	25℃时pH
0.05mol/L 四草酸氢钾溶液	称取（54±3)℃下烘干4～5h的四草酸氢钾12.61g，溶于蒸馏水，稀释至1L	1.679
0.05mol/L 邻苯二甲酸溶液	称取（115±5)℃下烘干2～3h的邻苯二甲酸10.12g，溶于蒸馏水，稀释至1L	4.008
约0.034mol/L 25℃饱和酒石酸钾溶液	在玻璃磨口瓶中装入蒸馏水和过量的酒石酸氢钾粉末（约20g/L），温度控制在（25±5)℃下，剧烈摇动20～30min，溶液澄清后，用倾泻法取其清液备用［如用0.02级的仪器，饱和温度应控制在（25±3)℃］	3.557
0.025mol/L 磷酸二氢钾～0.025mol/L 磷酸氢二钠混合溶液	分别称取已在（115±5)℃下烘干2～3h的磷酸二氢钾3.39g和磷酸氢二钠3.53g溶于蒸馏水，稀释至1L（如用0.02级的仪器，蒸馏水应预先煮沸15～30min)	6.865
0.008665mol/L 磷酸二氢钾～0.03032mol/L 磷酸氢二钠混合溶液	分别称取已在（115±5)℃下烘干2～3h的磷酸二氢钾1.179g和磷酸氢二钠4.30g溶于蒸馏水，稀释至1L（如用0.02级的仪器，蒸馏水应预先煮沸15～30min)	7.413
0.01mol/L硼砂溶液	称取3.80g硼砂（注意不能烘）溶于蒸馏水，稀释至1L（如用0.02级的仪器，蒸馏水应预先煮沸15～30min)	9.180
0.025mol/L碳酸氢钠 0.025mol/L碳酸钠混合溶液	分别称取已在270～300℃下烘干至恒重的碳酸钠2.65g和在硫酸干燥器中干燥约4h的碳酸氢钠2.10g溶于蒸馏水，稀释至1L（如用0.02级的仪器，蒸馏水应预先煮沸15～30min)	10.012

注：1.缓冲溶液配制后用pH试纸检查，如pH不对，可用共轭酸或碱调节。pH欲调节精确时，可用pH计调节。

2.若需增加或减少缓冲溶液的缓冲容量时，可相应增加或减少共轭酸碱对物质的量。

3.标准缓冲溶液一般可保存2～3个月，若发现溶液变混浊、发霉或产生沉淀等现象，则不可继续使用。

4.配制标准溶液所用纯水的电导应小于1.5μS/cm，配制碱性缓冲溶液时，所用纯水应预先煮沸15min以除去水中的二氧化碳。

附录7 滴定分析常用基准试剂

指示剂	变色范围（pH）	颜色变化	pK_a	质量分数
百里酚蓝	1.2～2.8 8.0～9.6	红～黄 黄～蓝	1.7 8.9	0.1%的20%乙醇溶液
甲基黄	2.9～4.0	红～黄	3.3	0.1%的90%乙醇溶液
甲基橙	3.1～4.4	红～黄	3.4	0.05%水溶液
溴酚蓝	3.0～4.6	黄～紫	4.1	0.1%的20%乙醇溶液（或其钠盐水溶液）
溴甲酚绿	4.0～5.6	黄～蓝	5.0	0.1%的20%乙醇溶液（或其钠盐水溶液）
甲基红	4.4～6.2	红～黄	5.0	0.1%的60%乙醇溶液（或其钠盐水溶液）
溴百里酚蓝	6.2～7.6	黄～蓝	7.3	0.1%的20%乙醇溶液（或其钠盐水溶液）
中性红	6.8～8.0	红～橙黄	7.4	0.1%的60%乙醇溶液
酚酞	8.0～9.6	无～红	9.1	0.1%的90%乙醇溶液
百里酚酞	9.4～10.6	无～蓝	10.0	0.1%的20%乙醇溶液

附录8 常用指示剂的配制

序号	试剂名称	配制方法
1	酚酞指示剂（1g/L）	溶解0.1g酚酞于90mL酒精与10mL水的混合液中
2	百里酚蓝和甲酚红混合指示剂	取1g/L百里酚蓝酒精溶液与1g/L甲酚红溶液混合均匀（在混合前一定要溶解完全）
3	淀粉溶液（5g/L）	在盛有5g可溶性淀粉与100mg $ZnCl_2$的烧杯中，加入少量水，搅匀。把得到的糊状物倒入约1L正在沸腾的水中，搅匀并煮沸至完全透明。淀粉溶液最好现用现配
4	二苯胺磺酸钠（5g/L）	称取0.5g二苯胺磺酸钠溶解于100mL水中，如溶液浑浊，可滴加少量HCl溶液
5	铬黑T指示剂	1g铬黑T与100g无水Na_2SO_4固体混合，研磨均匀，放入干燥的磨口瓶中，保存在干燥器内。该指示剂也可配5g/L的溶液使用，配制方法如下：0.5g铬黑T加10mL三乙醇胺和90mL乙醇，充分搅拌使其溶解完全。配制的溶液不宜久放
6	钙指示剂	钙指示剂与固体无水Na_2SO_4以质量比为2∶100比例混合研磨均匀，放入干燥棕色瓶中，保存于干燥器内，或配成5g/L的溶液使用（最好用新配制的），配制方法与铬黑T类似
7	甲基红（1g/L）	溶解0.1g甲基红于60mL酒精中，加水稀释至100mL
8	镁试剂Ⅰ	溶解0.001g对硝基苯偶氮间苯二酚于100mL 1mol/L NaOH溶液中
9	铝试剂（2g/L）	溶0.2g铝试剂于100mL水
10	奈斯勒试剂	将11.5g HgI_2和KI溶于水中，稀释至50mL，加入6mol/L NaOH溶液50mL，静置后取清液贮于棕色瓶中
11	硝胺指示剂（1g/L）	取0.1g硝胺，溶于100mL70%酒精溶液中
12	邻二氮菲指示剂（2.5g/L）	取0.25g邻二氮菲，加3滴6mol/L H_2SO_4溶液，溶于100mL水中
13	甲基橙（1g/L）	溶解0.1g甲基橙于100mL水中，必要时过滤
14	银氨溶液	溶解1.7g $AgNO_3$于17mL浓氨水中，再用蒸馏水稀释至1L
15	盐桥	将2g琼胶和30g KCl加入100mL水中，在不断搅拌下加热溶解，煮沸数分钟后，趁热倒入U形管中，冷却后即可应用

附录9 不同温度下水的饱和蒸气压

T/℃	1	2	3	4	5	6	7	8	9	10
$p/(10^3 Pa)$	0.65716	0.70605	0.75813	0.81359	0.87260	0.93537	1.0021	1.0730	1.1482	1.2281
T/℃	11	12	13	14	15	16	17	18	19	20
$p/(10^3 Pa)$	1.3129	1.4027	1.4979	1.5988	1.7056	1.8185	1.9380	2.0644	2.1978	2.3388
T/℃	21	22	23	24	25	26	27	28	29	30
$p/(10^3 Pa)$	2.4877	2.6447	2.8104	2.9850	3.1690	3.3629	3.5670	3.7818	4.0078	4.2455
T/℃	31	32	331	34	35	36	37	38	39	40
$p/(10^3 Pa)$	4.4953	4.7578	5.0335	5.3229	5.6267	5.9453	6.2795	6.6298	6.9969	7.3814
T/℃	41	42	43	44	45	46	47	48	49	50
$p/(10^3 Pa)$	7.7840	8.205 4	8.6463	9.1075	9.5898	10.094	10.620	11.171	11.745	12.344
T/℃	51	52	53	54	55	56	57	58	59	60
$p/(10^3 Pa)$	12.970	13.623	14.303	15.012	15.752	16.522	17.324	18.159	19.028	19.932
T/℃	61	62	63	64	65	66	67	68	69	70
$p/(10^3 Pa)$	20.873	21.851	22.868	23.925	25.022	26.163	27.347	28.576	29.852	31.176
T/℃	71	72	73	74	75	76	77	78	79	80
$p/(10^3 Pa)$	32.549	33.972	35.448	36.978	38.563	40.205	41.905	43.665	45.487	47.373
T/℃	81	82	83	84	85	86	87	88	89	90
$p/(10^3 Pa)$	49.324	51.342	53.428	55.585	57.815	60.119	62.499	64.958	67.496	70.117
T/℃	91	92	93	94	95	96	97	98	99	100
$p/(10^3 Pa)$	72.823	75.614	78.494	81.465	84.529	87.688	90.945	94.301	97.759	101.32

参考文献

[1] 王萍萍. 基础化学实验教程 [M]. 北京：科学出版社，2011.

[2] 张丽丽. 基础化学实验 [M]. 北京：中国农业出版社，2018.

[3] 范勇，屈学俭，徐家宁. 基础化学实验：无机化学实验分册 [M]. 2 版. 北京：高等教育出版社，2015.

[4] 大连理工大学无机化学教研室. 无机化学实验 [M]. 3 版. 北京：高等教育出版社，2014.

[5] 中山大学. 无机化学实验 [M]. 3 版. 北京：高等教育出版社，2015.

[6] 杨春，梁萍，张颖，等. 无机化学实验 [M]. 天津：南开大学出版社，2007.

[7] 李雪华，陈朝军. 基础化学 [M]. 9 版. 北京：人民卫生出版社，2018.

[8] 铁步荣，杨怀霞. 无机化学实验 [M]. 4 版. 北京：中国中医药出版社，2016.

[9] 李铭岫. 无机化学实验 [M]. 北京：北京理工大学出版社，2002.

[10] 张利民. 无机化学实验 [M]. 北京：人民卫生出版社，2003.

[11] 中国科学技术大学无机化学实验课程组. 无机化学实验 [M]. 合肥：中国科学技术大学出版社，2012.

[12] 古国榜，李朴. 无机化学实验 [M]. 北京：化学工业出版社，2001.

[13] 倪惠琼. 普通化学实验 [M]. 上海：华东理工大学出版社，2009.

[14] 武汉大学化学与分子科学学院实验中心. 普通化学实验 [M]. 武汉：武汉大学出版社，2004.

[15] 容学德，盘鹏慧，杨柳青. 普通化学实验 [M]. 北京：北京理工大学出版社，2020.

[16] 臧丽坤，车平，闫红亮，等. 普通化学实验 [M]. 北京：冶金工业出版社，2017.

[17] W. M. Haynes. CRC Handbook of Chemistry and Physics. 97th ed. Boca Raton：CRC Press，2017.

[18] 周德志，何名芳，曹小华，等. 基于"学生中心"理念的普通化学实验教学探索 [J]. 实验室科学，2022，25(2)：158-162.

[19] 徐培珍，吴琴媛. 大学化学实验教材的编写与使用 [J]. 实验室研究与探索，2002，(3)：24-25，28.

[20] 徐常龙，曹小华，刘新强，等. 绿色化学实验设计初探 [J]. 实验技术与管理，2009，26(11)：137-139.

[21] 高孟霞，刘建华. 网络环境下国内化学化工文献资源及检索策略 [J]. 中州大学学报，2004，(1)：114-116.

[22] 白榕. 如何在因特网上查找化学化工文献信息资源 [J]. 中国轻工教育，2006，(4)：45-48.

[23] 邹文苑. 因特网上化学化工文献检索及利用途径 [J]. 内蒙古科技与经济，2010，(16)：150-151.

[24] 孙晓英，吴莹，徐庆辉. 均匀设计及其在中药学领域中的应用 [J]. 安徽医药，2009，13(7)：822-824.

[25] 林娇芬，李辉，庄远红，等. 响应面法优化富钙饼干的配方研究 [J]. 食品工业，2017，38(7)：141-145.

[26] 杜小旺，孙明雷. 分光光度法测定 PbI_2 的溶度积常数 [J]. 重庆师范学院学报（自然科学版），2003，(4)：37-39.

[27] 黄华南，曹小华，叶兴琳，等."溶液的配制"实验线上线下混合式教学探索 [J]. 化工时刊，2022，36(4)：59-62.

[28] 曹小华，严平，王常清，等. 硫酸亚铁铵的制备及组成分析实验多维互动教学模式探索与实践 [J]. 大学化学，2019，34(7)：31-37.

[29] 马少妹，袁爱群，白丽娟，等. 三草酸合铁（Ⅲ）酸钾合成工艺的优化 [J]. 化学试剂，2017，39 (10)：1108-1112，1131.

[30] 夏凡. 氨基酸的纸色谱分析 [J]. 科技创新导报，2013(26)：121.

[31] 刘欣华. 水中花园的形成方法及条件 [J]. 教学仪器与实验，2006，22(2)：27.

[32] 王都留."水中花园"实验的新改进 [J]. 化学教育，2009(8)：62.

[33] 曾琦斐. 铁观音茶叶中微量元素含量的测定 [J]. 安徽农业科学，2019，47(18)：207-208，235.

[34] 徐瑞，刘守龙，刘志宇，等. 不同地区茶叶中微量元素的测定 [J]. 大理学院学报，2013，10(12)：47-49.

[35] 喻国贞，汤明，江慧娟. 聚合硫酸铝絮凝性能实验的研究 [J]. 江西化工，2006，13(3)：69-72.

[36] 李运涛，白文，李林林，等. 聚合硫酸铝钒的制备及其对铜镍废水处理的影响 [J]. 电镀与精饰，40(1)：42-46.

[37] 汤家华，程乐华. 光度法快速测定食盐中的碘含量 [J]. 安徽化工，2022，48(5)：107-109.

[38] 金瑞娣. 食盐中碘含量的分析测定 [J]. 中国井矿盐，2005(1)：38-41.

[39] 郝志宁. 水中氯离子的测定方法及其研究进展 [J]. 环境科学与管理，2016(5)：162-164.

[40] 金衍健，应忠真，朱剑，等. 硝酸银滴定法测定废水中氯离子含量 [J]. 山东化工，2020(19)：87-89.

[41] 钟莲云，蒯洪湘，马少妹，等. 大学无机化学实验碱式碳酸铜制备方法的优化 [J]. 化学教育（中英文），2019，40(4)：50-54.

[42]　曹小华，占昌朝，徐常龙，等.碱式碳酸铜的制备实验多维互动教学模式的探索 [J].实验技术与管理，2018，35(8)：174-177，228.

[43]　曹继莲.碱式碳酸铜制备实验的改进 [J].化学教育（中英文），2017，38(14)：34-36.

[44]　曹小华，谢燕芸，吴童玲，等.碱式碳酸铜的制备工艺研究 [J].化工中间体，2008，4(12)：43-45.

[45]　张承红，陈国华.化工实验技术 [M].重庆：重庆大学出版社，2007.

[46]　姜健.无机化学实验 [M].北京：化学工业出版社，2022.

[47]　汪建民.大学化学实验 [M].北京：科学出版社，2010.

[48]　刘树深，易忠胜.基础化学计量学 [M].北京：科学出版社，1999.

[49]　尹学琼，朱莉.无机化学实验 [M].北京：化学工业出版社，2015.